卞毓麟

天文学家，科普作家，科技出版专家

1943年生，1965年毕业于南京大学天文学系，在中国科学院北京天文台从事科研30余年，1998年赴上海科技教育出版社专事科技出版。中国科学院国家天文台客座研究员，上海科技教育出版社编审，上海市科普作家协会终身荣誉理事长。中国科普作家协会前副理事长，上海市天文学会前副理事长。著译《星星离我们有多远》等图书30余种，科普类文章约700篇，作品屡获国家级和省部级奖，文章多次入选中小学语文课本。1990年被表彰为“建国以来成绩突出的科普作家”；1996年被表彰为全国先进科普工作者；2001年获上海市大众科学奖；2010年被表彰为全国优秀科技工作者；2012年获中国天文学会九十周年天文学突出贡献奖，同年获上海科普教育创新奖科普贡献奖一等奖；2013年获上海市科技进步奖二等奖。

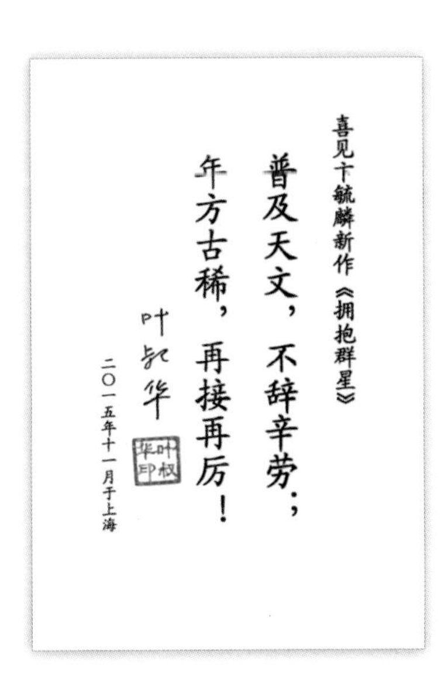

中国科学院资深院士叶叔华先生为《拥抱群星》题词

屈原草就新天问
呵壁龙章化巨槎
载我追星穷宇宙
归来满室散流霞

喜赋卞毓麟老弟《追星》佳作，
几个月来目力骤降，只好借电脑代笔了。

九十岁 王绶琯

中国科学院资深院士王绶琯先生为《追星》赋诗

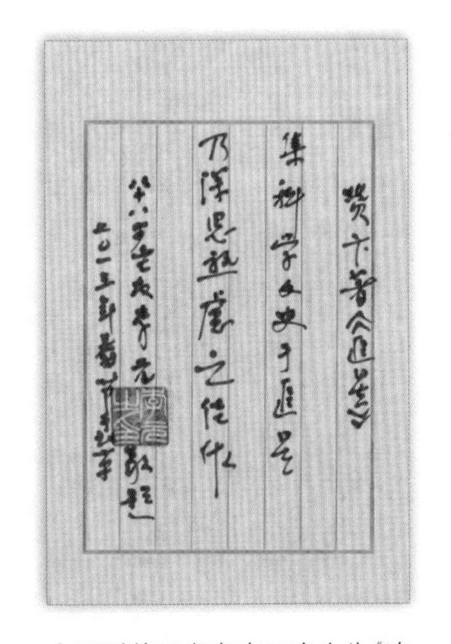

中国科普界耆宿李元先生为《追星》题词

第一排左起：

杨虚杰，陈玲，曾凡一，郑永春，石顺科，王志勇，王康友，刘嘉麒，徐延豪，卞毓麟，杨建荣，杨雄里，褚君浩，杨秉辉，颜实，侯金良，王直华，尹传红

挚爱与使命

卞毓麟科普作品评论文集

上海市科普作家协会　主编

上海科技教育出版社

图书在版编目(CIP)数据

挚爱与使命:卞毓麟科普作品评论文集/上海市科普作家协会主编.—上海:上海科技教育出版社,2019.5

ISBN 978-7-5428-6929-6

Ⅰ.①挚… Ⅱ.①上… Ⅲ.①科学普及—中国—文集 Ⅳ.①N4-53

中国版本图书馆CIP数据核字(2019)第018974号

责任编辑 王乔琦 匡志强

装帧设计 李梦雪

挚爱与使命

卞毓麟科普作品评论文集

上海市科普作家协会 主编

出版发行 上海科技教育出版社有限公司

(上海市柳州路218号 邮政编码200235)

网　　址 www.sste.com www.ewen.co

经　　销 各地新华书店

印　　刷 上海中华印刷有限公司

开　　本 720×1000 1/16

印　　张 21

插　　页 2

版　　次 2019年5月第1版

印　　次 2019年5月第1次印刷

书　　号 ISBN 978-7-5428-6929-6/N·1053

定　　价 68.00元

出版说明

卞毓麟先生是国内著名科普作家，四十年来在科普领域辛勤耕耘，成就卓越。为进一步贯彻习近平总书记有关科普工作的一系列指示精神，落实中国科学事业发展十三五规划中有关加大科普创作支持力度、推动中国原创科普的要求，上海市科学技术协会、中国科普作家协会、中国科普研究所于2016年12月17日在上海主办了“加强评论，繁荣原创——卞毓麟科普作品研讨会”，旨在以卞毓麟先生的创作历程、创作经验、作品影响和对科普出版传播的贡献为引，放眼中国科普创作现状，为中国的原创科普提供有益的借鉴。

中国科协党组副书记、副主席、书记处书记徐延豪出席研讨会并讲话。中国科学院院士、第六届中国科普作家协会理事会理事长刘嘉麒，中国科普研究所所长王康友，上海市科协党组书记、副主席杨建荣，中国科学院院士杨雄里，中国科学院院士、上海市科普作家协会荣誉理事长褚君浩，中国工程院院士、上海市科普作家协会理事长钱旭红，上海市科协副主席王智勇，中国科普研究所副所长颜实，上海市科普作家协会荣誉理事长、复旦大学附属中山医院原院长杨秉辉，清华大学教授吴国盛等200多人出席会议。中国科学院院士欧阳自远，以及叶永烈、金涛、吴岩、刘兵、刘华杰、田松、嵇晓华等知名科普人士以视频或书面形式参与研讨会。与会者就卞毓麟先生的科普创作历程、作品影响和对科学传播的启示等，从多个角度进行了评论和分析。

作为会议的承办单位,上海市科普作家协会深感本次研讨会的重要意义和丰硕成果,因而决议在此次研讨会基础上,正式出版卞毓麟科普作品研讨文集,并在会后开展了论文征集活动。活动得到了广大科普同仁的热情支持,许多在研讨会上发言的嘉宾都对自己的发言进行了精心的整理,还有很多同仁寄来了富有真知灼见的论文,中国科学院院士、第七届中国科普作家协会理事会理事长周忠和特意为文集撰写了代后记。在此,谨向各位作者表达诚挚的感谢!

需要说明的是,文集中收录的稿件作者成文日期不一,部分文章系根据研讨会发言整理,为保持原貌,出版时对文中所涉及的时间未作统一。为便于读者能更好地了解卞毓麟先生的科普理念,文集第五部分"档案篇"收录了卞毓麟先生的部分科普理论文章。

本书的编纂出版得到了上海科技教育出版社的大力支持,无论是论文征集、框架确定、内容审定还是文字编辑、印制出版,他们都精益求精,为文集的顺利出版作出了巨大的贡献,在此谨表衷心的感谢!

我们热切希望本书的出版能为促进国内原创科普、提升科普评论水平有所贡献,并真诚期望广大读者提出自己的意见和建议。

上海市科普作家协会

2019年1月

目 录 CONTENTS

寄语篇

思想篇

风格篇

影响篇

档案篇

弘扬评论风尚，共推科普原创

（代序）

钱旭红

上海市科普作协和卞毓麟老师嘱我为即将出版的《挚爱与使命——卞毓麟科普作品评论文集》写几句话，我答应了。原因有二：其一，卞老师是我敬重的前辈。我知道卞毓麟的名字是因为看过他发在报刊上的一些科普文章，感觉中每有与天文有关的大事发生，卞老师都会有文章或接受媒体采访的文字见报，无论是20世纪90年代的火星探路者计划，还是稍后国际上再度启动探月计划等这类大的天文事件，都能看到卞老师精到而极富文采的解读。

虽然同在上海，且知道他的大名，但因为专业不同和分属不同的领域，我和卞老师的交集甚有限。2015年我受邀出任上海市科普作家协会理事长后，与卞老师的交往才多起来，也因此更多地知道了卞老师的才华和他在科普创作上的丰饶成果：他的科普短文《月亮——地球的妻子？姐妹？还是女儿？》《数字杂说》等入选中学语文课本；他创作的《追星——关于天文、历史、艺术与宗教的传奇》一书荣获2010年国家科技进步奖二等奖，这在某种程度上也开了上海科普作品入选国家级科技大奖的先河。这以后我们又一起参加了科普作协的一些活动，包括每年的理事会和2016年12月我担任主持的这次卞毓麟科普作品研讨会以及2017年上海书展期间《叶永烈科普全集》出版发布会等。于是，我和卞老师就有了更深的接触，对他的科普成就和经历有了更多的了解。无论为文为人，卞老师都是我尊敬的一位前辈、一位科普大家！

其二，这两年我参与了上海市科普作协的一些活动，也实际感觉到了推进科普工作的不易。一方面，科普的重要性、必要性越来越为各方各界重视，各种活动很多很热闹；但另一方面，我们的科普能力，特别是科普原创能力还是很弱的。科普作协的同事告诉我两个事实：一是这两年入选国家级的优秀科普作品中，国内原创作品开始多起来，但至多只占三分之一，另外三分之二都是翻译作品；二是知名科普名家也越来越稀有，上海市科普作协这三年来先后召开过卞毓麟、杨秉辉和叶永烈三位科普名家的作品研讨会，接下来可以遴选的对象越来越少，他们有这个忧虑。

我认为，科普原创不易和科普名家难觅，折射出我们还应继续探索科普的规律，同时社会的科普文化土壤氛围还亟待厚植。当然，这是一个长期的任务。就眼下而言，加强对已有科普作品的关注和评论也是很有针对性的一个方面。也是基于这方面的期待，2016年12月上海市科普作家协会提议并承办了主旨为"加强作品评论，繁荣科普原创"的"卞毓麟科普作品研讨会"。这次研讨会的动因就是应对国内科普界缺乏评论风气的现状：一部科普作品发表后少见有同行、读者发表看法，提出批评，经常是作品发表就发表了，很少见到针对这部作品的评论，这和国内文学作品、影视作品问世后即有不少评论、争议，或褒或贬，不亦乐乎的情形形成鲜明对照。科普界评论风气不彰，很可能也是如今科普原创不强的原因之一。试想一下，无论是名家还是新手，一有作品问世即会有人出来讨论，吐槽、褒贬一番，哪怕被贬得一文不值，被贬者或许不开心，但整个社会对科普创作的关注度给带起来了，这无论如何都是一件好事。当然，在过分的贬低和负面情绪评价出现之时，我们科普作协不能无所作为，应该请不同的作家从不同的角度出来发声，来平衡极端看法，全面反映不同视角的看法或者意见。反之，一篇科普作品发表后，无声无息没有任何关注，这其实不仅是作者，更是科普界的悲哀。

科普评论和科普创作相互依存、共生共荣的关系，卞老师和一些同道曾在不同场合多有表达，但多年积习要有所改变实在不易。就以这次卞毓麟科普作品研讨会为例，会前在约请相关与会者提供发言稿件时，承办者都是一再希望能多一点对卞老师作品的客观评述和直言不讳的批评，少一点客套话和表扬的话。一句话，不要开成“表扬会”。但从研讨的内容看，还是没有完全达到主办者原本希望的真正意义上的评论会的目标。

尽管有以上种种不足，“卞毓麟科普作品研讨会”还是带了一个头，而且这个会议把希望加强科普评论的声音传递了出去，并在中国科普界得到了越来越多人的理解与共鸣。相信本书的出版，也会进一步把“加强评论，繁荣原创”的声音传递出去，发扬开来。

此外，本书还有助于我们理解卞毓麟老师作品的写作特色、风格，特别是几位卞老师曾经带教过的学生、多位科普同道的文章，分别从不同角度对卞老师作品的创作特色做了多方面的阐发，这种总结和思考对繁荣科普原创无疑是有意义的。

是为序。

2019年1月

钱旭红，1962年生，中国工程院院士、华东师范大学校长、上海市科普作家协会理事长。

在“卞毓麟科普作品研讨会”上的讲话

徐延豪

今天，群贤毕至，大师云集，“加强评论，繁荣原创——卞毓麟科普作品研讨会”在上海隆重召开。我们一行专程从北京赶来。我代表中国科协，代表万钢主席、尚勇书记，对今天这个有重要意义的研讨会的成功举办表示衷心的祝贺，向卞毓麟先生表示崇高的敬意！

卞毓麟先生和他的科普实践、科普作品，在国内科普界产生了广泛影响，是一位大家公认的德高望重的科普大家。对他的创作实践、创作特色和风格，从理论上作专题研讨，总结规律、挖掘经验，对当今的中国科普尤为重要。今年8月我在上海看望卞先生的时候得知了要开研讨会的信息，我当时就表示中国科协要支持这样的非常有意义的学术活动，要把它办好。感谢上海市科协、上海市科普作协、中国科普研究所以及中国科普作协方方面面的同志，他们为这次研讨会的成功举办做了大量前期准备。会议准备得很好，开得也很好。

我聆听了卞先生的精彩发言。实际上，这也是一个高水平的学术报告。我们共同感受到了卞先生的高尚情操和卓越贡献。40多年来，卞先生在科研和编辑工作之余勤奋写作、笔耕不辍、成果丰硕，他著译的科普作品达30余部，主编和参编科普图书百余种，发表科普文章700多篇，他所著的《追星——关于天文、历史、艺术与宗教的传奇》一书获国家科技进步奖二等奖。他在大量创作科普精品的同时，还研究探索科普作品创作、选题、传播等方面的一些规律。他为《科普研究》《科学》等杂志撰写了《“科学宣传”六议》《“科普追求”十章》等探讨科普规律的文章，指引了无数年轻人从事科普事业。几十年的耕耘积累，使卞毓麟先生成为我国科普界的代表人物，成为一位功勋卓著的科普大师。

这次研讨会意义重大。我们要号召广大科技工作者向卞先生学习，学习他对党、祖国、人民以及科学的热爱，学习他的奋斗精神、钻研精神和奉献精神，把科普当作事业，把科普当成大学问，去评论、去探讨、去研究，促进我国科普创作事业大发展。我想这也是本次卞毓麟科普作品研讨会主题“加强评论，繁荣原创”的本意。

当前，我国的科普事业迎来了发展良机。随着国家经济发展对公民科学素质的依赖不断提升，科普正在融入我国经济社会的方方面面，并开始深刻影响经济社会发展的效率和质量。今年3月，国务院办公厅印发《全民科学素质行动计划纲要实施方案(2016—2020年)》，明确提出我国公民具备科学素质比例达到10%的任务目标。这一任务目标也写入了国民经济和社会发展十三五规划。实施方案明确提出要繁荣科普创作，支持优秀科普原创作品以及科技成果普及、健康生活等重大选题，提出要支持科普创作人才培养和科学文艺创作，同时大力开展科幻、动漫、视频等科普创作，推动制定科普科幻创作的扶持政策，加强科普创作的国际交流与合作等。

习近平总书记在2016年5月底的“科技三会”上对科普工作发表了重要讲话，强调科技创新、科学普及是实现创新发展的两翼，要把科学普及放在与科技创新同等重要的位置；没有全民科学素质普遍提高，就难以建立起宏大的高素质创新大军，难以实现科技成果快速转化。习近平总书记从两个角度阐述了科普工作的重要性。一方面是从创新人才的角度，把开展科普工作、提高全民科学素质作为创新大军的基础工作。创新驱动的核心是创新人才的培养，没有全民科学素质的提高，就难以建立起宏大的高素质创新大军。另一方面，从科技成果转化的角度，把提高全民科学素质作为公众接受科技的基本要求。创新成果转化归根到底还是要被广大群众认可和应用，没有全民科学素质的提高，科学技术从研发到应用就难以实现。习近平总书记关于科普工作的重要讲话，把科普工作提到了前所未有的战略高度。我们要深刻学习领会总书记讲话的精神实质，充分认识、准确把握科普工作的重大意义和时代要求，从大力繁荣科普创作、加强青少年科学教育、加强科普信息化建设、加强科普基础设施建设等各方面，寻找实现公民科学素质跨越式提升的突破口，推动到2020年公民具备科学素质比例达到10%的目标实现，为我国进入创新型国家行列奠定群众基础和人才基础。

科普创作是科普工作最重要的基础。抓科普创作，关键要抓好科普原创，核心是要抓好科普人才培养。一切好的科普原创作品，都得益于优秀科普作家的精心创作。卞毓麟先生不仅是一位有学术造诣的科学家，同时也具备很高的人文修养，能把深奥的科学用最有趣的语言、最简单的描述呈现给公众。这样的作品才是好的科普作品。

中国科普作协以及各省市的科普作协，都要努力开拓，不辱使命，在这方面要有周到的谋划和具体的举措。各地科普作协都云集了一批科普作家，要抓住机遇，重点支持一批已经崭露头角、活跃在科普一线的中青年科普中坚力量，进一步提供舞台和机会，让老中青科普专家进行交流，促进中青年科普带头人更快成长。我们的科普创作主力要加大和国际同行交流联系的力度，就如同我们国家的经济、科技、文化要走出去、请进来一样，要更多地和国际社会、和同行交流，开拓视野。卞毓麟先生的介绍短片提到他是唯一曾到阿西莫夫家中做客的中国科普作家。这种程度的对外交流显然是不够的。我希望我们的科普作家都能够走出去，跟国际的科普大家广泛交流，取长补短。我们各级科协组织要多为科普作协系统国际交流创造机会，提供必要的支持，这也是支持和繁荣中国科普原创的重要基础。

上海是我国近代科学的重要发源地，也是科普大师云集之地。我记得科普大师高士其先生早年的重要创作地就是上海。上海也是20世纪70年代以后恢复我们整个国家科普事业和科普创作的发源地。1978年在上海召开过改革开放以后一次对科普创作非常重要的研讨会。近年来，上海市科普作协在推动科普原创方面做了不少努力和探索，取得了突出的成绩，比如在大学中举办科普创作培训班，目前已经连续举办八年，这种做法和经验要认真总结推动。上海有专家资源，有长期重视科技的传统，希望上海市科协借本次卞毓麟作品研讨会的契机，在总结科普传播、科普创作成功经验的基础上，进一步加大对科普原创作品、科普创作队伍建设等方面的支持力度，做出更大的成绩，为我国科普事业多作贡献。

此次研讨会的召开，是对卞先生科普作品创作的总结和学习，也是对下一步工作的探讨和研究。面对新的形势和任务，希望大家充分利用此次面对面交流的契机，充分研讨，切实探索科普原创的新思路新办法，共同推动科普原创再上新台阶，共同推动我国科普事业再上新台阶，为促进科普公平普惠，提高全民科学素质，助力建设创新型国家、全面建成小康社会和世界科技强国作出新的、更大的贡献！

本文系作者于研讨会上发表的讲话。

徐延豪，1962年生，医学博士，教授，中国科协党组副书记、副主席、书记处书记。

四十年科普路

卞毓麟

尊敬的会议主席，尊敬的各位领导和嘉宾，尊敬的全体与会者：

非常感谢会议给我这样的机会，向大家汇报自己的科普之路。

科学是人类文明的精华。它追求真，展现美，具有永恒的魅力。从少年时代开始，科学的魅力就深深吸引着我。1965年，我从南京大学天文学系毕业，在中国科学院北京天文台（今国家天文台）从事科研33年，18年前又加盟上海科技教育出版社，致力于科技出版。

我的科普之路已经走过整整40年。回想33岁那年，我到海拔5000米的喀喇昆仑山区执行日食观测任务，兵站的年轻战士们渴望了解科学的神情，给我留下了非常深刻的印象。也就是那一年，我在《科学实验》杂志上发表了自己的第一篇科普文章。

“文革”十年动乱结束，我的老师、我国著名天文学家、卓越的科学普及家戴文赛教授，就勉励我为天文普及多多努力。1979年先生病重时还写下这样一段话：“我是一个科学工作者，我一直认为，科学工作者既要做好科研工作，又要做好科学普及工作，这两者都是人民的需要……我们科学工作者，应该拿起笔来，勤奋写作，共同努力，使我们中华民族以一个高度科学文化水平的民族出现在世界上。”一个多月后，戴先生与世长辞。

时代的召唤、社会的需求、个人的爱好，使我始终以强烈的责任感和饱满的热情投身于科普事业。40年来，我创作和翻译了30多部科普图书，主编和参与编著的科普图书有100多种，发表科普文章700来篇，其中《月亮——地球的妻子？姐妹？还是女儿？》《数字杂说》等文章还被选入了各种中小学语文课本。

1980年，我原创的第一本科普书《星星离我们多远》出版，时任北京天文台台长的王绶琯院士为它撰写了长篇书评。

引进和借鉴外国科普名著有益于开阔我们的视野。改革开放之初，我就开始研究阿西莫夫等科普大师的作品。1981年，我翻译的第一部阿西莫夫作品《走向宇宙的尽头》出版。几年后，我还到纽约拜访了他。2012年，上海市科协成功举办"回望阿西莫夫，繁荣原创科普"研讨会，我在会上作了专题报告。我在上海科技教育出版社负责对外版权贸易多年，引进出版了大量国外优秀科普作品，可供我们认真研究和借鉴。

振兴中华需要大批复合型人才，科学与人文的结合就格外重要。30年前，我和一些志同道合者积极提倡"在大文化的框架中融入科学的精华"，并在《科技日报》等报刊上发表了许多科文交融的作品。荣获2010年度国家科技进步奖二等奖的《追星——关于天文、历史、艺术和宗教的传奇》一书，也正是这种理念结出的果实。

刚才在我发言之前播放的视频，展示了我著译的科普读物。它们的读者面很广泛。例如，《星星是我们的好朋友》《找星星》《不知道的世界·天文篇》是面向少年儿童的；《宇宙的起源》《相对论和黑洞的奇迹》则需要读者具备相当的科学背景。不同的人群对科普有不同的需求，众口难调，就更需要我们发扬创新精神，致力于科普创作的多样化。

我曾经在中央电视台，中央人民广播电台，北京、上海的电视台和电台等许多媒体做科学类的节目，还在不同的场合，面向各不相同的群体，作了几百场科普报告。我讲科学知识，讲科学精神，讲科学思维，讲科学道德，讲远离迷信,揭露谣言,反对伪科学……

在长期的感性实践中,我对科普也有了更多的理性思考。科普,科普,即是科学向社会公众普而及之,科学在社会生活的方方面面普而及之,是多么重要又多么美好啊。因此,科普创作就是一件很严肃的事情,科学性是它的生命,一部科普作品如果在科学性上有硬伤,有明显的差错,那么评价它的时候就只能一票否决。

科普创作尽管严肃,却不能板起面孔来做。科普作品应该令人愉悦。因此,人们调动各种手段,尽量使作品更加活泼。我认为,这样的尝试值得鼓励。同时不能忘记坚守高尚的情趣:科学应该通俗化,而不应该庸俗化,不能沦为低俗的搞笑。寓教于乐,科普的娱乐化是“形”,娱乐的科普化是“神”,如果做到形神兼备,那就成功啦!

回想24年前的1993年初,我在《科学普及太重要了,不能单由科普作家来担当》一文中,谈到了科学普及的功能和历史经验,谈到把科普工作不断推向更高的水平是科学工作者责无旁贷的事情。全文的结尾是:“谚云:‘不能如愿而行,亦须尽力而为。’愿以此与科学界同仁,尤其是与忙于研究、教学或开发而尚‘无暇’顾及科学普及工作的专家、学者们共勉。”此文当时反响热烈,有好些报刊转载,今天看来也并不过时。

两年以后,我又发表《“科学宣传”六议》一文,又被《新华文摘》等报刊转载。文中提出,就广义的科学宣传而言,主角应该是谁?这就要问,谁对科学最了解,最有感情?是站在科学最前沿的科学家。当代科技前沿和最新进展,首先只能由这些科学家来传布。在科学传播这场球赛中,他们是无可替代的“第一发球员”。科学家们理应当仁不让!

当然,有了“发球员”还要有“二传手”。这“二传手”可不好当!接过一线科学家发来的球,传给社会的方方面面,而且必须传到位,真是谈何容易!科普的甘苦,创作的艰辛,科普人自己最明白。唯有加倍努力,才会硕果累累。

40年尝试，使我深感“精诚所致，金石为开；若要取得真经，便有路在脚下！”

我还有不少思考，写进了《“科普追求”十章》一文。限于时间，这里就不详谈了。

89岁高龄的叶叔华院士，给我的新作《拥抱群星》题词，勉励我：“普及天文，不辞辛劳；年方古稀，再接再厉！”

是啊，科普，只有进行时，没有完成时。我会继续努力，我更盼望中华大地上涌现出更多、更年轻有为的科普人才。我们的科普之路一定会越走越宽广，越走越辉煌！

“科普，决不是在炫耀个人的舞台上演出，而是在为公众奉献的田野中耕耘。”任重而道远，让我们共同努力吧。

谢谢大家！

本文系作者在研讨会上的发言。

寄 语 篇

让科普大家的作品更好地传播开来

杨建荣

习近平总书记在2016年“科技三会”上强调指出，科技创新、科学普及是实现创新发展的两翼，我们要把科学普及放在与科技创新同等重要的位置。优秀的科普作品是提升公民科学素质的重要载体，科协作为科学素质纲要实施工作的牵头单位和科普工作主要社会力量，一直致力于繁荣和发展科普创作，提升优质科普内容的供给能力。而繁荣科普创作最重要的是要有一批优秀的科普作家。徐延豪书记2016年8月在上海期间专程看望了卞毓麟先生，对卞毓麟先生长期以来在科普事业（特别是科普创作）中的耕耘给予了高度肯定，要求上海市科协、上海市科普作家协会认真总结卞毓麟先生40年的创作历程、创作经验和影响，对上海乃至全国科普创作工作有所推动。本次研讨会，就是在这样一个背景下召开的。

卞毓麟老师是一位造诣很高的天文学家，也是国内科普界享有盛誉的科普大家，在科普创作和科学传播领域具有很强的影响力。他40年科普创作的回顾给我们很深的教育、很好的启示。卞老师对科普事业无限热爱和追求，为我们的科普创作、科技创新作出了突出贡献，是上海科技界和科学传播界的骄傲。

举行这样一个研讨会，至少给我们以下几个启示：

启示一：我们一定要学习卞老师几十年如一日，辛勤耕耘的精神，把提高公民科学素质作为自己创作的动力。人的全面发展，重要的基础是科学素质养成。据统计，“十二五”期间上海公民具备科学素质的比例达到了18.71%，这个数据已经超过美国1999年底的水平，超过了部分欧洲国家。根据中国科协对上海提出的要求，在“十三五”期间上海公民具备科学素质的比例要达到25%，任务很重。我们要向卞老师学习，把提升公民科学素质作为自己的历史使命，努力推进上海公民科学素质建设。

启示二：在推进、推广科普工作中，在提升公民科学素质的工作中，我们一定要让像卞老师这样的科普大家、科普名家，发挥他们特有的作用，共同推进公民科学素质的提升。最近《解放日报》专门有一个调研，它说50%的受访者希望阅读科学家撰写的自己研究领域的科普文章。上海有一大批科学大师、科普大家，我们要让这些大家更好地为科普工作推进、为公民科学素质的提升发挥作用。

启示三：现在互联网特别发达，我们要借助这种新手段，把“科学大家+互联网”的工作做好，把卞老师等科普大家的思想和作品更好地传播开来，让更多科普作品飞入寻常百姓家，让百姓喜闻乐见的科普精品层出不穷。

本文系作者在研讨会上的发言。

杨建荣，1956年生，法学博士。上海市科学技术协会党组书记、副主席。

时代呼唤更多的科普大家

刘嘉麒

我是学着年轻人“追星”来到这里的。卞毓麟先生追星追到天上，我追星追到上海。上海是科普创作的重要阵地，这里人才济济、硕果累累，涌现出不少像卞毓麟这样的科普大家，为科普事业作出了突出贡献。我在这里向卞毓麟同志学习，向卞毓麟同志致敬；向上海同仁们学习，向上海同仁们致敬。

科普不仅有利于国家、有利于人民，也有利于个人的成长和修炼。我自融入科普宏大群体以来，发现许多科普人都像卞毓麟同志一样，不仅博学多才、勇于奉献，而且还胸怀广阔、朋友多多。我今天能够来到这里“追星”，重逢老朋友，结识新朋友，也是受益于科普。

科普是高尚的、大公无私的、普惠大众的。我们生活在一个伟大的变革时代，大众渴望更多、更好的科普杰作，时代呼唤杰出的科普作家。愿我们随时代前行、与时代同频共振，涌现出更多杰出的科普大家，创作出更多无愧于伟大时代的优秀作品，让科学普及与科技创新比翼高飞。

本文系作者在研讨会上的发言。

刘嘉麒，1941年生，中国科学院院士，中国科学院地球物理研究所研究员，中国科普作家协会第六届理事长、第七届名誉理事长。

自成风格的科普大家

杨雄里

我认为，从事科普是科学家的重要责任。科学家除了贡献科研成果给国家，把成果深入浅出地告诉公众也是重要的社会责任。卞毓麟先生的作品体现了科学家的社会责任。他以他的作品表明，作为一名科学家，需要对科学普及作出自己的贡献。我想可以这么说，卞毓麟先生是一位成功的、卓有成就的科普大家。

这里，我只谈自己感受到的他具有的两个特点。

第一个特点，我认为卞毓麟先生具有扎实的专业根底，而且能把这样一些专业的东西和其他学科，特别是人文科学很好地结合起来。

第二个特点，我认为他有非常扎实的文字根底，你看他的文字，行云流水，非常到位，非常严谨，但是又非常优美。

这两个特点，我临时想了两句话概述：第一句话，“集科学和文化于字里行间，应是大家”；第二句话，“融严谨和优美如行云流水，自成风格”。我想用这两句话，表达我对卞毓麟先生的钦佩和赞赏。

最后我表达一个个人的心愿：大家知道上海有一个上海科普教育创新基金会，设了杰出人物奖。我很惭愧，自己被推选为这个奖的得主，但是卞毓麟先生没有得这个奖。我当面跟他讲过，在我看起来，他远远比我更应该得这个奖，所以我有一个很强烈的心愿，用现代流行语表达就是，我有一个“小目标”，在我追求目标的过程中，我不做一个“吃瓜的群众”，我要用“洪荒之力”，努力推荐卞毓麟先生，成为上海科普教育创新奖杰出人物奖的得主。

本文系作者在研讨会上的发言。

杨雄里，1941年生，中国科学院院士，发展中国家科学院院士，复旦大学神经生物学研究所所长、脑科学研究院院长，亚太地区生理学联合会秘书长。

科普创作的楷模

褚君浩

卞毓麟老师是我们科普界的楷模，也是中国科技工作者的楷模。40年来，他始终不懈地从事科普工作，践行了他为公众奉献的承诺。他发表数百万字的科普作品和文章，水平都非常高。我看过卞老师很多作品，又跟他一起在上海市科普作家协会工作了10年，深受他的人格、科普思想和科普作品的影响。

我能体会到，他具有一种使命感。他秉承了中国老一代科学家科技强国的思想。他的老师、天文学家戴文赛曾对他所说，不仅要做好研究，还要做好科普。卞老师做科学普及40年，其中30年是在改革开放以后。我们国家提出科教兴国、科技强国，对科学技术越来越重视，卞老师的工作也越来越深入。我觉得我要学习他的这一点就是具备高度使命感，而不是单纯地随个人喜好去工作。

另外，我觉得卞老师非常热爱科学，热爱他的天文学。他的科普作品主题都是天文，又从天文这一面向科学史、历史文化延展开来，但基础还是在天文。我认为，要做好科普，首先要有一个自己非常热爱的学科，然后矢志不渝地在这个学科上不断地做工作。哲学上有一条规律是“量变引起质变”，只有不断地创作大量的科普作品，才有可能涌现出非常优秀的作品。卞老师非常勤奋，非常有毅力，创作出了数百万字的作品。在长期的创作实践中，他完成了从量变到质变的过程，其创作水平得到了非常大的提升。他的作品《追星》得到了全国上下的认可，荣获国家科技进步奖二等奖，非常难得。

同时，卞老师强调科学性跟趣味性的结合，他的作品不仅仅在学术上、科学上有深度，而且跟人文、哲学、历史都相关，非常有趣。他的作品能够收入中学语文教材里，那是非常不容易的。这是非常高的水平，它起到的科学普及作用和培养人才的作用非常大。

卞老师还是一个科普理论家，不仅自己写了很多科普书，而且还研究国内外的科普理论、科普方法。他为科普作家阿西莫夫作品在中国的传播、推广也做了很多工作。上海市科普作协组织的阿西莫夫研讨会，就是卞老师提出并亲自参与的。他做的这些工作，也有力地推动了上海市科普工作的进展。

今天我们开这样一个会，认真研究卞老师在科学普及方面的成就、经验和思想，我觉得非常有意义。卞老师是科普界的楷模，是科技工作者的楷模，是上海的骄傲，也是科普作家协会、中国科技工作者的杰出人物。祝卞老师有更多的成果，更有力地带领推动上海的科学普及工作，使科普工作在社会发展中发挥作用，培养更多的人才。

本文系作者在研讨会上的发言。

褚君浩，1945年生，中国科学院院士，上海市科普作家协会第七届、第八届理事长，现任终身名誉理事长。

他使我想起了阿西莫夫

欧阳自远

我最敬佩的科普作家有两位，一位是美国的阿西莫夫，一位是中国的卞毓麟先生。他们的人生经历、科普上的造诣、杰出的文采和作品的影响都深入人心，都非常相似。我认为，卞毓麟堪称我们中国的阿西莫夫。

早在上世纪70年代，我就在中关村的中国科学院北京天文台认识了卞毓麟先生。当时，他已经是一位年轻有为的天文学家了，也是著名的天文科普作家。我呢，正在从事地外物质的研究，有幸向他请教过很多天文学方面的科学问题。他给我解答问题时的态度非常真诚，回答的语言简明清晰，言简意赅，而且还风趣亲切，令人折服。我真切地感受到一种"听君一席话，胜读十年书"的愉悦和享受。

此后，他相继著译了很多天文科普图书，也撰写发表了难以计数的天文科普文章，我都在尽力地收集，认真阅读。可以说，在天文学上，卞毓麟先生是我的启蒙老师，是我的领路人，他培养了我对天文学的兴趣和爱好。

特别是在2005年"嫦娥工程"正在实施之际，他精心策划组织编写了一套"嫦娥书系"。虽然我是主编，他却勤勤恳恳地全部承担了主编的工作量和主编的责任。在2007年"嫦娥一号"发射前夕，"嫦娥书系"出版发行了。"嫦娥书系"紧密结合国家的重大任务，对于提高全民对月球探测的认识，发挥了重要的作用。

卞毓麟先生的工作精神和人格魅力真令人敬佩。他坚持不懈地通过各种途径努力向公众传播科学知识，弘扬科学精神，宣传科学思想和科学方法。他以身作则，坚守科学道德，有强烈的事业心和责任感，坚持原则，作品取得的社会效果非常显著。他的格言是："科普，决不是在炫耀个人的舞台上演出，而是在为公众奉献的田野中耕耘。"他一再强调，做科学传播工作要用心，要认真，语言朴实，态度诚恳，令人鼓舞，催人奋进。

习近平总书记在2016年召开的全国科技创新大会上指出，科技创新、科学普及是实现科技创新的两翼。我坚信，双翼必须齐飞，中华必将腾飞。我真诚地祝福卞毓麟先生身体健康，永葆青春，耕耘不辍，为提高全民的科学素质，为我们中华民族的伟大复兴继续作出杰出的贡献。

本文系作者为研讨会所录制视频的文字内容。

欧阳自远，1935年生，中国月球探测工程首席科学家，中国科学院院士，第三世界科学院院士，国际宇航科学院院士，中国科学家协会荣誉会长。

一辈子追星

叶永烈

几年前，我读到一本书，封面上是两个巨大的字：追星。

乍一看，我以为，这是一本关于影视明星的故事书。令我惊讶的是，作者竟然是我熟悉的卞毓麟先生。

卞毓麟先生什么时候返老还童，加入了追星族的行列？原来，这是一本关于天文学的科普著作，书里的主角是天上的星星。

卞毓麟先生是执着的追星族。打从他1960年考入南京大学天文系，就开始了长达半个多世纪的追星之旅。他一边追星，一边把来自遥远星球的种种最新信息，写成一篇篇生动活泼的科学小品，写成一本本内容丰富的科普著作，献给广大青少年，献给广大读者，使追星族的队伍不断扩大。

卞毓麟先生是双肩挑的追星族：科研与科普双肩挑，翻译与创作双肩挑，作者与编辑双肩挑。

半个多世纪的追星，使卞毓麟先生自个儿也成了明星：他不断地出版这本书、那本书，他不断地在这份报纸、那个电视台讲星星，他不断地获得这个奖、那个奖，他成了中国科普界星光闪耀的明星。

哦，在科普明星卞毓麟先生背后，也聚集了一大群追星族。今天出席卞毓麟先生科普作品研讨会的那么多人，无一不是卞毓麟先生的追星族成员。

我也是卞毓麟先生的追星族成员。写下这篇《一辈子追星》，表示对卞毓麟先生的祝贺、钦佩和赞许。

愿卞毓麟先生星光永耀!

本文系作者为研讨会发来的贺信内容。

叶永烈,1940年生,毕业于北京大学化学系,上海作家协会一级作家,著名科普作家、纪实小说作家。

科学普及至关重要

胡亚东

科学普及这个问题，其实是我一辈子都在思索的问题。我认为，科普对任何一个国家都非常重要，尤其在发展的过程中，更是如此。我觉得，科学普及比科学研究还重要。科学研究成果如果不普及的话等于没有。科研成果如果只在很小的范围内传播，那就作用有限，比如研究原子弹，研究的那些人就在西北待着，如果不搞科普，也就只有那些人知道。

老百姓的科学知识跟不上的话，整个文化水平就提不起来；整个文化水平提不起来的话，道德水平也跟着提不起来。有人说科学是把双刃剑，我觉得这是种误解。有好几次我都说，这种观点错得离谱。科学本身绝对不是双刃剑。科学它就是一把刀，只有一个刃。很多人根据现在气候变化之类的现象，就说科学的发展把地球给毁了。但其实，那不是科学毁的。就比如DDT，美国军队在越南作战的时候，那可真是宝贝啊，往身上这么一抹，蚊子就咬不了，而且后来作为农药也很有用。但是之后用得太多了，才发现会污染环境。这是后来的问题。你不能说，发明DDT这本身就是错的。《寂静的春天》算是这方面的代表作了，正是它引发了大家对这方面问题的思考。

我觉得，科普在中国有一段时间是非常繁荣的，二十世纪六七十年代我们国家的科普工作做得相当不错，那个时候我认为可能是比较繁荣，当时出版社出的科普书可以说是相当多，各个中学小学都举办各种各样的科学普及讲演，请很多专家去做报告，很是热闹。我当时也参加了一些这种活动，所以比较了解。

后来我年纪大了，也没有精力了，耳朵也不好使了，感觉好像没有那么热闹了，但是仍然有些人坚持驻守在这个领域里面，卞毓麟先生就是一个，王绶琯先生也是一个。他们确实是一辈子都在坚持做这个事儿。卞毓麟老师一开始是在天文台做研究的，后来就重点转向科普工作了，把他的整个天文研究工作成果都传播给了我们老百姓。我认为天文学可能是整个科学普及里面内容最丰富的，这点我们化学就差一些。我觉得，科学普及必须全面，各种学科都要，比如现在炒得最热的转基因到底怎么回事？到底怎么样，我也搞不清楚，但是你看，这个东西都涉及老百姓的生活了。另外一个，你看看外面这个雾霾，还有别的环境问题，这些都是科学能够解决的，确实都是科学问题，你把这些问题普及到老百姓那里，然后大家都知道是怎么回事了，大家就不会又埋怨有什么什么了，又不知怎么好了。领导呢，也知道这些东西应该怎么改进了。所以我们今天的这个科学普及工作，就是要让大家都知道，我们今天处在这么一个科学发达的社会里面，科学给我们创造了很多好的东西，创造了美好的生活，但是你如果不去好好认识的话，就可能误入歧途。这是科学和人之间的关系，这个东西梳理不好的话，科学照这样迅猛发展，人呢又在那儿破坏，在那儿毁，这是毁坏科学，所以科普有非常重要的作用。首先，要普及科学本身的问题；另外，科学必须和人文、文化非常好地结合起来。

本文系作者为研讨会所录制视频的文字内容。

胡亚东，1927年生，高分子化学家，中国科学院化学研究所原所长，《化学进展》副主编。2018年4月29日逝世。

科普是一种创造性的劳动

金 涛

我们中国的天文学界有一批有传统的追星族。我认识的朋友里面，席泽宗、郑文光、李元、卞德培，他们都致力于向广大人民群众普及天文知识，卞毓麟也是其中之一，而且他们都在天文科普领域作出了巨大的贡献。我们知道天文学是门既古老又现代的科学，它对于启迪民智、破除迷信，对帮助人们建立健全的、科学的世界观、宇宙观、人生观意义特别重大，所以天文科普工作非常重要。

卞毓麟先生的天文科普作品很有特色，最重要的一点就是他有创新。他的作品是真正的原创作品，比如，他最有代表性的、享有盛誉的《追星》这本书。这本书刚刚出版的时候我就发表过评论，后来在它参评优秀图书的时候我是评委，我就特别推荐这本书。天文学的科普图书，我过去看过不少，但是卞毓麟的这本《追星》，并不是简单地罗列天文学知识，而是一种科学和人文的结合。它把文学和当时的历史、政治、艺术、风俗、宗教等都融合在一起，以凸显天文学的发展脉络，这一点给读者印象很深，而且非常不容易。这需要作者有非常渊博的知识、很广阔的视野，这样才能把这些东西融合在一起，所以我觉得《追星》是他的代表作。当然，这不是他唯一的优秀作品，他有很多作品都体现了这个特点。

卞毓麟先生的科普创作，在原创方面，在天文学和其他学科的融合方面，科学和人文的结合方面，作出了非常大的贡献，这对我们科普创作是一个很宝贵的经验。他值得我学习，也值得我们所有从事科普创作的人学习。

科普知识也许在很长一段时间里都不会有大的变化，但是如何表达、传递这些知识就很值得探讨。把这些知识艺术性地献给读者，是一种创造性的劳动。我想，可以请卞毓麟先生多讲讲这方面的经验，让我们也能够从中受益。

最后，我有两个祝愿，一是希望卞毓麟同志身体健康；二就是希望他将来还能有更多的优秀科普作品问世。谢谢大家！

本文系作者为研讨会所录视频的文字内容。

金涛，1940年生，高级编辑，科普作家、科幻小说家、新闻记者，曾任中国科普作家协会常务理事兼科学文艺委员会主任委员。

应系统总结卞毓麟的创作经验

王康友

科普创作是科学普及的源头活水，也是培养科技人才的摇篮。优秀的科普作品不仅能吸引大众阅读，激发人们对科学的兴趣，继而热爱科学，学习科学，培养出科学精神和科学理性，不断提高科学素质。有些读者未来还会从事科研工作，成为将我国建设成为世界科技强国的人才。

科普创作的推动，离不开对科普创作规律的探索与认识，离不开对科普创作经验的理性思考、总结和提升。我们既要关注科普作品的创作过程，也要聚焦科普创作的理论研究。

卞毓麟先生是国内知名的科普大师，他创作的很多非常优秀的科普作品，是深受广大读者欢迎的精品力作，例如，《追星——关于天文、历史、艺术与宗教的传奇》荣获国家科技进步奖二等奖，科普短文《月亮——地球的妻子？姐妹？还是女儿？》被收录到中学语文课本中。回顾卞先生科普创作的光辉历程，系统总结卞先生科普作品的科学价值、文化价值、社会价值，深入研讨卞先生科普创作的整体思考、准确选题、高远立意、娴熟手法、高超技巧，对繁荣科普原创有着重大的借鉴和指导意义。

中国科普研究所刚成立时的名称叫中国科普创作研究所，由高士其先生于1980年为培养中青年科普创作人才倡议成立。36年来，科普所一直视开展科普创作规律研究、提高科普创作水平、繁荣科普创作事业为己任。今年，在尚勇书记和延豪书记的关怀和重视下，批准科普所设立“科普创作研究室”，增加“开展科普作品、科普作家、科普创作规律等理论与实践研究”的职责任务。科普所要在新形势下完成新任务，实现新目标，急需得到卞先生这样的科学家、科普大家的指教和支持！

卞先生既是科班出身的天文学家，又是科普著作等身的科普大家；既是科学家做科普的成功典范，又是年轻作者学习的时代楷模；既产出了十分丰硕的作品，又提供了非常宝贵的经验。我们应当认真学习研究卞先生的作品，系统总结卞先生的创作经验和创作成功作品的规律，指导广大作者创作出更多、更优、更能满足读者需求的科普作品。

本文系作者在研讨会上的发言。

王康友，1964年生，中国科普研究所所长，中国科普作家协会副理事长，《科普研究》主编。

让科学与大众更加贴近

侯金良

卞毓麟老师作为我国著名的天文学家和科普作家，在科学传播方面的贡献有目共睹。卞老师不仅撰写了大量通俗易懂的优秀天文学科普著作，同时也经常亲临一线，为广大科普爱好者奉献精彩的科普报告，让科学与大众面对面交流，让科学变得更加亲民。对我来说，这方面有两件与卞老师有关的事情历历在目，今天与大家分享一下。

第一件事情与上海世博会有关。2010年上海市天文学会和上海天文台联合推出了“天之文”系列科普论坛，我们希望每年在上海为广大科普爱好者推出十期左右的高级天文科普报告，邀请国内外著名的天文学家和科普作家为广大上海市民做报告。

良好的开端是成功的一半，为了做好活动，我们首先想到了卞老师，希望他能成为我们这个系列科普论坛的首讲嘉宾。卞老师欣然接受了我们的邀请。他的报告题目是：“世博与天文”。2010年上海正要举办举世瞩目的世博会，卞老师为广大科普爱好者系统全面地介绍了天文学和世博会之间的渊源，讲解了历届世博会上发生的一个个与天文有关的科学故事，让大家了解到天文学在历史上曾经为经济社会的发展作出过独一无二的贡献。卞老师的精彩报告通过网络向全国直播，让很多天文爱好者不仅了解了天文，也了解了上海世博会，可以说也为上海世博会做了一次精彩的广告。

第二件事情也是我第一次真正在现场体会到卞老师作为科普大家的风采。本世纪初,国际上对火星的探测和地外生命的搜寻掀起了新的热潮。而卞老师对火星探测也是厚爱有加,不仅专门创作了《挑战火星》《走近火星》等以火星为题材的科普佳作,而且也结合深空探测热点,亲自为科普爱好者介绍最新的火星探测进展。我就是在上海图书馆第一次现场聆听了卞老师关于火星探测和地外生命搜寻的科普报告。当时的演讲厅挤满了听众,走道上都坐满了人。当年,欧空局的"火星快车",美国的"勇气号"和"机遇号"等新一代火星探测器正在飞往火星的旅途中。卞老师报告的题目是:"火星——揭开神秘红色星球之谜 "。我相信卞老师和所有热爱科学的人们一样,对新一代探测器的火星探测寄予厚望,我能感觉到卞老师已经在构思他新的科普著作了。报告会上,卞老师深入浅出地介绍了火星的基本情况,早期火星探测的成果,新一代探测器的潜在能力,等等。火星车上有什么新设备?火星上有没有水?火星上有没有生命?这一个个问题,卞老师与听众们认真细致地交流着。这是我当年听到的最为精彩的科普报告。

正是在以卞老师为杰出代表的一批科普人的感召下,作为一个天文人,我也树立了一定要为天文科学的普及尽自己最大努力的目标。在担任上海市天文学会理事长的日子里,天文科普是我最愿意支持的活动。幸运的是,在以卞老师为代表的学会理事和天文工作者的支持下,我们上海市天文学会的"天之文"系列科普大讲坛得到了良好发展。几年来,数十位天文学家为听众奉献了数十期精彩的天文科普报告,很多报告被上海市列入上海科普大讲坛普及系列,一批报告人荣获了"上海科普大讲坛优秀主讲人"称号。

最近,为全面贯彻习近平新时代中国特色社会主义思想和党的十九大精神,实施创新驱动发展战略,在全社会大力普及科学知识,弘扬科学精神,科技部组织开展了2018年全国优秀科普作品推荐活动。我们非常高兴地看到,卞老师的天文科普佳作《拥抱群星——与青少年一同走近天文学》名列推荐名单第一位。同时,我们上海市天文学会朱达一会员的译作《透过哈勃看宇宙》也一同上榜。我相信,天文科普一定会更加贴近大众,走进学校,走进社区,来到每一个老百姓身边,为提高中国公民科学素养作出她应有的贡献。

本文系作者在研讨会发言基础上修订而成。

侯金良,1965年生,研究员,博士生导师,中国科学院上海天文台党委书记、副台长,上海市天文学会理事长。

科普要加强评论，繁荣原创

曾凡一

卞毓麟老师是一位非常有造诣的科普大家、科普名家，是上海市科普作家协会的元老。我也特别自豪，因为卞老师还是我加入上海市科普作家协会的介绍人。本次卞毓麟科普作品研讨会由上海市科学技术协会、中国科普作家协会、中国科普研究所主办，上海科普作家协会承办。在筹办这次研讨会时，上海市科普作家协会有过多次讨论，形成了两点共识。

第一，我们越来越感受到，卞老师这样一位科普界代表人物，在科普工作上有如此卓著的成就，对科普工作有如此丰富的见解，他显然不是上海一地的财富，而应该是整个中国科普界的财富。卞老师的科普创作特色、科普理念等，都非常值得我们去研讨，这对下一代年轻人，对未来中国的科普实践会有更多的启发和推进。这是我们举办这次研讨会的目的之一。

第二，本次研讨会主题非常明确：加强评论、繁荣原创。加强评论，是因为我们深深感受到，现在社会上对科普作品的反响远远不够，不像小说、电影、戏剧文艺作品，一部作品，不管好坏，甫一问世，媒体就会有一系列的报道和评论，大家都会评头论足。科普作品发表后，也需要有反响，才能形成一种适合科普发展的氛围和大环境，才会有一种良好的、适合我们成长的氛围。

大家知道，卞老师有很多优秀的科普作品。我知道卞老师很希望他人从不同角度对他的作品进行评论，尤其希望听到历史界、文化界、宗教界、史学界对作品的看法和意见。但实际上,他的这些作品除了一些好朋友说几句话之外,少有评论和批评。卞老师的作品如此,其他的科普作品也是如此,社会上的反响很少。这就需要我们来发出一点声音,才能够让大家知道这些作品。因此,我们举办这次研讨会的目的之一,是要以科普作家卞毓麟的创作历程、创作经验、作品的影响和对科普出版传播的贡献为引,来放眼中国科普创作现状,为中国原创科普提供有益的借鉴。我们希望这能成为一个好的开头,可以每年针对一位比较有代表性、有特色的科普工作者,对他们的作品,尤其是代表作,来开展评论,逐渐形成风气,以此呼吁社会对科普作家和科普作品的重视。

卞老师是我们的榜样,也是典范。上海市科普作家协会一直在讨论如何将卞老师给予我们的财富传承下去,培养更多的年轻人在科普工作上作出贡献。像他这样有造诣的、在中国科普历史上起到重要影响的人,也应该成为科普界的一面旗帜。如果有可能的话,我们希望中国科协、中国科普研究所、中国科普作家协会等有关单位,能够设立一个终身成就奖,授予像卞老师这样的科普大家,并以此为契机,把我们的科普创作推向新的高潮。

最后,我想引用卞先生《"科普追求"十章》前言里的一句话:"科普是科学家的天职,热心科普事业的科学家,理当为自己不遗余力,这也是科技工作者的新生和目标。"让我们一起努力,为我们上海、为中国的科普事业努力奋斗!

本文系作者在研讨会上的发言。

曾凡一,1968年生,上海交通大学医学遗传研究所副所长、研究员,国家重大科学研究计划项目首席科学家,上海市科普作家协会副理事长。2010年1月获第六届"中国青年女科学家奖"。

儒者风范，温文尔雅

吴国盛

2016年12月17日，我有幸参加了卞毓麟老师的科普作品研讨会。我本来不是专程去开这个会的，但正好在上海科技馆参加另外一个活动，杨虚杰告诉我这个消息，让我喜出望外。那天，我当面向卞老师表示了热烈的祝贺。由于日程安排的问题，我没有参加那天下午的研讨会。现在，会议的发言稿准备结集出版，我趁此机会写一点文字，表达我对卞老师的敬仰之情。

卞老师是天文学出身，在北京天文台工作多年。我大学学空间物理，硕士论文做的是"现代宇宙学的观察与理论"，算是与天文沾边。我一向认为，天文学是最古老的科学，天文学家是资格最老的科学家，天文学代表着科学的精神源头，因此也是最为大众关注和喜爱的一门科学，天文写作因此也是读者受众面最为广大的科学通俗写作。国外著名的科学作家里，萨根如此，霍金也如此。国内的科学作家里，老一代中有李元老师，再就得数卞老师了。

我不在这里谈卞老师的作品特色，毕竟已经有不少内行、同行谈过了，我只谈谈他这个人给我的印象。对于一个面向大众写作的作家来说，为人绝非不重要。

我曾经在《听科学家做报告》一文中说道："来自北京天文台的先生们几乎一色地温文尔雅、儒者风范。也许是他们长年跟宇宙打交道，懂得人在宇宙中是多么的微不足道，人的狂妄是多么可笑；也许是他们的老台长王绶琯先生起了很好的示范作用”，我认为，卞老师给我最深的印象就是儒者风范、温文尔雅。每次见他，都让我如沐春风。

我这辈科史哲学者介入科学写作和科学传播，让有些老一辈人不太舒服，一个主要的原因可能是，我们主张用“科学传播”代替“科学普及”，但我与卞老师交往多年，从未见他对“科学传播”有什么微词。他作为那一代科普事业的佼佼者，因“科普”而获无数荣誉和桂冠，对“科普”之名的爱护也是情理之中的事情，但他从未责怪我们高悬“科学传播”的旗帜，相反，他总是想方设法理解我们，而且愿意虚心地听我们在讲些什么。

在2000年5月10日于北京科技会堂举行的“武汉电视台《科技之光》开播五周年纪念大会”上，我在会上作了题为“从科学普及到科学传播”的发言，正式提出用“科学传播”这个术语来代替“科学普及”。查当时的发言，发现有这样的词句：“刚才卞毓麟先生讲要有科普家，但又感觉这个名字不是很顺。我认为，我们完全可以名正言顺地打出‘科学传播家’这个旗号。”那个时候，科普事业面临许多问题，其中之一便是名不正言不顺，让包括卞老师这样的科普作家感到困惑。我认为，科学传播一词可以恰当地表达卞老师的工作性质和意义，卞老师其实就是我心目中典型的科学传播家。他有句名言叫做“科学普及太重要了，不能单由科普作家来担当”，这简直就是科学传播的宣言。

2001年12月15日在中国科技会堂举办了纪念萨根逝世5周年的活动，我和卞老师以及萨根的儿子多里昂·萨根（Dorion Sagan）三人受邀做对话嘉宾。这场活动被中央电视台录制转播。官办电视传媒固有的愚昧无知而又傲慢僵化的做派在这次活动中表露不少，我对此非常愤慨，但卞老师多次好言安慰，平息我的情绪，让活动顺利结束。

卞老师不仅是著作等身的科学作家，以其精准而又有妙趣的文笔吸引千百万读者，而且也是科学传播活动的成功组织者和策划人。他到上海科技教育出版社之后策划引进的“哲人石丛书”，开辟了国内科学类图书的新高地。

他的策划活动颇有“幕后”风格，我想这也与他低调的处事风格有关。

最后，祝科学传播大家、我们亲爱的卞毓麟老师身体健康，为科学传播再立新功！

本文系作者在研讨会后撰写的文章。

吴国盛，1964年生，北京大学理学学士、哲学硕士，中国社会科学院哲学博士。现任清华大学人文学院长聘教授、科学史系系主任。

思 想 篇

向卞毓麟先生学习什么

杨秉辉

科普决不是在炫耀个人的舞台上演出，而是在为公众奉献的田野中耕耘。

——卞毓麟

卞毓麟先生是位天文学家，曾在国家天文台工作30余年，对我国天文学事业的发展贡献良多。我是一名医生，以“治病救人”为业。虽说我国传统医学主张“天人合一”、“人身小天地也”，西方世界也有过以占星术判断病情凶吉的历史，不过，这两个专业实在相去甚远。

我之所以认识卞毓麟先生，是因为卞先生同时也是一位著名的科普作家。卞先生科普著作等身，其作品雅俗共赏、老幼咸宜、获奖多多。而我也写点科普文章，于是我们便有了一点交情，我视卞先生为良师益友。

科学家责无旁贷的担当

“科普”是把科学知识普遍地给予民众之意。当然，这个“民众”是广义的、凡不掌握该知识之人士皆可谓之。“科学技术是第一生产力”，是说科学技术为劳动者所掌握后能产生巨大的创造力。因此，人们需要掌握科学技术。但科学技术广博而艰深，不可能面面俱到全都掌握，所以除自己所从事的专业“学有专长”外，其他只能通过科学普及的渠道学习。科学技术是人类知识体系中的重要组成部分，在现代科技昌明的社会中，不仅用于生产劳动，还关系着人的素养、人的能力，甚至人的精神面貌。2016年5月30日，习近平总书记在全国“科技三会”上发表重要讲话，并指出：“科技创新、科学普及是实现创新发展的两翼，要把科学普及放在与科技创新同等重要的位置。没有全民科学素质的普遍提高，就难以建立起宏大的高素质创新大军，难以实现科技成果快速转化。”将科学普及与科技创新等同起来、视为鸟之两翼，缺一不可。这个讲话对推动我国科学普及事业的发展，意义极其重大。

科学普及的基础是科普创作。科普创作是把艰深的、晦涩的、枯燥的科学原理“翻译”成浅显的、明白的、有趣的、为民众喜闻乐见的文字或其他可用于传播的形式。问题是，谁来做这个“翻译”？一些发达国家有专业的科普作家，我国如今在少数高校中开设了全日制的科普研究生班，意在培养专业科普人才，我们自应乐见其成。不过事实上，即使在发达国家，也有许多科普作家本身就是科学家。在我国，看来这事就得更多地仰仗科学家们了。我国一些前辈科学家对此是有充分认识并努力身体力行的。

卞毓麟先生曾说过：“科学普及太重要了，不能单由科普作家来担当。”确实，我国尚十分缺少专业的科普作家。因此，我国的科学家对此就得有更多的担当。卞先生1996年在全国科普工作会议上的发言题目：“责无旁贷、任重道远——在新的历史时期为科普事业多作贡献”，便是卞先生对这一认识由衷的表述。卞先生是这么说的，也是这么做的。

科普田野中勤奋的耕耘者

在国家实现“四个现代化”的进程中，一些管理部门有感于我国科技落后于人，于是便希望科技人员集中精力、心无旁骛，努力把科技“搞上去”，而对科普工作的重要性缺少认识，甚至对热心科普工作的科研人员形成一定的压力。其实正如习近平总书记所言:"没有全民科学素质普遍提高,就难以建立起宏大的高素质创新大军,难以实现科技成果快速转化。"科普工作的重要意义,在科技人员中自然也并非全无认识,只是在科普工作边缘化的氛围中,难以施展罢了。但是也有部分科技人员怀着对科学的崇敬、对社会的责任感,努力在科普领域中耕耘。卞毓麟先生便是其中的佼佼者之一。

就"为什么要写作"这一问题,卞毓麟先生的回答是:"因为科普需要人做,作品需要人写,因为事情就在那里。"

"因为需要人做",极其朴实无华的回答!

卞先生是天文学家,曾在国家天文台工作数十年,在开展繁忙的科研工作的同时,著、译了近30部科普图书,主编或参编的科普图书多达70余种,并发表了数以百计的科普文章。卞先生还翻译了阿西莫夫的许多作品,向我国读者介绍了这位世界级的科普大师,更成了我国研究阿西莫夫的著名专家。卞先生曾在《科普研究》上发表过《一代巨匠,为世人留下什么?》与《阿西莫夫著作在中国》等文章,介绍和缅怀阿西莫夫,为我国科普作家提供了宝贵的借鉴。

卞先生出于对科普事业的热爱,甚至最后"转业"到出版单位,专事科普图书的策划、编辑和出版工作。曾有人问卞先生:编辑是"为人作嫁衣裳"的行当,你作为著名科普作家,做编辑不是太可惜了么?卞先生答曰:我写一篇科普文章、一本科普书,受众终究有限,编辑出版更多高质量的图书,岂不是能使更多的读者受惠?公而忘私是高尚者的境界,卞先生便是这样一位高尚者,他主持或参与的"金羊毛"、"哲人石"等丛书的出版,在如今"碎片化阅读"、"娱乐化阅读"的浮泛之风中,无疑是一座指向通达知识理性的风向标。

博学勤思　科文交融

写作的源头是阅读,卞先生幼承家训,阅读的兴趣极为广泛,自然科学、文学历史无不涉猎。曾有一篇采访录,记述卞先生高中毕业时对大学专业的选择,十分耐人寻味:卞先生既有兴趣学习文史,又有愿望学习自然科学,最终选择了学习自然科学,理由是文史或尚可自学。及至进入南京大学数学天文系,在细分专业时,他又想:学数学,便与天文学失之交臂,学天文还可以、也必须学数学,于是选定天文学专业,完全是一副鱼与熊掌势必兼得的态势。果然,还在学生时代他便显露出在科学上的才华、在文学上的追求。

卞先生有深厚的文史修养,我曾有幸拜读他创作的部分古典诗词,实在精美绝伦。我国科学前辈中能诗文者不少,今之科学家中在这方面能比肩卞先生的怕是不多了。卞先生的文学修养是其科普作品"科文交融"的基础。他的名篇《月亮——地球的妻子?姐妹?还是女儿?》入选中学语文教材,便是明证。单这文题、就足以让读者"享受"的了。有好事之人读罢此文,想为此文另立一文题,搜尽枯肠、思之再三,终以自认不智告终。

卞先生虽然有着精湛的写作技巧,但是他认为:科普写作不是用来炫耀技巧的,技巧只能服务于作品,使科普作品读来明白易懂。他曾经说过:"我一向认为,对于科普创作而言,平实质朴的写作风格是十分可取的。"行文直白流畅、叙述条分缕析是卞先生的文风。真是"文如其人",卞先生的为人、对科普创作的态度也是质朴无华的。

卞先生之所以能把科普做到如此出神入化,我以为不仅因为他既是科学家又擅长文史,这只是他作为一个成功的科普作家的基础。更重要的是,他是把"科普"当成他终身追求的事业来做的。在《"科普追求"十章》一文中卞先生坦陈,是社会责任感让他为科普事业奋斗终生的。

科学普及需要科学家对社会的责任感,而对社会的责任感出自科学家的"良知"——良心和知识。卞先生便是这样一位具备科普良心(奉献精神)和科普知识(专业知识和科普技能)的科学家。

"科普是科学家的天职",说这话的人不少,我以为做得如卞先生的却实在不多。

虚怀若谷，学者风范

卞先生为人谦逊，他创作了大量的科普作品，有人称赞他"高产"、"快手"。对此，卞先生曾说过，他并不以为然，因为重要的是好，出"好"的作品才是他的追求。当然，"好"的科普作品也包括及时、准确地反映最新科学成果。

如今，科学的发展日新月异，卞先生作为一名训练有素的科学工作者，始终把及时而又准确地向公众介绍最新的科学进展作为一种追求，举两本书为例：

一本是他荣获国家科技进步奖二等奖的名作《追星——关于天文、历史、艺术与宗教的传奇》，其写作时间是2005年到2006年春，出版时间是2007年1月。在此期间，天文学和航天领域的新成就层出不穷。例如，2005年10月中国载人飞船"神舟六号"升空并安全返回；2006年1月，美国"星尘号"宇宙飞船成功地把在太空中获取的彗星样品送回地球，等等。《追星》一书都很及时地对这些最新成果作了准确的描述。2006年8月，国际天文学联合会通过决议，将原为太阳系"九大行星"之一的冥王星"降级"为"矮行星"，此时卞先生正好在审阅《追星》的校样，便立即予以增补，《追星》也成了国内率先反映这一重要事件的科普图书。

第二本书，是2016年10月刚出版的卞先生新著《拥抱群星——与青少年一起走近天文学》。在这本书里，我们可以看到我国重大科技成果——当年夏天刚刚在贵州省平塘县建成的口径达500米的世界最大单口径射电望远镜FAST，已经进入书中，它的照片还成了《拥抱群星》的封面，在天文图书中拔了头筹。

又如，2007年10月24日我国"嫦娥一号"探月卫星升空，卞先生与欧阳自远先生共同策划的《嫦娥书系》则在这之前一周面市，为我国航天事业的这一成就在民众宣传上鸣锣开道。这其中又灌注了卞先生多少心血,是不言而喻的了。

卞毓麟先生在科普领域里作出了巨大的贡献,对此媒体有过大量报道:早在20年前,当时全国科普工作会议刚结束不久,1996年3月13日《人民日报》刊出了记者温红彦的一篇1200字的报道:《担当幸福——记天文学家、著名科普作家卞毓麟》;资深媒体人尹传红先生的大作《漫游——卞毓麟的科学文化之旅》,2001年9月由河北大学出版社出版。全书16万字,是尹先生同卞先生的对话,并附有100多幅照片,谈话的核心内容就是科普与科学文化;2015年第5期北京的文学期刊《十月》曾刊出杨虚杰的长文《梦天行》。梦天,便是卞先生的笔名。这些报道对卞先生的科普工作都给予了很高的评价。

卞先生的作品获奖甚多,好评如潮。面对这些荣誉,卞先生说:"当我们发现'自我感觉特佳时',对于'国际先进'之类的评论,就应该格外谨慎了。"虚怀若谷的学者风范,值得我们从事科普工作的人敬佩、学习。

将责任付诸行动,坚持不懈

科普作家以创作作品为职责之所在,作品的生命力在于它的原创性,卞先生大量的高质量原创作品为我们做出了榜样。

这些年来,我国的科普作品,总的说来有影响力的巨著、名著不多。以我较为熟悉的医学科普领域而言,可以说是"基本阙如"。只是由于社会的需求、国家的勉励,也有少数作品获得了较高的奖项。不过,这些作品至少还是原创性的,而大量非原创的、拼凑的甚至抄袭的作品,在这个领域中甚嚣尘上。

科普作品的原创性,来自作家的知与行。"知"是指作家的知识、认识和能力。"行"是指作家的态度、决心和毅力。一些科技人员有足够丰富的科学知识,亦有对科普工作重要性的认识,但未必有写好科普文章的能力;或者亦有写好科普文章的能力,但未必心甘情愿地割舍宝贵的时间和精力来从事科普写作。如今,在知与行这两方面有着完美结合的科普作家不多。

我觉得卞先生对科普创作的“知与行”是很值得我们学习的。卞先生在国家天文台工作的30多年中,在完成了大量科研任务的同时,在十分艰苦的条件下,利用业余时间孜孜以求、数十年如一日,完成了大量原创的科普著作和译作,这种源于对社会责任的自律而产生的坚持不懈的决心与毅力是他成功的基础。他在出版社担任编辑,为繁荣科普出版事业竭尽全力。从编辑的岗位上退休下来之后,有了更多的时间,他并不因功成名就而觉得可安享晚年,而是以更为饱满的热情继续在科普领域里笔耕不辍,并佳作迭出。

美国的《每日新闻》评论美国天文学家亦是科普大家的卡尔·萨根说,他有“三只眼睛”:一只眼睛探索星空,一只眼睛探索历史,第三只眼睛探索现实社会”。我说,卞毓麟先生也有“三只眼睛”:他一只眼睛盯着天文学的进展,一只眼睛盯着科学知识的普及,还有一只眼睛盯着的是时间。

科普创作需要时间、精力,要“原创”就要博览精思,花时间去读书,花时间去构思、花时间去斟词酌句。卞先生对于科普创作的态度是:分秒必争、丝毫不苟;博览精思、厚积薄发。卞先生说:“一个人的生命因其智慧和业绩赢得质量,有质量的生活等于延长了寿命。”卞先生如今已经年过七旬,仍在为科普创作笔耕不息,要为我们的社会创造出更多更好的科普作品。这就是值得我们认真学习的精神。

文学创作的繁荣,有着文艺评论家的功劳。相比之下,在科普创作领域里似乎少了点“科普评论”。其实,如今像卞先生这样“博览精思、厚积薄发”创作出的作品并不多,应该是很值得评论的。即使如“卞先生样”的作品,也应该是可以通过评论来学习的。

卞先生勤于科普写作、善于科普写作是值得我们学习的;卞先生从不居功自傲、虚怀若谷的为人也是值得我们学习的。但我觉得卞先生对科普事业的社会责任感和他对科普事业坚持不懈的追求,更是值得我们认真学习的。

我国的科普事业如今面临着千载难逢的机遇与挑战。我们祝愿卞先生健康长寿,在科普创作上取得更大的成就,也应该学习卞先生以天下为己任的精神,努力在科普的田野上耕耘。

向卞毓麟先生致敬。

本文系作者在研讨会发言基础上修改而成。

杨秉辉,1938年生,内科学教授,健康教育学家、画家、科普作家,上海市科普作家协会第五届、第六届理事长,现任终身名誉理事长。

科普创作需要工匠精神

颜 实

我第一次听到卞毓麟老师的大名是在1983年，那一年我刚刚到科普出版社工作，同事送我一本当时出版的科普图书，叫做《星星离我们多远》，这是卞老师出版的第一部图书，当时卞老师还是北京天文台的一名科研人员。后来因为工作关系，我得以和卞老师相识。20世纪90年代末，卞老师进入上海科技教育出版社工作。作为同行，我经常有机会和卞老师见面，得知卞老师在科教社策划了一批非常有影响的科普图书。在我心目中，卞毓麟老师首先是一位非常有实力的科普作家。

最近我看到科技部的调查，全国目前共有科普人员200多万人，但是专职科普创作人员只有13000多人。根据我的经验，在这之中真正有全国影响、有成就的科普作家不到百人。按照我国14亿人口的数字来计算比例，优秀的科普作家可谓凤毛麟角。其实，成就一名优秀的科普作家需要多方面的因素，我认为职业精神至关重要。套用当下一个时髦的名词，就是要具有一种工匠精神。科普创作同样需要工匠精神，才能日积月累，做出成就。工匠精神的内涵包括三方面：第一是敬业，对所从事的职业有敬畏之心；第二是精业，要精通自己所从事的职业，技艺精湛；第三是奉献，对所从事的事业有担当精神、牺牲精神，不急功近利，不贪图名利。卞毓麟老师几十年来扮演了科技工作者、译者、科学编辑、大学兼职教授等多种角色，在科普创作特别是天文领域的科普创作方面取得了非常大的成就，得到了广泛的社会认可。他几十年如一日对科普事业的热爱和坚持，对科普创作理想境界的不懈追求，我认为都充分体现了工匠精神。

以下，我从三方面谈几点粗浅的认识：

一、以大师为楷模是科普人才成长的动力源泉

卞毓麟早年从科研工作领域进入科普创作领域，曾有幸得到老一代科普大家的鼓励和指引。上世纪70年代末著名天文学家戴文赛先生，病危之际还在关注中国科普事业。他在书中写道，一名科学工作者既要做好科研工作又要做好科学普及工作，这两者都是人民需要的、很重要的工作。戴先生的强烈使命感，为卞毓麟老师日后献身科普事业树立了楷模。世界著名科普作家阿西莫夫对卞毓麟老师影响巨大，这位科普大师也成为了他的良师益友。苏联科普大家伊林有一句名言：没有枯燥的科学，只有乏味的叙述。一条条单调的知识通过他高超的表达变成琅琅上口的优美文字，令人爱不释手，兴趣盎然。这种趣味性永远居于知识性当中，影响了一代代读者。美国著名科普作家阿西莫夫写下了近500部科普图书。卞毓麟老师在上世纪七八十年代就关注并积极向中国读者推荐阿西莫夫作品，且直接与阿西莫夫有书信往来，他在1988年赴美到阿西莫夫家做客，有幸近距离了解这位科普作家。卞老师认为，效法乃至超越阿西莫夫很不容易，但这可以作为我们的借鉴，这本身也是一种追求。我想，正是他这种以科普大师为楷模的不懈追求，使他的视野和创作境界达到了一般同行难以企及的全新高度。

二、娴熟运用写作技能是创作优秀作品的保障

优秀科普作家必须增加文学修养，又必须杜绝炫耀所谓的文才。卞老师谈到如何写好科普作品时，表示非常欣赏巴金先生对文学的理解：文学的最

高境界是无技巧。他也特别赞同阿西莫夫有关科普创作的玻璃理论——有的作品就像你在有色玻璃橱窗里见到的镶嵌玻璃，这种玻璃橱窗本身很美丽，在光照下色彩斑斓，却无法看透它们；平板玻璃不美丽，理想的平板玻璃根本看不见它，却可以透过它看见外面发生的事。这相当于直白朴素不加修饰的作品，理想状态就是让读者读起作品来不觉得是在阅读理念和事件，似乎只是从作者心头流淌到自己的心田。写诗一般的作品非常难，要写条理非常清楚的作品一样很难。事实上，也许写得清晰比写得华丽更加困难，这种对科普创作理想境界的不懈追求，使得卞毓麟的作品能达到一种炉火纯青的境界。卞毓麟强调，在写科普文章的过程中，既要授人结果，更要阐明其思想和方法，使读者不但知其然更知其所以然，这样才能更好启迪思维，开发智力。同时他还认为，写科普要注重表现科学的内在美，让科学和文学结合起来。在坚持科学性的前提下，要讲究作品的文学魅力，增强艺术情趣，这是广阔天地，大有驰骋余地。追求文字生动，绝不是盲目追求艳丽和堆砌词藻。

卞老师2007年完成《追星——关于天文、历史、艺术与宗教的传奇》，这本书在2010年荣获国家科技进步奖二等奖。在这部作品中，卞老师几十年来对科普创作的深刻体验都得到了最好的发挥。他在回答“什么是天文学”这个问题时，曾经有这样一段描述：为什么如此明亮？为什么高悬天地？为什么不会熄灭？为什么不会落下？星星必定一开始便强烈吸引了早期人类的注意力，勾起了他们的好奇心和求知欲。天长日久斗转星移，这种好奇心和求知欲渐渐发展成一门科学，这就是天文学。卞老师这部作品已经超越了一般知识性科普读物的表现范围，真正达到了科学和人文交融的新天地，这正是他始终追求的创作理想境界。最好的科普作品和科学人文读物，应该令人感觉不到科学在哪里终了，人文从哪里开始。

三、对科普事业的担当和坚守应当成为科普大家的毕生追求

从1976年发表第一篇作品起，卞老师40年来写作和翻译了大量作品。他始终不忘初心，坚持创作，把提高公民科学素质作为自己的使命。卞老师在工作之余从事艰苦创作之外，还花费大量时间和精力参与了大量社会科普活动。退休后还一直担任中国科普作协和上海科普作协的领导，为中国科普事业发展作出了突出贡献。多年来，卞老师致力于对全社会进行科学传播，主讲了许多针对青少年的各类科普讲座。我记得在2011年，我们在南京举办了一个青少年的科普阅读活动，想请卞老师来做主讲人，他当时正在外地旅游，一听要举办青少年活动，专程赶过来，作了非常精彩的报告。2014年11月，李源潮副主席参加中国科普作协成立35周年座谈会时，卞毓麟老师作为老一代科普作家的代表，在会上介绍了他几十年来的科普创作经历。

我认为，中国未来需要更多的科普大家，同时也呼唤科普领域提倡工匠精神。最后，我想用卞毓麟老师经常鼓励大家的一句话作为发言的结束语，"科普决不是在炫耀个人的舞台上演出，而是在为公众奉献的田野上耕耘，我们的实验只有起点没有终点。"祝卞老师永远身体健康，永葆创作激情。

本文系作者在研讨会上的发言。

颜实，1960年生，毕业于北京师范大学数学系，科学普及出版社（暨中国科学技术出版社）原总编辑、编审，现为中国科普研究所副所长，《科普研究》编委。

“科学+”的科普创作探索
——卞毓麟先生科普作品评析

郑永春

卞毓麟先生是著名科普作家，从事科普创作40年来，著译科普图书30余种，主编和参编的科普图书有百余种，发表科普和科学文化类文章700多篇，累计字数数百万。卞毓麟先生撰写的科普文章，不仅数量多，内容更是堪称典范，所获奖项不胜枚举，特别是凭借其科普作品《追星》荣获国家科技进步奖二等奖，殊为不易。

研读卞毓麟先生的科普文章，可以发现很多优秀特质。读者不难从中感受到作者扎实的文学功底、深厚的学术背景、丰富的科学史积累。这也使得他的科普文章读起来很有嚼劲，读后有收获，有思考和启迪。

卞毓麟先生的科普文章之所以独具特质，与他丰富的人生经历密不可分。卞毓麟先生的身份转变，不可谓不大。20世纪60年代，他从南京大学天文系毕业后，进入了中国科学院北京天文台，从事天体物理的研究，三十多年中参与了许多国家级科研项目。与此同时，他博览群书，辛勤笔耕，撰写和翻译了大量科普图书和文章。20世纪90年代末，卞先生57岁，本该是很多人准备退休的年龄，他却毅然再次转身，投身科技科普出版，从自己写科普，再到组织大家写科普。所以，如果要给卞先生加几个标签的话，至少应包括天文学家、科学作家、科普出版家。我本人也正在经历从科研人员到科普作家的转变，也与很多出版社有联系，因此深感这种身份转变的不易。

近年来，随着新媒体和自媒体的大量出现，科普写作的门槛越来越低。新媒体科普作品往往在手机端或PC端呈现，作者可与读者即时互动，作出及时回应和修改。这对作者写作能力的提高大有裨益，也使科普文章的内容越来越贴近读者，这是好的方面。但负面效应是，任何一个科学爱好者，只要有冲动，都可以写文章，通过各种网络入口发表，这使得科普文章的质量参差不齐，鱼龙混杂。某些博眼球的文章的传播速度和广度，甚至远远超过严谨的科普文章，一旦谣言形成，辟谣的代价极高且仍恐难奏效。因此，我们回顾卞毓麟先生的科普创作，从纸媒时代的科普创作中吸取经验，为新媒体科普创作提供启示，就显得尤为必要了。

"科学+"研究，科普创作要关注前沿科技

在新媒体的科普创作中，这两年出现了一种趋势，就是所谓的热点科普。当科技界出现了一些热门成果或热点事件，比如在《科学》(*Science*)、《自然》(*Nature*)、《细胞》(*Cell*)等著名期刊发表的论文，很快就会有作者进行解读。但是，写这类文章的风险很大，因为科学技术是不断进步的、不断演化的，新的研究成果出现后还没有经过时间的检验。在一段时间之后，现在的研究成果很可能受到质疑。比如，河北科技大学的韩春雨在《自然》子刊发表论文，但后来很快出现剧情反转，学术界发现，论文中的实验结果难以重复。因此，在科普创作时，对最新发表的科研成果要谨慎对待，对前沿科研成果做新闻解读是可以的，但切记不可把前沿作为事实知识来进行科普，这其中风险很大。

卞毓麟先生是天文学家，对天文学的前沿进展非常关注，但他很少写这类快餐新闻式的科普文章，而是关注科学家正在研究什么问题，为什么要研究这些问题。例如，他在一次向国家领导人的建言中谈到：

今天，我们的社会公众，甚至青少年，在某种程度上已经不仅仅满足于了解科学家们知道些什么，而且同样关注：科学家们在研究什么、究竟还想知道

些什么?

从国内现状来看,科普作者往往并非科研工作者,对前沿问题的关注较少。作为天文学家的卞毓麟先生一直关注前沿科学问题。一次,他关注到美国《科学》杂志2005年创刊125周年之际,选出了125个科学"大问题",也就是全球科学界当前面临的基础科学问题,因而建议:

首先是认准一批有代表性的当代科学基本问题。对每一个问题,分别邀请这方面的一线领军科学家,亲自主持创作一部高屋建瓴、言简意赅、图文并茂的中高级科普读物,介绍问题的来龙去脉,指出当前的瓶颈所在,阐述尝试解决问题的思路和方法,并且对问题一旦解决有何深远意义作一展望。

因此,卞毓麟先生的经验表明:科普创作要关注前沿科学问题,而不仅仅是具体成果。

"科学+"史料,用讲故事的方式讲科学

有不少科普文章,往往只是把艰深的科学知识降低难度,绕过公式定理,打打比方,实现高冷科学知识的普及化。然而,如果不是健康养生等实用知识的科普,也即并非读者的"刚需",那故事性就非常有必要了。我儿子上四年级,却非常喜欢西游记,各种版本的西游记都很喜欢看,喜欢听。于是,我就常常很理想化地认为,如果能把科普文章写成像西游记、红楼梦那样的故事,也就不愁卖了。哪怕做不到四大名著这种程度,也至少应该有人物、有情节。这也算是用讲故事的方式写科普的一点尝试了。

卞毓麟先生的科普文章往往有很强的故事性,比如,他为什么会写这篇文章?写这篇文章时最初的心态是什么?让人很有读下去的冲动。在《科技图书出版的重镇》这篇文章中,他开篇写道:

《科学时报》要我谈谈对新中国成立前上海科技出版的印象,颇觉难以胜任,毕竟,那时我还只是个六龄童。

寥寥几句，勾勒出他写这篇文章时的最初心情。然而，在这篇短短的文章中，他却将1897年商务印书馆在上海创办，1901年教育世界出版社在上海创办，1915年《科学》杂志在上海创办等重大事件与上海百余年的科技出版史和经典科普作品娓娓道来，于繁复史料中提纲挈领，极见功力。

2001年，卞毓麟先生随中国书展代表团参加了第53届法兰克福国际图书博览会，此后写了一篇文章《王者之象与敬业精神》，他写道：

《中国图书商报》让我就此谈点什么。细想之下，却颇费踌躇。……加盟职业出版工作只有区区4年……兼之法兰克福书展我就参加过这么一次，如此这般就要道出些名堂来，真是难！

卞毓麟先生的一些科普作品文字优美，逻辑严谨，叙事脉络清晰，科学性强，被收入了中小学教材，不仅影响了同时代的人，还影响了下一代的中国人。20世纪80年代，卞毓麟先生撰写的文章《月亮——地球的妻子、姐妹，还是女儿?》被收入中学语文教材，在这篇不足千字的科普短文中，他生动地介绍了月球的基本知识，以及月球起源的三种学说：俘获说、同源说、分裂说，分别比喻为地球的妻子、姐妹和女儿。让人对月球的起源顿生好奇：

它(月亮)原先很可能是一颗小行星，在它围绕太阳运行的过程中一度接近地球，并为后者的引力俘获，而成为地球的卫星。这种学说称为"俘获说"。倘若情况果真如此，那么，将地球与月球比作邂逅相遇遂成天作之合的夫妻，岂不是再妙不过了吗?

在文章的最后，他写道：

可爱的月亮啊，你究竟是谁? 你尽可以讳莫如深，人类却总有一天会掀起你的神秘面纱，把你的真相查个水落石出！

科学探索永无止境。科普文章的重要性不在于要传授多少具体知识，更在于激起了青少年的阅读兴趣和探索热情。因为，未来的科学家和工程师将从他们中间诞生，他们才是国家科技事业的未来。

后来，关于月球起源的假说，又出现了一种新的大碰撞学说，并且获得越来越多的证据支持，也能解释很多的观测事实，成为学术界关于月球起源的主流学说。大碰撞学说认为，在46亿年前，地球刚刚形成，有一个火星大小的天体撞击原始的地球，撞击后溅射出来的物质，在环绕地球的轨道上慢慢凝聚，形成了后来的月亮。这说明，人类对月亮的认识，是一个逐渐演化的过程。《月亮——地球的妻子、姐妹，还是女儿？》一文，讲述的正是科学家是如何研究月球的起源的，他们当时对月亮起源的一些认知，现在已经被证明是错误的，但在当时却认为是理所当然。于是，卞毓麟先生又写了一篇新的科普文章《月亮是从哪里来的》，发表在他所著的《不知道的世界·天文篇》（中国少年儿童出版社，1998年）中。这篇文章言简意赅地依次介绍了上面提及的所有这几种月球起源假说，后来被选入人民教育出版社编著出版的义务教育教科书《语文》（新疆专用）八年级下册。

人类对自然的认知，是一个逐步演化、逐渐提高的过程。现在人类对月亮的科学认识，既是科学技术进步和人类能力提升的结果，也是社会文明进步的结果。

世界各国都有很多关于月亮的神话，包括阿拉伯、古埃及文化中关于月亮的神话传说，以及中国的嫦娥奔月、后羿射日。古人曾经认为月球上是有生物的，甚至还有月球人，他们也会观测地球，但这些都是作家想象出来的，后来被证实为子虚乌有，因为月球上没有任何形式的生命。

法国科幻作家儒勒·凡尔纳（Jules Gabriel Verne），写了一本小说《从地球到月球》（*De la Terre à la Lune*），畅想了人类奔月之旅。1969—1972年的三年间，12名宇航员登上月球表面，这就是载入人类史册的阿波罗登月工程。人类通过数百年的努力，把登陆月球从科幻变成了现实。

科普作品中的知识，很可能随着新理论的提出而变得过时，这类科普文章往往难以流传下来。而如果将科普的重点放在科学的进步历程上，则可以避免这方面的问题。即便现在回过头来看卞毓麟先生的《月亮——地球的妻子、姐妹,还是女儿》一文,主要内容并没有过时,也没有过头的评价,除了需要增加关于大碰撞学说的解释外,并不需要做其他的改动,仍然是一篇难得的科普短文。

我建议,科普作家多了解科学史,因为这是科普创作取之不竭的源泉。不仅要将精准的科学知识和科学思维方式传达给读者,更重要的是站在读者的角度,用讲故事的方式讲科学,这是保持科普作品生命力的重要法宝。

“科学+”人文,创作有温度的科普作品

卞毓麟先生写的科普作品,不仅科学性强,趣味浓厚,而且富有人文色彩。他认为,科学与人文,本来就是密不可分的,但理工科与文科的分类教育模式,把它们深深地割裂开来了。

随着社会分工越来越细,科学与人文的割裂现象愈加严重。于是,就出现了理工科毕业生写的文章没法看,文科生写的文章缺少逻辑和理性。这也从另一角度说明,现在这个时代越来越需要能够提供给不同人群阅读的、科学与人文交融的科普作品。

一部科普作品,如果缺少了人文关怀,是生硬的、冷漠的,是缺少温度的!在科学知识的传递方面,卞毓麟先生有一句名言:最好的科学人文读物,“应该令人感觉不到科学在哪里终结,人文在哪里开始”。他不断地在这方面进行尝试。比如,《恐龙·陨石及社会文明》《“水调歌头·明月几时有”科学注》《莎士比亚外篇》等,无不体现着科学与人文的交融。这一点在他的科普文集《巨匠利器》中反映得很充分。

在《巨匠利器》中,他遴选了“轮椅天才”霍金、星云世界的水手哈勃、宇宙大爆炸理论的先驱勒梅特、科坛顽童伽莫夫、孤独的科学旅人钱德拉塞卡、中国古代天文学家郭守敬等人物。在对每一个人的叙述中,他都能恰到好处地

驾驭故事固有的独特魅力,在写霍金的文章中,只要看看这些小标题:“三次打赌”、“面晤教皇”、“罗塞塔碑”、“第三次婚变”,就可以知道其中的故事性有多浓了。

写哈勃的文章中,他则以“好莱坞影星的偶像”、“传奇式的人物”、“诺贝尔奖的遗憾”等小标题来展开。写其他几位科学家的文章中,还出现了“跳来跳去大顽童”、“遗传密码”、“是神父,更是科学家”等标题。

这些科普文章,一方面把丰富的科学知识融于其中;另一方面,更是把科学家还原成普通人。他们也有七情六欲,也会陷于家庭琐事,甚至也会有勾心斗角和心理的阴暗面。已经很难区分这些文章究竟是科普文章,还是科学家传记。而文章中一以贯之的是,这些科学家对科学、对未知的孜孜以求的探索。从《巨匠利器》中,我们看到,卞毓麟先生希望展现的,正是科学进步的艰难历程以及科学工作者在兴趣驱动下的不断探索。

阅读卞毓麟先生的科普文章,应该以一种欣赏的眼光,去品读个中滋味。读后,有所悟。

“科学+”社会,科普是科学家的使命

数理化天地生,天文是自然科学的六大支柱之一。天文学也是一门中国自古以来就有的学科,中国古代就认为“四方上下曰宇,古往今来曰宙“,前者说的是空间,后者说的是时间。有考古学者认为,(夏商周)三代以上,人人皆知天文。因为根据日月星辰进行导航和授时,正是天文学的重要功能。天文也是很容易科普的领域,因为中国人本来就对天文兴趣浓厚,只要将望远镜往路边一放,必定会有人围上来,很希望知道能看到什么。

中国的天文,也是科普大家频出的领域,可能就是源于这种传承,从李珩、张钰哲、戴文赛、王绶琯、李元、卞德培、卞毓麟,再到现在正在从事天文研究的中青年一代。但能将现代天文学与中国古代天文学之间进行很好衔接

的人就不多了,卞毓麟先生是其中难得的一位。

2003年,中国的探月工程刚处于正式立项的关键阶段。不久,我从地处贵州的中国科学院地球化学研究所,来到中国科学院国家天文台,在探月工程首席科学家欧阳自远院士身边协助工作。当时,卞毓麟老师在他的北京天文台同事蔡贤德陪同下拜访欧阳院士,希望推出一套讲述探月工程的科普图书。要知道,那时候的探月工程还没有现在这样知名,出版界更是少有人策划月球主题的科普书。可见,卞毓麟先生时刻关注科技界的最新进展,前瞻性地预测到科普图书的热点。

这套书一共六本,定名为"嫦娥书系",分别是《逐鹿太空——航天技术的崛起与今日态势》《蟾宫览胜——人类认识的月球世界》《神箭凌霄——长征系列火箭的发展历程》《翱翔九天——从人造卫星到月球探测器》《嫦娥奔月——中国的探月方略及其实施》《超越广寒——月球开发的迷人前景》。那时,欧阳院士和卞毓麟先生找的几位作者,都是探月工程的骨干。这就带来两个问题:一方面,他们的科研任务十分繁忙,实在很难挤出时间来写科普文章;另一方面,很多科研人员并不会写科普文章。所以,拖稿、文字晦涩难懂、公式图表堆砌都是难免的。而卞先生一个个上门拜访,了解困难,一次次召开编写工作会,协调写作进度,并帮助科研人员修改提高,解决他们面临的具体困难。当时,感人的情景经常可见。例如,负责嫦娥一号卫星研制的张熇正在孕期,还是念念不忘写书任务。终于,她在临盆后不久,就迎来了她的另一个"孩子"《翱翔九天——从人造卫星到月球探测器》的出版,也是皆大欢喜。在一次次统稿、修改和校对过程中,我深深感受到卞先生认真细致、严谨负责的工作态度,这也使得我后来写科普文章时从来不敢掉以轻心。

当时,我主要承担《蟾宫览胜——人类认识的月球世界》一书的相关任务,这也是我最早开始的科普写作。现在回想起来,当时的文字实在不能算是科普,卞毓麟老师实在觉得不好办,就介绍了南京大学天文系的老教授宣焕灿先生来帮我们润色和提高。宣教授对待工作也很认真,逐字逐句进行改写,并且与我多次电话讨论。我从两位的言传身教中受益良多,也奠定了后来进行科普创作的基础。

卞毓麟先生历来认为"科学家作为科学传播链中的发球员,奉献于科普实属责无旁贷"。他坚持不懈地通过各种途径,努力向公众普及科学知识、传播科学思想、倡导科学方法、弘扬科学精神。2016年,我获得了美国天文学会行星科学分会的卡尔·萨根奖后,第一时间在微信上告诉卞毓麟先生,他很为我感到高兴,并且向其他朋友求证核实,确定是否为中国第一位获奖者,以免误导。很快,我就收到了卞先生寄来的《展演科学的艺术家:萨根传》,他本人就是此书的责任编辑。其后,他还寄给我他的科普书《恬淡悠阅——卞毓麟书事选录》《巨匠利器——卞毓麟天文选说》等,希望我能再接再厉,努力进行科普创作。

科技创新是提高国家综合竞争力的关键,而科学技术普及是科技创新的前提和基础。没有科学普及,就不可能有持久的科技创新。习近平主席强调:"各级党委和政府要坚持把抓科普工作放在与抓科技创新同等重要的位置,支持科协、科研、教育等机构广泛开展科普宣传和教育活动,不断提高我国公民科学素质。"在热心科普的天文前辈的指引下,我将通过一件件科普作品、一项项实实在在的科普工作,努力倡导科学家做科普,为在全社会形成讲科学、爱科学、学科学、用科学的良好风尚而鼓与呼,为促进人与自然和谐相处、建设理性平和的科学社会,为全民科学素养的提高作出贡献。

本文系作者在研讨会发言基础上修改而成。

郑永春,1977年生,中国科学院国家天文台研究员,中国科普作家协会副理事长、上海科普作家协会荣誉会员。

从四个方面看一位科普大家的养成

尹传红

一位科普大家如何养成？探寻其写作的动力之源、作品的独特魅力、成功的若干要素，对当下推动科普创作质量的提高、促进优秀科普人才的成长，都有十分重要的现实意义。

我认为，卞毓麟老师堪称一位科普大家，这可以从四个方面来看：科普翻译有引荐铺路之功；科普创作有厚积薄发之力；科普编辑有著作精品之范；科普理论有创新提升之效。

回望卞毓麟老师的人生轨迹，多姿多彩，成就斐然，令人感怀。他的科普实践，除了勤于笔耕的文本创作，还涉足翻译、编辑、演讲、策划、出版等多个环节阵地。数十年兢兢业业、博览精思、厚积薄发，展现了一位科普大家开阔的科学视野、浓郁的人文情怀、深厚的文化功力。

我曾经问过卞老师一句话：在漫长的科学文化之旅中，您似乎从来不肯停下奋进的脚步，您有没有悲观或者心灰意冷的时候？卞老师回答说，"我总体上是乐观的，虽然有生活上的困难和困惑，但是我始终认为，一个人不应该有什么理由去悲观失落、心灰意冷，我总感觉我有很多事要做。"卞老师认为，时间是宝贵的，我觉得这对我们年轻一代非常有启发。

关于科普的"功用"，我曾跟卞老师探讨过：一是帮助公众理解科学，二是引导公众欣赏科学，三是促进公众参与科学，再提升一点，就是可以起到传扬理性和发掘理趣的作用。我们都非常赞赏苏联著名科普作家伊林的观点:没有枯燥的科学,只有乏味的叙述。

我曾听科学出版社的老编辑鲍建成评价过卞老师的文字水平。30多年前,科学出版社曾请卞老师试译阿西莫夫的作品。编辑们看到试译稿后,赞不绝口,争相传阅。大家尤其赞赏某些句子的中文表达,例如:

日月经天的轨迹是圆,……而那些恒星似的行星行踪却十分复杂。它们忽而疾驰,忽而徐行;有时甚至走回头路,朝着与平时相反的方向前进。

卞老师1983年撰写的千字文《月亮——地球的妻子?姐妹?还是女儿?》,阐释月球起源的三种学说,堪称科学小品(随笔)的典范。文中与题目呼应的关键之处,体现在如下精彩的描述之中——

(月球)原先很可能是一颗小行星,在它围绕太阳运行的过程中一度接近地球,并为后者的引力所俘获,而成为地球的卫星。……倘若情况果真如此,那么,将地球与月球比作邂逅相遇遂成天作之合的夫妻,岂不是再妙不过了吗?

地球形成的时候,一开始便以大团的铁作为核心,并在其外围吸积了许多密度较小的石物质。月球的形成稍晚于地球,它由地球周围残余的非金属物质凝聚而成,因而密度较小。……如此看来,月亮岂不就是地球的妹妹?

最后一种推测更具有戏剧性:在40多亿年前,太阳系形成之初,地球月球原为一体。当时地球处于高温熔融状态,自转很快;天长日久,便从其赤道区飞出一大块物质,形成了月球。太平洋便是月球分裂出去的残迹。你看,月亮岂不又成了地球的女儿?

卞老师的科普代表作《追星——关于天文、历史、艺术与宗教的传奇》,也多有生花妙笔呈现。《追星》的描述对象或引入话题往往是星星,但常常又不限于此,而是从星星本身自然而然地延伸到人类追星的历程,并将一代又一代追星人的探索、思考与当时的社会背景相融合,因此呈现出了相当鲜明的历史纵深感和十分开阔的多元视角。难能可贵的是,它还藉此清晰地呈示了天文学从肉眼观测到望远镜时代再到空间探索这条绵长而壮丽的主线。

科普作品，在我们约定俗成的观念中，往往是以传播科学知识为主旨。但是，像《追星》这样的读物，集多学科知识于一身，在让读者获取天文学新知和开阔视野的同时，还不时能够得到人文方面的熏陶和哲学上的启迪，已不能看作单纯的天文学读物了。

那么，它是什么？

如今在适合一般社会公众阅读的科普类作品中，有一类常被称为“科学人文”。何谓“科学人文”？我曾打过一个也许不甚恰当的比方：就像一个人一样，科学是他的骨架，人文是他的血肉。两者合一，方为一体，也才有灵气。而卞毓麟老师说过，他相信科学和人文本来就是融合的，这也正是科学之美的所在。世界缺少的不是精彩，而是发现精彩和描述精彩。

卞老师还有很强烈的社会责任感，我觉得这是优秀科普作家非常难能可贵的一点。早年我曾在《北京日报》上看到卞毓麟老师写的一篇文章，标题是《科普与社会安定》。当时我还想：卞老师真不愧是一名天文学家，站得高，看得远，能把科普“提升”到“社会安定”这样的高度。后来与卞老师交流时，他说，科普本来就在这样的高度上，而不是他去“提升”它。在这篇文章中，他特别举了两个例子来说明：“建设精神文明，是科学普及的一项重要功能，这直接关系到社会的安定。”

比如，1994年7月发生的苏梅克-利维9号彗星撞击木星事件，是各国公众普遍关注的热点。我国天文界不失时机地抓住这一重要天象，采用多种形式宣传有关彗星、天体撞击等方面的科学知识，为破除迷信打了一个漂亮仗。事实证明，由于宣传、普及工作得力，所以社会上没有发生利用彗星撞木星制造迷信和恐慌的现象。有人说，一些人预言什么“1999年大灾难”，彗木相撞却预言不出来，可我们的天文学家在一年多以前就作了准确的预报，这才是真正的科学。不少人看了彗木相撞的图片展后感慨地说：过去以为天文学没什么用处，现在才知道它同人类的关系如此密切。

又如，1995年是农历乙亥年，闰八月，社会上出现了“闰八月是不祥之兆”、“闰八月要出事儿”之类的谣言。据悉，当初有一个省会城市一度谣传什么男人穿红裤衩、女人穿红衣服就可以消灾免难，结果居然闹得红布、红衣服一时脱销。其实，“闰月”是以地球和月亮这两个天体的运动为依据，按照一定的规律来确定的，“闰八月”和天灾人祸并没有必然的联系。可是，简简单单的“闰八月”，居然会引起人们思想上的混乱，甚至在某种程度上成为社会不安定的因素，这倒是我们始料未及的。

上面这两个例子，使我们更为真切地感受到，广大科学工作者(包括科普工作者)，通过积极宣传普及科学知识、科学方法、科学思想、科学精神，是能够为建设社会主义精神文明包括维护我们的社会安定作出相当大的贡献的。

在本文中，我并没有具体总结卞老师这位科普大家是如何养成的。但我相信，从前面简单的概述里，各位都能够意识到，令我们非常尊敬的一位科普大家是如何养成的。借此机会，也表达我作为卞老师的小读者、研究者和仰慕者的敬意！

本文系作者在研讨会发言基础上修改而成。

尹传红，1968年生，现任科普时报总编辑，中国科普作家协会常务副秘书长，作品曾获国家科学技术进步二等奖等。

科史交融：卞毓麟科普作品中的科学史要素

陈志辉

卞毓麟先生是天文学家，也是著名的科普作家。同时，他还有另一个头衔：上海交通大学科学史与科学哲学系（现改为科学史与科学文化研究院）兼职教授。余生也晚，但在十多年前，我正复习准备考取该学系硕士研究生时，就已初识卞先生的文字。当时为了扩大阅读面、知识面，我总在图书馆"自然科学总论"类的书架前流连，阅读与科学史相关的各种书籍，当中就有卞先生的作品。因其文字生动有趣，又富有知识性，于是我认真阅读并记下笔记。最终，我考取了上海交通大学科学史系的硕士研究生，并一直读到博士毕业。虽然在攻读硕士和博士期间，我的导师并不是卞先生，但我进入学术之路，至如今成为一位科学史研究者和教学者，不能不说部分是因读卞先生文字而引发的一段因缘。本文结合我自身的阅读体验，探讨卞先生科普作品中的科学史要素，以窥其科普创作特点之一斑。

一、由来有自：科学史要素与阿西莫夫科普作品的历史性

上面提到在备考硕士研究生时令我印象深刻的书，是卞先生和唐小英所翻译的《科技名词探源》，原作者为驰名世界的科普作家阿西莫夫（Isaac Asimov，1920—1992年）。事实上，这就是一部关于科学名词演化史的作品。正如卞先生在《译者的话》中所说：

艾萨克·阿西莫夫的优秀通俗读物《科学词汇及其来历》(*Words of Science and the History Behind Them*)问世了。该书采用一般工具书的编排体例,按英语字顺列有497个科学名词条目,在正文中谈及的科学名词则多达数千,其中"探源"意味显著者,皆列入书末的索引。因此,该书除作为一部科普佳作外,尚兼备小型百科全书之用处。*

在实际的翻译工作中,两位译者虽然只挑选了其中的225个词条,酌加少量译注或按语译出,但以本人的阅读体验来说,这一小小的译本确实是一部微型的百科全书。对于理解记忆科学史考试知识点、扩充科学史领域的知识面乃至于扩充专业英语词汇量都有很大的帮助。而阿西莫夫这一作品的引进,不可谓不与卞先生抱有科学史在科普中有重要作用这一卓识有关。在翻译此书前,卞先生认为"许多乍一听仿佛别扭的科学名词蕴含了各种妙趣横生的故事和源远流长的信息",因而一直在想"如果有人能写一本雅俗共赏的书",则一定倍受欢迎。** 著名史学家陈寅恪谓"凡解释一字即是作一部文化史",*** 虽然针对的是具有深厚中国传统的训诂学而言,但施之于西文语源学(etymology)也是异曲同工。当下通识教育中的科学/科学史普及,其中一个重要内容就是呈现古今中外多姿多彩的科学文化。近代科学的远源在希腊罗马,其中的科技词汇源于古希腊文或拉丁文者蔚为大观,既然释一词即是一部文化史,那么释一科学名词即是一部科学文化史。而以人们日用而不知的名词切入,更能减少受众对于日新月异的科学技术知识的疏离感。如在解释"科学"(science)这一名词时,并不是直接而简单地讲science 一词"源于拉丁语的*scientia*,意为'知识'",而是从古希腊人探索世界和自身的哲学(philosophy)这个词谈起,进而讲自然(nature)、自然哲学(natural philosophy)、自然科

* [美]阿西莫夫. 卞毓麟,唐小英译. 科技名词探源[M]. 上海: 上海翻译出版公司,1985.
** [美]阿西莫夫. 卞毓麟,唐小英译. 科技名词探源[M]. 上海: 上海翻译出版公司,1985.
*** 沈兼士. 沈兼士学术论文集[M]. 北京: 中华书局,1986: 202.

学(natural science)而至于科学。* 通过这样一个以一个词而叙述西方科学史的最粗线条的框架,足以令读者感受到今天的科学不是从古就有,也并非一蹴而就,而是自有其历程。这正如卞先生自己所总结的:

阿西莫夫的科普作品中,内容的广泛性与叙述的逻辑性有着完美的统一。……在他的作品中,科学性与通俗性也有着高度的统一。……阿西莫夫的许多作品又是现代性与历史性高度统一的典范。这一点也正是使中、高级科普读物兼备可读性与学术性的要旨之一。《科学词汇及其来历》一书显然也具备上述这些优点。**

近年来,也有以字(词)源为中心而写成的科学(史)普及性作品,如戴吾三的《汉字中的古代科技》。*** 我本人也为本科生开设通识课程:天文学的历史与文化,将语言文字等学科知识融入教学的实践和探索。**** 无疑,这里有卞先生多年前启蒙的影响。卞先生本人一向推崇阿西莫夫,***** 多次仿效后者的科普写作风格,****** 又与阿西莫夫有过密切的交往,因而他在科普理论和创作实践中对于科学史要素的重视可以说是其来有自,其中《星星离我们多远》一书便是他早期的一次尝试。

---

* [美]阿西莫夫. 卞毓麟,唐小英译. 科技名词探源[M]. 上海: 上海翻译出版公司, 1985.

** [美]阿西莫夫. 卞毓麟,唐小英译. 科技名词探源[M]. 上海: 上海翻译出版公司, 1985.

*** 戴吾三. 汉字中的古代科技[M]. 百花文艺出版社,2004.

**** 陈志辉. 多学科融入天文学史教学试探[J]. 即将发表.

***** 卞毓麟. 阿西莫夫不该忘. 科学[J]. 2012. 66(3): 3—4.

****** 如卞先生《〈水调歌头·明月几时有〉科学注——甲戌中秋偶成》,其按语谓"苏轼于中秋夜写下了传颂千古的《水调歌头·明月几时有》。今又值中秋,兴之所至,乃效阿西莫夫注莎士比亚、弥尔顿诸文坛泰斗名著之举,试注斯词"。另见下文对《星星离我们多远》的相关讨论。

二、成就经典:《星星离我们多远》所体现的科学史要素运用的特色

卞毓麟先生的《星星离我们多远》(以下简称《星星》)一书,始创于1977年在《科学实验》杂志中连载的长文,后于1980年扩增出版,1987年荣获"第二届全国优秀科普作品奖"(图书二等奖)。其后又多次增订再版,最近更被列入教育部新编初中语文教材指定阅读图书,足见其经典地位。在新版"后记"中,卞先生总结说,对他影响至深的两位科普作家——伊林(Илья Яковлевич Ильин-Маршак,1895—1953年)和阿西莫夫——所写的具有巨大魅力的作品有四点共性,其中一点就是:

> 将人类今天掌握的科学知识融于科学认知和科学实践的历史进程之中,巧妙地做到了"历史的"和"逻辑的"统一。在普及科学知识的同时,钩玄提要地再现人类认识、利用和改造自然的本来面目,有助于读者理解科学思想的发展,领悟科学精神之真谛。*

《星星》正是卞先生效法两科普大家写作方式的一次尝试。尝试的效果如何呢? 王绶琯院士的书评称该书"用陈述把历代天文学家创造'量天尺'的过程放到科学原理的叙述中,这样既介绍了科学知识又饶有兴味地衬托出历史人物和背景"。** 我们在《星星》一书中确实能看出卞先生运用科学史元素(这里主要是天文学史)叙事的特点:

(一) 科学史事的叙述几乎贯穿全书。在探讨各种天体(包括地球本身)的大小和与地球的距离这一中心课题时,卞先生并未直接给出"科学"的答案,而是由近至远、由自身以至宇外的方式组织起全书的骨架,而这种叙述逻辑,和科学史上人类对天地的认识以及测地测天的演化进程大致上是一致

---

* 卞毓麟. 后记//星星离我们有多远[M]. 武汉: 长江文艺出版社. 2017:140—145.

** 王绶琯. 评《星星离我们多远》. 科普创作[J]. 1988. (3). //卞毓麟. 星星离我们有多远[M]. 武汉: 长江文艺出版社. 2017:146—148.

的。由此,《星星》一书也就达到了卞先生所总结的、伊林和阿西莫夫的历史与逻辑的统一。该书中的很大篇幅是在告诉读者,在历史上人们是如何制造和使用“量天尺”测量星星离我们有多远的,不是居高临下地向读者“科普”新近的科学家如何用高尖精的仪器测量无远弗届的天体,横空出世、无可匹敌,而是将测天理论和技术的每一项进展背后的历史因缘细细道来。天文史家刘金沂先生就认为“在叙述每种测距方法的时候,既不是平铺直叙,也不是只讲结果,而是伴之以发展过程,显示出天文学家解决问题时的思路,这种‘与其告诉结果,不如告诉方法’的手法会使读者受益更多”。* 旨哉斯言!

(二) 材料来源丰富翔实。基于上述的结构逻辑,把《星星》一书看作一部面向大众的简明天体测量史似亦无不可。在此意义上,也能看到卞先生对相关史料剪裁有度,古今中外兼容并包。从古希腊的埃拉托色尼(Eratothenes)首次测算地球大小、阿利斯塔克(Aristarchus)及随后的依巴谷(Hipparchus)计算日月距离和大小,到唐代僧人一行的天文大地测量;从开普勒三定律、卡西尼测定火星视差,到近现代的天文学家运用哈勃定律测算河外星系的距离,《星星》都一一囊括。一般的科学革命式叙事常把天主教会钦定的“地心说”与象征科学进步的“日心说”对立,因而让人们产生了地心说等同于非科学的错觉。《星星》对于地心说则如此描述:

很久很久以前,人们看见日月星辰每天东升西落,很自然便认为它们都在绕大地旋转,地球则是宇宙的中心。这种看法很朴素,丝毫也没有什么邪恶的成分。古希腊的大学者亚里士多德使这种观念变成一种哲学学说。……

真正从天文学的角度去建立地心宇宙体系的,是古希腊的最后一位伟大天文学家托勒玫,他在自己的主要著作《天文学大成》中详尽地阐述了这种理

---

* 刘金沂. 知识筑成了通向遥远距离的阶梯——读《星星离我们多远》. 天文爱好者[J]. 1983. (1). //卞毓麟. 星星离我们有多远[M]. 武汉: 长江文艺出版社. 2017: 1—4.

论。……(托勒玫)最终使推算出来的行星动态与观测到的实际情况大体相符。……

尽管托勒玫本人是无辜的,然而后来的宗教势力却发现地心体系对它们的教义颇为有用。于是,教廷便利用地心说来维护它的说教……*

仅寥寥数段文字,卞先生便把地心宇宙体系在天文学史上的起源、意义和地位及其后来被教会利用的大致历程讲述清楚,还原了历史的本来面目,消除了一般读者对地心说的刻板反面形象。

(三)融合历史与现实。古代著名文学批评家刘勰曾言“善附者异旨如肝胆”(《文心雕龙·附会》),谓高妙的作者善于把看似不相干的两样事物“黏附”在一起叙述描写,而两者密合无间如同肝胆。经过近代科学一日千里的发展,今天科学家探索宇宙的方法与数百年前迥异,然而科普(或科学宣传)的主要目的还是在于“促进科学当前的发展”。** 如何处理好古和今这对“异旨”,颇考作者功力。《星星》“尾声”章“飞出太阳系”一节,就是从荷兰眼镜商意外制造出望远镜的传说和荷兰因望远镜而战胜西班牙舰队的往事讲起,然后话锋一转,讲到“像打仗一样,假如能派出自己的侦察英雄深入敌人的心脏,那么他就能获得无论用多大的望远镜也看不到的详情细节。确实,人类已经将许多优秀的侦察员派往茫茫太空,它们便是众多的宇宙飞船”。*** 望远镜无意间被制造出来的故事,对于天体测量来说当然影响巨大,但这个故事在“尾声”之前从来没有出现过,在此以其在战争中的作用联系到宇宙飞船,可见卞先生组织之巧妙,同时也做到了现代性和历史性的统一。

---

* 卞毓麟.星星离我们有多远[M].武汉:长江文艺出版社.2017.

** 卞毓麟.“科学宣传”六议.科学[J].47(1).//梦天集[M].长沙:湖南教育出版社.1999:289—290.

*** 卞毓麟.星星离我们有多远[M].武汉:长江文艺出版社.2017.

三、再接再厉：新作《拥抱群星》，科学史要素的延续

卞先生在其科普作品中运用科学史要素的特点，也延续到其新作《拥抱群星——与青少年一同走近天文学》（以下简称《群星》）一书。与《星星》不同，《群星》的宗旨是向青少年普及天文学，因此在结构上也不相同：后者大致以天文学内部各个基础分支为纲，附以数章天文科普专题，分章撰写。最引人注目的是第一章"解读大自然"介绍天文学为最古老的科学，以及最后一章介绍源远流长的中华天文。在"解读大自然"章"了解科学的历史"一节中，卞先生重申了他重视科学史的一贯立场：

我想，（科学家）真正熟悉（科学史）未必很容易，但作为一名合格的科学家，甚至一名真正的科学爱好者，对于科学史都是应该有所了解的。这样才能更深刻地理解科学精神、科学思想和科学方法的形成和演进。*

《群星》与《星星》不但在组织结构上有所不同，在科学史史事的编排也因情况不同而作相应的改变，别具匠心。如对多普勒效应的介绍，《星星》一书将之置于恒星光谱红移一节。**《群星》一书则在"搏动的太阳"一节中叙述，以说明测量太阳表面气体物质运动情况背后的原理。*** 又比如对哈勃定律的描述，《星星》着重其在计算遥河外星系距离中的重要作用，因此有详细公式与数据的介绍。**** 而《群星》一书则重在缩短高深天文知识与一般公众特别是青少年的距离，因此将之置于现代宇宙学史和宇宙观测史的背景中介绍，只涉及一个含有哈勃常数的公式。***** 由此可见，卞先生在科学史元素使用上一以贯之，但这种延续性是基于每一科普作品写作的"战略"考虑，对于

* 卞毓麟. 拥抱群星：与青少年一起走近天文学[M]. 上海：上海科学普及出版社. 2016.

** 卞毓麟. 星星离我们有多远[M]. 武汉：长江文艺出版社. 2017.

*** 卞毓麟. 拥抱群星：与青少年一起走近天文学[M]. 上海：上海科学普及出版社. 2016.

**** 卞毓麟. 星星离我们有多远[M]. 武汉：长江文艺出版社. 2017.

***** 卞毓麟. 拥抱群星：与青少年一起走近天文学[M]. 上海：上海科学普及出版社. 2016.

每一种具体科学史元素的“战术”性运用，则根据实际情况编排组织。故，卞先生的作品总能以熟见之材料翻出新意。因而，《群星》先获天文学家叶叔华院士赞誉为“普及天文”“再接再厉”之作，后入选国家新闻出版广电总局2017年向全国青少年推荐百种优秀出版物，可谓名实相符。

结语

除了上述几部科普作品，卞先生也有其他同样运用科学史要素并获得成功的作品，重要的如《追星——关于天文、历史、艺术与宗教的传奇》，* 曾获2010年度国家科技进步奖二等奖。前文虽然只挑选数个案例对卞先生的科学史要素的运用特点进行分析，不免挂一漏万，但我们从中不难得到这样一条经验：科普作品在融合了科学史要素后，能展现出引人入胜的魅力和强大的生命力，而其运用之妙，则是作者匠心独运、巧妙编排的功力之所系。

本文系作者特为本书撰写。

陈志辉，内蒙古师范大学科学技术史研究院讲师，科学史博士，研究方向为天文学史。

* 卞毓麟．追星——关于天文、历史、艺术与宗教的传奇[M]．上海：上海文化出版社．2007.

卞毓麟科普编辑思想初探

洪星范

卞毓麟先生是成就卓著的科普作家，但人们在论及他在科普领域的贡献时，往往会“有意无意”地忽略他在科普出版领域的重要贡献。卞先生55岁跨入出版界，似乎早已过了事业的巅峰期，但他在短短几年时间里，策划编辑出版了大量科普精品，先后荣获中国图书奖、中华优秀出版物奖、中国出版政府奖提名奖、“三个一百”原创工程、上海市科技进步奖等重大出版奖项数十项。这样的成就，在中国科普出版史上是非常罕见的。与此同时，他还带出了一支被业内赞誉为“科普出版黄埔军校”的科普编辑团队，筑起了一个科普出版的新高地。因此，对于这样一位科普编辑家，深入研究他的编辑思想，对于中国科普出版事业的发展和年轻科普编辑的成长，都将是非常有益的。

从天文学家到编辑家

用现在的眼光看，卞毓麟先生的职业经历似乎过于简单，却又带有几分传奇色彩：1965年毕业于南京大学天文学系，在中国科学院北京天文台（今国家天文台）做了33年的天文学家；1998年，已经临近退休的他却满腔热情地跨入了一个全新的领域，加盟上海科技教育出版社，成为一名地地道道的科普编辑，这在当时的科普出版界引起了不小的反响。

在从事科研工作期间，卞毓麟还创作了大量优秀的科普作品。从他1976

年发表第一篇科普文章算起，在40余年的创作生涯中，共著译图书近40种，发表科普和科学文化类作品700多篇，累计数百万字，其中《追星——关于天文、历史、艺术和宗教》一书还荣获了2010年国家科技进步奖二等奖。

由于在科普创作领域的卓越贡献，他在1990年被中国科普作协表彰为“建国以来，特别是科普作协成立以来成绩突出的科普作家”；1996年，他作为特邀代表参加全国科普工作会议，被授予“全国先进科普工作者”的称号。后来，他又荣获了全国优秀科技工作者、上海市科技进步奖二等奖、上海市大众科学奖、上海科普教育创新奖科普贡献奖一等奖、中国天文学会九十周年天文学突出贡献奖等，被公认为中国当代最具影响力的科普作家之一。

也许是受传统观念的影响，与“著名科普作家”这一头衔相比，卞毓麟先生“科普编辑”的身份似乎暗淡了许多。到目前为止，把他与“编辑家”联系在一起的还不多见。实际上，卞先生在科普出版领域里取得的成就，与他在科普创作领域取得的成就相比，可谓毫不逊色。

1998年4月，卞毓麟先生正式就任上海科技教育出版社版权部主任。两年之后，由他单独策划、组稿、编辑的《名家讲演录》丛书，就荣获了中国出版界三大奖项之一的“中国图书奖”。又过了几年，同样由他单独策划、组稿、编辑的“嫦娥书系”(6册)，先后荣获了中华优秀出版物奖、中国出版政府奖提名奖、上海科技进步奖二等奖等6项重大图书奖项，成为科普出版界的一件标杆性作品。

尤其值得一提的是，由卞毓麟先生担任主策划之一，并带领版权部团队共同打造的国家重大科普出版工程——哲人石丛书，被连续列为国家“九五”、“十五”、“十一五”、“十二五”、“十三五”重点图书，这在出版界堪称凤毛麟角。十几年来，“哲人石丛书”获得了诸多奖项和荣誉，如全国优秀科普作品奖、全国十大科普好书、科学家推介的20世纪科普佳作、文津图书奖、上海图书奖，等等，已成为科普出版领域最重要的品牌之一。上海科技教育出版社也从一个以教材、教辅类图书为主的出版社，迅速成长为国内科普图书出版的重镇。

据不完全统计，由卞毓麟先生策划、编辑的科普图书，先后荣获中国图书奖1次，中华优秀出版物奖3次，中国出版政府奖提名奖2次，国家图书奖提名奖1次，"三个一百"原创出版工程2次，上海市科技进步奖3次，中国科普作协优秀科普作品奖3次，全国优秀科普作品奖1次，上海图书奖3次，上海优秀图书奖特等奖1次(见表1)。中国出版人梦寐以求的出版界"三大奖"，他作为编辑竟获得过7次！因此，把卞毓麟先生称为中国科普出版界贡献卓越的"编辑家"，可谓实至名归。

表1　卞毓麟主持策划、编辑作品荣获重大奖项一览表

序号	书名	奖项
1	名家讲演录(20册)	第十二届中国图书奖
2	嫦娥书系(6册)	第二届中华优秀出版物(图书)奖 第二届中国出版政府奖提名奖 上海市科技进步奖二等奖 第二届"三个一百"原创出版工程 第一届中国科普作协优秀科普作品奖提名奖 2005—2007年上海图书奖一等奖
3*	哲人石丛书	第三届中国科普作协优秀科普作品奖金奖
4*	技术史(Ⅰ—Ⅶ卷)	第一届中国出版政府奖提名奖 首届中华优秀出版物(图书)奖 2003—2005年上海图书奖特等奖
5*	普林斯顿科学文库(10卷)	第六届国家图书奖提名奖
6*	诺贝尔奖百年鉴(29卷)	上海市科技进步奖三等奖 第五届全国优秀科普作品奖
7	辽西早期被子植物及伴生植物群	上海市优秀图书奖特等奖

（续表）

序号	书名	奖项
8*	科学编年史	第四届中华优秀出版物(图书)奖 上海市科技进步奖二等奖 第四届“三个一百”原创出版工程 2011—2013年上海图书奖一等奖 第二届中国科普作协优秀科普作品奖优秀奖

注：标记*的作品，为卞毓麟担任主要策划人之一，与同事合作完成。

科普编辑的精神与内核

卞毓麟先生在科普出版领域取得的卓越成就，决不是偶然的，他的许多编辑思想，对于整个科普出版领域的从业者，尤其是正在成为主力军的青年科普编辑，有着非常重要的指导和借鉴意义。

1. 何为优秀的科普作品

众所周知，“审稿”是编辑工作的第一台阶，判断何为优秀的科普作品，对任何一位合格的科普编辑来说，都是必须要掌握也最难掌握的基本功。作为一名创作型科普编辑家，卞毓麟编辑思想的基石是他的“作品观”，也就是何为“好”的科普作品？围绕这一问题，卞先生在不同时期发表的理论文章中，曾从不同视角做过大量深入细致的论述。在上海《科学》杂志2002年第一期上发表的《“科普追求”九章》一文中，卞毓麟用了近5000字的篇幅，对判断优秀科普作品的标准做过系统阐述。他在论及伊林和阿西莫夫两位世界科普大师的作品为什么具有如此巨大的魅力时，总结了以下四点：

第一，以知识为本。好的科普作品都是兴味盎然，令人爱不释手的，而且这种趣味性永远寄寓于知识性之中。从根本上说，给人以力量的乃是知识。

第二，将人类今日掌握的科学知识融于科学认识和科学实践的历史过程之中。用哲学的语言来说，那就是真正做到了历史的和逻辑的统一。在普及科学知识的过程中钩玄提要地再现人类认识、利用和改造自然的本来面目，有助于读者理解科学思想的发展，领悟科学精神之真谛。

第三，既授人以结果，更阐明其方法。使读者不但知其然，而且更知其所以然，这样才能更好地启迪思维，开发智力。

第四，文字规范、流畅而生动，决不盲目追求艳丽和堆砌辞藻。也就是说，文字具有朴实无华的品格和内在的美。

应该说，这四点是卞毓麟对于何为“好”的科普作品所给出的最明确、系统的回答。“文字规范、流畅而生动”，每一位科普编辑都应该能很透彻地理解，在此不必展开，只想强调几点：一、在趣味性与知识性的关系上，对于科普作品来说，知识是基础，要“以知识为本”。二、在科普作品的文风上，“非常平实”的写作风格是很可取的，在创作实践中必须杜绝刻意地舞文弄墨，炫耀所谓的文采。三、关于科学与人文之交融，卞毓麟先生在《追星》一书的“尾声”中表达了这样的理念：“林语堂曾经说过：‘最好的建筑是这样的：我们居住其中，却感觉不到自然在哪里终了，艺术在哪里开始。’我想，最好的科普作品和科学人文读物，也应该令人‘感觉不到科学在哪里终了，人文在哪里开始’。如何达到这种境界？很值得我们多多尝试。”

2. 一线科学家是科普创作的中坚

科普编辑在策划选题的过程中，最重要的一项任务是选择合适的作者。科普创作主要该由谁来承担，也是科普界争论已久的一个问题。卞毓麟早在1992年出版的《科学》杂志上就对这一问题给出了旗帜鲜明的回答：科学普及太重要了，不能单由科普作家来担当。这就是作为卞毓麟科普编辑思想重要一环的“作者观”：科普作者队伍的核心在一线科学家。

卞毓麟曾在1995年发表的《“科学宣传”六议》一文中写道：“试问，谁对科学最了解，最有感情？当然是站在科学发展最前沿的科学家。尤其是，关于当代科学技术的前沿知识和最新发展，首先只能由这些科学家来传布。在整个科学传播链中，科学家是无可替代的'第一发球员'。"他还进一步指出，"球"是科学家发出来的，因此，科学家们直接从事科普工作是有其特殊意义的，尤其是著名科学家、院士们，他们亲自做科普工作往往不是别人能代替的。

卞先生是这么说的，他在自己的编辑实践中也是这么做的。由他策划编辑的大量科普图书，所选的作者几乎都是工作在科研一线的科学家。例如"名家讲演录"丛书，20多位作者囊括了周光召、朱光亚、宋健、路甬祥等中国最著名的科学家，书一推出就在市场上引起了强烈反响。再如前面提到的"嫦娥书系"，由嫦娥一期工程首席科学家欧阳自远院士担任主编，邀请的作者大多是"嫦娥工程"相关领域的骨干专家，"他们科学基础坚实，工程经验丰富，亲身体验真切，文字表述清晰"，自然为这套书的成功奠定了坚实的基础，这也成为这套书与当时其他同类图书的最大区别。

3. 科普编辑是科普创作的发动机和助推器

科普编辑在科学普及的过程中应该起到什么作用？作为科学家、科普作家，同时又是编辑家的卞毓麟对这一问题的认识更为深刻。在他"转行"做科普编辑的时候，许多人都感到不解，甚至认为"不值"。但他认为：作为一名科普作家，一辈子恐怕也不过写几十本书，而当一名科普图书编辑，则能够使更多的科普好书面世，还能够培育新一代的优秀科普作家。

2000年，已经做了两年科普编辑的卞毓麟在《中国图书评论》第7期上撰文《关于成人科普的两点思考》，系统论述了科普编辑在新的历史时期科学传播中的角色和地位：过去人们经常讲编辑是文字裁缝，裁裁剪剪，补补贴贴。诚然，编辑确实应该是一名优秀的文字裁缝，但是这还很不够。新时代的编辑不仅应该是"裁缝"，更应该是优秀的"时装设计师"，应该是"皮尔·卡丹"，应该使人们的生活质量变得更高，也使人们的心灵变得更美。所以，我们的新闻出版工作都不只是"为他人作嫁衣裳"，而是使世界变得更加美好的富于创新精神的"时装设计师"。

卞毓麟把编辑比喻成“时装设计师”，当然是对传统上把编辑说成“文字裁缝”的对比和升华。这里的“时装设计师”至少包含两层含义：一是“设计”，与一般读者想象的不同，如今图书市场上的大多数科普作品，都不是由作者撰写完成后再投稿给出版社的，而通常是由科普编辑经过精心的选题策划，再约请合适的作者完成的；二是“剪裁”，科普编辑的基本任务之一，就是对收到的稿件进行认真甚至深度的编辑加工。在通过配图、装帧设计等流程后，展现在读者面前的产品，与作者的来稿相比，有时甚至会发生脱胎换骨的变化。而在这个过程中所体现的，正是编辑的功力和价值。

概而言之，科普编辑在当今科学作品的创作中扮演着越来越重要的角色，对于大量科普作品，编辑都起着发动机和助推器的作用。应该说，卞毓麟先生关于科普编辑的“角色观”，对于当前的科普创作是很有指导意义的。

4. 责任最大化：科普编辑的精神内核

卞毓麟先生在进入科教社工作之初接受记者采访时，曾讲过这样一个小故事：20世纪20年代，有一位著名的登山家攀登珠峰，快到峰顶时，被狂风刮走，从此失踪。在他开始登山之前，有一位女士问：你为什么非要爬那座山不可？探险家说：“因为它在那儿。”同样，科普出版事业就“在那儿”，就是要人去干。

毫无疑问，这是一个令所有科普出版人都感到骄傲的理由！其实，长期以来，卞毓麟先生就在各种不同的场合大声疾呼，要想做好科普工作，必须具备强烈的社会责任感和高尚的职业道德。1996年，他曾在《科技日报》上发表短文《“科普道德”随想四则》，文中谈道：“成就卓著的科普人物，大多具有很强的使命感。”“只有将科普视为自己的神圣职责，才能真正做到维护科学的尊严……精诚所至，金石为开，决意取得真经，便有路在脚下。”他在《编辑学刊》2010年第1期上发表的《朴实语言传递科学之美》一文中更是开宗明义：传递科学之美，首要的是责任感。

卞毓麟先生是这么说的，他在具体的科普出版工作中也是这么做的。每当版权部来了新同事，他都向他们讲述“人重德才绩，学贵安专迷”的道理。而他在总结“哲人石团队”的成功经验时，竟然只用了最普通的两个字：“用心”。

从理念宗旨，到每一种书的列选；从约请译者，到编辑加工；从校对审读，到付印出版；凡此种种，唯有多用心，方能少出错。所谓“千里之行，始于足下”，真是说起来容易做起来难，但这100块哲人之石就是这么点点滴滴积累起来的。如果要说什么“经验”的话，那么“用心”二字就是最主要的经验。

应该说，这一系列的论述和实践，构成了卞毓麟科普编辑思想的精神内核——责任最大化，也是他关于科普编辑的“责任观”。自不待言，追求完美的“双效”（社会效益和经济效益），是每一个出版人永远的“梦”，当然也包括科普编辑。出版，作为一种产业，就经济效益而言，要追求“利润最大化”。至于社会效益，其出发点在于社会责任感。相对于“利润最大化”而言，这也许可以称之为“责任最大化”。“责任最大化”，既是卞毓麟对自己的要求，也是对每个科普编辑的要求。

卞毓麟科普编辑思想的现实意义

卞毓麟关于科普编辑的思想、观点、经验和方法，对于科普创作和科普出版，都有着很强的现实意义和指导意义。

1. 科普编辑工作实在太重要了，怎么强调都不过分

前面我们已经论及，当卞毓麟从中科院天文学家的岗位上“毕业”，来到科教社科普编辑的岗位上“履新”时，带给整个科普界的是“惊讶”与“惋惜”！我们姑且不论天文学家、科普作家和科普编辑这三个职业的地位孰高孰低，为社会作出的贡献孰大孰小，但从卞毓麟“改行”这一事例本身来看，科普编辑的角色还是比较尴尬的。

在2016年召开的“科技三会”上，习近平总书记进一步强调科技创新、科学普及是实现创新发展的两翼，要把科学普及放在与科技创新同等重要的位置！在此精神的感召下，科学普及的重要性已经在全社会形成了共识，可作为“职业科普人”的科普编辑，其地位和作用尚未引起社会的广泛重视，对科普编辑相关理论和方法的探究还不够，即便在出版界，科普编辑的群体也显得不够壮大，这都在一定程度上影响着科学普及工作的深度和广度开展。

卞毓麟先生在科普编辑的岗位上作出的贡献，以及他在这个岗位上的实践和论述，至少应该使我们认识到，在新的历史时期，科普编辑早已从“文字裁缝”的角色，上升到了科普图书、科普产品和科普活动的策划、组织和实施者，起到“发动机”和“助推器”的作用。也许同等重要但本文囿于篇幅未能深入论及的是，一方面，正是科普编辑，架起了科学家和普通读者之间的桥梁，让原本深奥难懂的科学知识，以不同的形式展现在读者面前；另一方面，大多数科学家在初涉科普创作的时候，在方法和经验上都会存在某些缺陷，这时科普编辑就起到了引路人甚至老师的作用。这方面最典型的例子是叶永烈，正是少儿出版社的科普编辑曹燕芳，引领叶永烈走上了科普创作的道路，成为一代科普大家。叶永烈先生也一直把曹燕芳当作自己的老师，敬重有加，在科普界传为美谈。

从卞毓麟先生的科普编辑生涯中，从他的一系列实践和论述中，我们应该可以得出这样的结论：科普编辑工作太重要了，理应得到全社会的重视，怎么强调都不过分。

2. 激发一线科学家参与科普创作的热情，是繁荣原创科普的基础

前面强调了科普编辑在科学普及链条中的重要作用，但无论如何，科普创作的中坚应该是科学家，尤其是工作在科研一线的中青年科学家。其中的重要性和意义，卞毓麟先生已经做了非常详细的论述，在此不再赘述。归结为一点，激发一线科学家参与科普创作的热情，是繁荣原创科普的基础，这是毫无疑问的。

同时，卞毓麟先生也利用各种场合，呼吁全社会，特别是科学家们深切关注科普事业。他曾在《“科普追求”九章》一文中充满感情地写道：“我热切盼望我国多出现一些像萨根那样视普及科学为己任的科学家，出现一批像萨根那样杰出的科学传播家。这并非要求每一位科学家都必须做得像萨根那样出色，但每个科学家都应该具备那样的理念、热情和责任感。”

应该说，由于我国传统科研评价体系和制度等方面的原因，至少在目前，总的说来一线科学家参与科普创作的热情还不高。卞毓麟在2014年李源潮副主席接见科普作家的座谈会上郑重建言，“美国许多大学对教授的评估都包括教学、科研、公共服务三大块。我们是不是也可以对科学家的公共服务——包括科普，构建一些制度化的评估和奖惩规则呢？我想，这对使科学家走近公众蔚然成风是很有好处的。”

当然，我们也应该看到，在全社会的共同努力下，一线科学家们参与科普的热情正在逐渐高涨。习近平总书记在“科技三会”上更是对科学家们提出了殷切希望：希望广大科技工作者以提高全民科学素质为己任，把普及科学知识、弘扬科学精神、传播科学思想、倡导科学方法作为义不容辞的责任，在全社会推动形成讲科学、爱科学、学科学、用科学的良好氛围，使蕴藏在亿万人民中间的创新智慧充分释放、创新力量充分涌流。

我国的每一位科技工作者，也包括广大的科普编辑，都应该以此自勉。

3. 培养优秀的青年科普编辑，是繁荣科普创作的重要途径

卞毓麟先生年近花甲进入科普出版界，除了自己争分夺秒地忘我工作，在短短几年时间里就取得了大多数编辑难以企及的成绩，他还把大量的精力投入到了年轻编辑的培养上。因为他深知，只有培养出大批优秀的青年科普编辑，才能真正地繁荣科普创作。在科教社版权部，每当有新同事入职，他都会送上一本老出版家叶至善先生著的《我是编辑》，并亲笔写上“向至善老学习,与某某人共勉”的话语。他也十分乐意介绍年轻同事认识他的科学家和科普作家朋友们,还经常同年轻编辑交流如何约稿的心得。看到年轻人的迅速成长,他感到由衷的高兴。在他的谆谆教诲下,年轻人迅速增长了编辑技能,开阔了眼界,一支具备扎实基本功的出版团队成长起来,成长为科普出版的生力军。

然而,由于在当今的图书市场上,科普图书所占的比重不升反降,单品种印数也日益降低,使得年轻科普编辑们面临着较为沉重的经济压力。每当看到优秀的青年才俊离开科普编辑队伍,他都由衷地感到惋惜。他曾在接受采访时略带遗憾地说,“如今我身为出版工作者,按理说很应该具备市场意识、经济头脑。但是,很可惜,这不是我的强项。”

卞毓麟先生的强项是打造出一本又一本的科普经典,利用它们去影响社会;他的强项是通过自己强烈的责任感和使命感,通过自己的奉献精神去影响后辈。2016年,他把自己曾在科普界产生过很大影响的《“科普追求”九章》一文经过认真修改,并增加一章,成为《“科普追求”十章》,发表在《今日科苑》杂志上,作为对青年编辑的赠言。他在文章的最后写道:

凡此十章,既是我的追求,也是我对科学界、科普界,尤其是对“新生代”后起之秀们的赠言。科普,决不是在炫耀个人的舞台上演出,而是在为公众奉献的田野中耕耘。愿与读者诸君齐心协力,为实现中华民族伟大复兴的中国梦,为人类文明的科学之花开遍全球而一往无前。

任重而道远,吾人其勉之。

本文系作者在研讨会上的发言。

洪星范,少年儿童出版社副总编辑,第六版《十万个为什么》出版工作委员会副主任,上海市科普作家协会常务理事。

把科学精神融入民族文化

孙正凡

作为天文科普界的晚辈,卞毓麟先生的作品让我受益良多。卞先生拥有深厚的科学素养,又热爱人文,他从人文角度切入天文科学普及的方法,值得我们认真学习和效仿并深入拓展,把更丰富有趣的科普作品带给受众。

跟许多年轻的科普同行一样,我也是读着卞毓麟先生的文章长大的。我跟卞先生的另一个渊源是,我2008年从北京到上海工作的时候,卞先生就曾经当面指点过。我在上海科学技术出版社《科学》杂志负责编辑的第一篇文章,作者就是卞先生,主题是纪念天文望远镜400周年。当时我谨慎地做了几处轻微的调整,卞先生拿到修改之后的审校时,还不知道是我改的,但他评价说,这个编辑是内行。这也算我初入科学编辑这行时的一次值得骄傲的经历吧。

借此机会,我想结合这些年的天文科普工作,谈谈几点感悟。这也是从卞先生的文章里学到的几点体会。

一、得"天"独厚,深入科普

在诸多科普作家之中,卞毓麟先生的身份是非常特殊的,因为他既是从事天体物理学专业研究的科学家,又是著作等身的科普人。英国科学史学者丹皮尔(W. C. Dampier)曾经说过,"再没有什么故事能比科学思想发展的故事更有魅力了——这是人类世世代代努力了解他们所居住的世界的故事。”以科学家的身份从事科普著述，卞先生就具有了得“天”独厚的优势，从探索宇宙奥秘的天文工作第一线，深入讲述科学发展的故事。

对于我们生活其中的天地宇宙，每个人都有着天然的好奇心。天文学就在我们身边。天地宇宙、日月星辰、时间空间，这些都是天文学研究的对象。而且随着天文学的发展，特别是天体物理学和宇宙学的发展，从最基础的物质结构，到最宏大的宇宙空间，从生命演化到外星人，我们的很多好奇心都得到了至少初步的回答，而它们都可以跟天文学发生不同程度的联系。这样的好奇心古已有之。就我国而言，从《诗经》开始，从屈原《天问》开始，我们的文学作品之中，对于天文现象的描写，对于宇宙的追问一直不断。我们在卞先生的文章里，经常能看到他从古今中外的诗歌、神话故事、历史传奇等各个角度来谈天文学对文化的影响，因此我们才觉得他的作品引人入胜、老少咸宜。

卞先生有多篇作品入选中小学教材，而且卞先生的恩师，著名天文学家、天文教育家戴文赛先生，也写过许多非常优秀的科普作品，有一篇《牛郎织女》还入选了目前苏教版教材，现在的同学们应该说是读着戴文赛、卞毓麟两代名家的科普作品长大的了。卞毓麟先生的《〈水调歌头·明月几时有〉科学注——甲戌中秋偶成》，用现代科学知识解释了苏东坡千年之前所见现象，让我们在欣赏苏东坡豪迈气概的同时，又为卞先生新注里科学与人文的浑然一体而赞叹。从古诗词这种人们喜闻乐见的形式入手，进行天文科普，可减少一般人认为“天文”高冷的偏见。

卞先生的科普作品涉及范围之广、写法之妙令人击节。杂志连载的天文基础知识、及时反映科学进展的热点解读、科学大家的人物传记，涉及天文、物理、科学史，甚至诗词歌赋等传统文化，无不娓娓道来，引人入胜。被收入初中语文课本的《月亮——地球的妻子？姐妹？还是女儿?》、第一部原创作品《星星离我们多远》可视为科学知识解读的代表。而获得2010年国家科技进步奖二等奖的《追星——关于天文、历史、艺术和宗教的传奇》一书，把古今中外丰富的文化素材融汇在科学发展故事之中，实践了卞先生本人在30多年前提倡的“在大文化的框架中融入科学的精华”，证明科学本来就是属于文化的一部分。

卞毓麟先生之所以能做到将人类文化各个方面相关的素材信手拈来，得益于他本人丰富的经历。他是著名天文学家张钰哲先生、戴文赛先生的高足，受过严格的科学训练，又在国家天文台从事天体物理学研究30余载；在追求科学的同时，他又对古典文学情有独钟，在南京大学读书时曾经全文手抄过清人介绍词学入门的《白香词谱》、任继愈先生的《老子今译》《千家诗》，乃至《孙子兵法》《三十六计》。他还关注哲学、科学史等学科的研究，深受天文学史大家席泽宗先生等人的影响。卞先生的家中书架顶天立地，古今中外各类图书挤得满满当当，可想而知主人是如何博览群书，神交古人，拥有多么丰富的知识储备。因此我们看到卞先生的著述，可以说是卞先生把他书山学海中汲取的大量学识融会贯通，“博览精思”之后“厚积薄发”的产物。卞先生的科普作品，从来都不拘泥于传统的“科学知识”范围，而是善于从人们日常观察到的现象和经验出发，既形象地诠释科学原理，又讲述生动的科学故事，让人眼界大开，欣赏到科学家究竟如何探索我们这个复杂而有规律的世界，为我们展开了一幅幅美丽又有魅力的科学人文画卷。

因为从事翻译和出版的关系，卞毓麟先生和美国著名的科普科幻作家阿西莫夫关系匪浅。卞先生的科普创作也会让我们想到阿西莫夫。后者的知识面也非常宽广。不仅写了涉及几乎所有自然科学门类、多达百万字的《科学指南》，而且还有《莎士比亚指南》《圣经指南》这样的以科学家的眼光看待人文经典的作品，读来别有一番趣味，可惜后两种指南(都是巨著)至今尚未有中文版。

二、用科学精神关怀现实和传统

科学普及工作，尤其是天文科普涉及的不仅仅是科学知识本身，更要跟文化的各个方面、各个历史阶段的思想打交道。在今天传统文化再度兴起的新形势下，我们更有必要用科学精神重新考察和审视传统文化。

作为天文学家及天文科普作家，卞毓麟先生讲述科学人文故事的时候，始终坚持用科学精神进行审视，体现了强烈的社会责任感。至今，在科普界和媒体中仍广为流传着卞先生的名言“科学普及太重要了，不能单由科普作家来担当”。

在诸多自然学科中，天文学科普是有着优秀传统的。自清末民初，尤其是中国科学社和《科学》杂志创办之日起，我国科学家们就立志把科学精神移植到中国来。最早介绍到中国的科学著作中就有伟烈亚力和李善兰翻译的《谈天》(即约翰·赫歇尔的《天文学纲要》)。即使在抗战烽火之中，张钰哲先生等天文学家从陪都重庆前往甘肃进行日全食观测时，也不忘一边艰难赶路，一边进行科普宣传。以至于在1941年日食发生时，陪都重庆还一片“赶天狗”敲锣打鼓之声，而甘肃临洮那个偏远小镇上的居民却跟科学家们一道欣赏这难得一见的自然奇观*。科学素养对于社会公众之重要，天文科普之重要，由此可见一斑。

卞毓麟先生的科普情怀一部分也来自他的老师戴文赛先生。戴先生有着深厚的学术功底，又有良好的文学艺术修养，善于引用古诗文为例，将科学新知与优秀的传统文化结合起来，为科学普及作出了卓越贡献。戴先生在他生前编定的《戴文赛科普创作选集》前言中，号召“我们科学工作者，应该拿起笔来，勤奋写作，共同努力，使我们中华民族以一个高度科学文化水平的民族出现在世界上”。席泽宗先生有篇文章介绍说，戴文赛先生曾经打算把中国

* 江晓原、吴燕《紫金山天文台史》，河北大学出版社，2004年。

古典文学作品中有关天文的内容辑录成书，题名《星月文学》出版，可惜他生前没有完成这项宏愿。* 卞先生继承了戴先生强烈的社会责任感和高尚的职业道德，佳作迭出，是我们做人做事的榜样。

卞先生的另一个榜样是美国科普作家阿西莫夫。卞先生曾讲到阿西莫夫在1957年苏联第一颗卫星上天之后，痛感美国社会公众的科学素养之落后，认为有责任为其提高而努力，从而在15年间放下了原已炉火纯青的科幻创作，潜心撰写科普图书多达24部（阿西莫夫一生著述则多达497种）。与阿西莫夫牺牲科幻创作相类似的是，卞先生牺牲了相当多的原创时间，从事科学大师佳作的翻译和出版工作，因为他认为像阿西莫夫这样的科普大家，特别值得研究与借鉴。用他谦虚的话说就是"假如别人比我写得好的话，我为什么不尽力多介绍一些别人的佳作呢？"** 自古以来，都说"文人相轻"，但在卞先生身上我们看到的是"科家相重"。他不遗余力地翻译、编辑、阅读、推荐国内外科学和科普同行的优秀作品，以至于他谈书论人的文章都集结成了《恬淡悠阅——卞毓麟书事选录》一书，每一篇文章都言之有物，条理分明，生动有趣。这背后花费的心力对于一位充满创作激情的科普作家来说意味着何等崇高的奉献、牺牲。

正如张钰哲、戴文赛、阿西莫夫、萨根等大家一样，卞先生的科学普及工作除了正面传播科学人文价值，还有另一个重要方面，就是反击迷信和伪科学，抵制和消灭传统文化思想中的糟粕。在中国古代传统中，天文学跟占星术被绑架在一起，属于皇家机构垄断的知识，古代的天文官员被禁止跟其他官员进行社交活动（如果卞先生生活在那个时代，就不能写科普文章了），民间禁止研习天文知识。因此，虽然中国古代天文学的历法和天象观测方面成就相当突出，但占星术、数字神秘主义也同样根深蒂固。如果任凭传统文化

---

* 席泽宗《天文学在中国传统文化中的地位》，载于《科学》杂志1989年第2期。

** 尹传红《〈不羁的思绪——阿西莫夫谈世事〉校译后记》，上海科技教育出版社，2009年。

中的这些糟粕泛滥,污染我们科学技术赖以存在和发展的社会文化环境,那么社会进步也就无从谈起了。卞先生的几篇"辟谣"文章,针对这类谣言和迷信进行了科普。如《祸兮? 闰八月》一文针对"闰八月是不祥的年头"的说法,先正本清源地解释了为什么中国传统历法中要设置"闰月",然后举了"闰八月无灾祸"和"有灾祸无闰八月"两类反例,有理有据地驳斥了相关荒唐的谣言。又如《数字杂说》一文针对数字神秘主义,剖析了"占数术"在古今中外是如何玩弄伎俩的。尤其是在《追星》一书中,针对中外占星术等迷信,卞先生进行了轻松却又辛辣的揭露,让我们发现,星空并不告诉人类旦夕祸福,是形形色色的迷信把人带入了误区。唯有科学能够拨开迷雾,照亮我们前进的方向。

今天随着传统文化被重新提倡,许多古代的优秀作品和思想被公众重新认识,可是社会上关于国学的教育可谓是鱼龙混杂、泥沙俱下,有许多曾经流行的迷信,包括占星、风水等等,也重新流行起来。这对于我们这些从事科普工作的人提出了更高的要求,我们需要像卞先生那样,深入到文化的各个层面,用科学思维重新审视传统文化,去伪存真。

我在做科普工作以来,尤其是在做公众讲座过程中,会遇到各种类型的受众,提出各种奇奇怪怪的问题,这促使我经常反思我们怎么跟受众去谈天文,谈科学。在这些方面,卞毓麟先生做得特别好。比如"2012年玛雅世界末日"流行之际,卞毓麟先生深入浅出地剖析了玛雅天文知识,通过科普文章、科普讲座和接受媒体采访等各种形式及时辟谣,向公众传达如何科学地认识这些流行文化。

天文科普特别能够体现"质疑精神",因为在天文学发展历史上,无论是我们关于天地宇宙的认识,还是天文学家进行观测和研究的方式都已经发生了多次翻天覆地的变化。但这样的变革是小心谨慎的——正是有了一代又一代学者对于传统,包括对于前辈论断的学习、审视和质疑,我们才能够不断地抛弃错误,揭示我们生活的这个宇宙的真相。从这个意义上讲,每一代科学家都是站在前人的肩膀上,也必须站在前人的肩膀上。

三、在新形势下传递科学精神

正如科学进展日新月异,卞毓麟先生的科普也是常新的。卞先生谈到过,当国家天文台的李竞先生拿到《追星》一书后,立即检查近年来发生的天文大事是否已经纳入书中,李老先生的评价是:“很新、很及时、很到位。很好。”其实不只如此,每当卞先生的科普图书被重新出版的时候,或者文章被收入文集的时候,他总是要对文章重新审阅,补充新知。比如在《恬淡悠阅》一书中,许多文章后面都有“附记”,或解释文章发表后的情况,或补充新材料,解决文章发表时留下的遗憾,甚至检讨文章里存在的疏漏。这种对自我的重新审视,充分体现了卞先生以科学精神要求自己,不放过任何小问题。

我们在普及科学知识的时候,经常面临来自传统文化包括科学自身传统累积下来的“不科学”成分的影响。有一件事,各位一定还记忆犹新,2016年4月18日,科技部、中宣部发布了一份《中国公民科学素质基准》*,然而,其中犯了一些非常幼稚的科学错误(不少还是天文学发展历史上已经发现并排除的错误),如关于“力和运动”“阴阳五行”的表述。4月23日,陈学雷、冯珑珑等8位天体物理学家在“科学网”发布公开“意见”**,对其中存在的错误提出质疑和修改建议。“科学素质基准”发生这样的错误,以及引发的广泛讨论,我觉得从某种意义上来说,这并不是一件坏事,还可能是非常好的事情,因为这充分体现出了科学的特点:鼓励质疑,尤其是对权威的质疑。卞毓麟先生在他的科普作品中也一再指出,科学家是在学习前人、质疑前人的过程中不断进步

---

* 科技部 http://www.most.gov.cn/mostinfo/xinxifenlei/fgzc/gfxwj/gfxwj2016/201604/t20160421_125270.htm

** 科学网 http://blog.sciencenet.cn/blog-3061-972135.html

的。孔子的学生子贡也说过:"君子之过也,如日月之食焉:过也,人皆见之;更也,人皆仰之。"所以在传统文化中,可以找到跟科学精神相呼应的内容,科学精神也包括不怕犯错误,只要能改正就好。有过就改,更是科学精神、创新精神的生动体现。

深入阅读卞毓麟先生等人的天文科普作品,阅读科学发展历史,我们就能够理解,科学意味着提问和质疑,而不是偏听偏信,科学精神从根本上来说,是质疑一切的精神。我们之所以说"言必称希腊",正是因为古希腊哲学从泰勒斯、苏格拉底以来,就在质疑传统。正如亚里士多德所说:"我爱我师,我更爱真理"。彻底的质疑精神催生了对宇宙真相的不懈追求*。梁启超在写到清朝学术史的时候**,指出中国传统学术存在的一个严重问题,历代儒家学者,都宣称自己是阐发孔子的思想,不敢宣称是自己的独创。当然,近代科学未能在中国诞生的板子不应该打在孔子的身上,因为在《论语》里孔子也说过"三人行,必有我师焉","当仁不让于师"等至今看来仍掷地有声的名言,只是后人光顾着大搞崇拜,没能深入理解孔子好学、永不固步自封的求真精神。在科学已经如此发达的今天,我们应该大力推广科学,推广天文科普,提高公众包括我们自身的科学素养。正如卞先生在《追星》一书中对天文学家开普勒的总结:"人类的理性思维不仅应该、而且也能够与宇宙的客观规律和谐地统一。这,便是现代科学的精神,也是真与美在科学中的体现。"

和许多天文科普人一样,卞毓麟先生怀有一个远大的梦想,那就是让天文学进入中小学课程。卞先生多次在报刊上、会议上呼吁:"哪怕在小学和中学12年的教育体系中,只开设一个学期、每周只上一节的天文课,我们也能用通俗生动的语言,让孩子们了解宇宙的奥秘。"正如卞先生在《天文学和人类》

---

* 陈方正《继承与叛逆:现代科学为何出现于西方》,生活·读书·新知三联书店,2009年,2011年。

** 梁启超《清代学术概论》,上海古籍出版社,1998年,2005年。

一文中所论述的，天文学是一门基础科学，人类关于天文宇宙的问题和探索，促进了许多学科的发展，而且天文学革命对我们宇宙观的颠覆，又极大地影响了人类社会。因此天文学是非常有利于向各年龄阶段的受众传递科学精神的学科，也从来都是重要的科普领域。作为"数理化天地生"六大自然基础学科之一，天文学在科学历史中起到如此重要作用，却至今未能进入中小学课程，是非常令人遗憾的。我们也祝卞先生的"中国梦"能够早日实现。

天文学这门基础科学的作用，不仅仅是在学术前沿领域上推进，为中国科学争光；大力推进天文科普更可以迅速提高公众各阶层的科学素养。今天我们提倡全民创新，创新的基础必然是讲究科学精神和方法，必然要求公众科学素养的提高。从更广泛的意义而言，正如100年前《科学》发刊词所言："世界强国，其民权国力之发展，必与其学术思想之进步为平行线。"天文学在传统文化中广泛存在，如屈原"问天"、孔子和"两小儿辩日"、李白和苏轼"问月"，如果我们能够像卞先生的《〈水调歌头·明月几时有〉科学注》那样，把传统文化和现代科学有机结合，把科学的质疑精神带入到对传统文化的学习中，用科学眼光审视过去的文化，那么我们就能够更有效且有趣地把科学精神融入到民族的新文化。

高山仰止，景行行止。作为天文科普界的后辈，我也要继续深入研读卞毓麟先生的作品，学习他的勤奋刻苦作风，更要学习他的科学精神。我要像卞先生那样广泛学习，深入理解科学，在科普工作中不断开拓，传播真正的科学思维，为科普事业贡献我的微薄之力。

本文系作者在研讨会上的发言，有修改。

孙正凡，天体物理学博士，科普作家，第六版《十万个为什么》编辑，知名科学传播团体科学松鼠会创始会员。

科普在读者渴望的第一时间

——卞毓麟作品中的新闻科普特色浅议

江世亮

作为天文研究专家和天文科普传播专家，卞毓麟先生从业50年来，除创作、编写不少大部头天文学专业著作、工具书外，还为杂志、报纸、广播电视等传媒撰写了大量科普类文章。在20世纪90年代后期他到上海工作以前，他和媒体之间就有不少互动。1998年到上海后，他和上海媒体的互动更多了。在我的印象中，除了《文汇报》，他和《解放日报》《新民晚报》《新闻晨报》《东方早报》、上海电视台、上海人民广播电台以及后来的东方网、新民网等都打过交道，或应邀撰文，或接受记者访谈，或担任解读嘉宾。以《文汇报》为例，截至2016年10月26日，卞毓麟先生发表在《文汇报》各个版块、栏目上的文章共计55篇，其中不少是整版和大块头文章。这仅仅是他发表在一家媒体上的文章，可以想见他发表的文章数量之巨。

我觉得卞老师有一种很强的借用传媒发声、传播科学知识、弘扬科学思想的意识。在今天，各类专家与媒体的互动或许已成常态，但20年前有这种意识和能力，且能始终抱有热情的专家学者并不多。多年来与大众传媒密切有效地合作，在新闻事件发生的第一时间送上读者渴望知道的科学背景知识，在阐释事件来龙去脉时传递科学理性，已成为卞老师科普创作生涯和实践中一种引人注目的特色。

下面就以我在《文汇报》科技部工作期间和卞老师的多次组稿交往的经

历来谈一点事实和感想。

一、强烈的借助传媒发出科学理性之声的传播意识

早在20世纪80年代初还在中科院北京天文台工作期间，卞老师就开始应邀为《天文爱好者》《百科知识》《科学画报》等科普杂志撰文介绍天文学、宇宙学等专业领域的最新进展、重要事件和人物等，实际上就已经进入借助传媒向公众传播科学的角色；进入90年代，特别是他到了上海科技教育出版社后，随着职业的改变和媒体对科普传播的需求增大，卞老师这方面的能力更是一发不可收。

2004年1月4日和25日，“勇气号”和“机遇号”火星探测器成功登陆火星，这对被美国宇航局的科学家称为机器人“地质学家”的火星探测器开始了为期3个月的火星探测之旅，迈出了人类在太阳系行星探测上的重要一步。这样一个新闻事件，无疑吸引了广大读者的眼球，也是大众传媒开展科普宣传的好机会。此前一天新华社就预告消息，我们报社也马上进入状态，刊登新华社消息、转发外电报道的同时，在1月5日用一整个新闻版面作了充分的事件解读，隔了不到一星期又在科技文摘专版上作了人类征服火星的十大步骤的解读。撑起这些整版专题解读的担纲者就是卞毓麟先生。

大家知道，媒体盯起稿子来是很急的，一般情况下遇到一个突发事件，最好立刻就能找到合适的人来作回应性解读。科技文摘版虽是每周一期，但从确定主题到联系作者、组织稿子、编辑排版，时间也是很紧的，往往留给作者的时间只有短短一两天，而到时如果拿到的稿子不合意，再临时换稿就非常难了。因此，能在第一时间找到合适对路的采访对象和作者是媒体从业者的一大基本功。所幸的是，在上海，在天文学及其相关领域，卞毓麟就是我们许多媒体人的希望之星，“只要找到他，就能解决问题”已是上海科技新闻界很多记者编辑的共同感受。

再如，2006年8月中旬传来消息，国际天文学联合会第26届大会上，来自80多个国家和地区的2000多位天文学家将在8月24日以投票的方式，对太阳系行星族谱进行"表决"，冥王星作为第九大行星的地位难保。为此《文汇报》等媒体又找到卞老师。他先后为《文汇报》科技文摘专版和书缘专刊撰稿，对由冥王星去留引出的柯伊伯带天体、大行星等问题作出科学解读。

卞老师这种强烈的"抓新闻热点，借媒发声"的意识除了反映在新闻事件发生后的迅速反应能力上，还体现在主动约媒体沟通以澄清一些认识误区上，最典型的当数对2012年12月21日的所谓玛雅预言文明世界末日说的解析。当年12月初的一次公开讲演后，卞老师的手机短信、电话不断，几乎全都是媒体记者在追问玛雅历法和"世界末日"。

对此，其实卞老师早有准备。早在2009年好莱坞科幻大片《2012》热映时，他和一些天文学家就有预感：这个来自玛雅历法的"末日预言"肯定需要澄清，而天文学家应当承担起这个责任。为此他在2012年12月之前就花了几个月的时间，精心准备了一个讲演，为的就是把所谓"玛雅预言"的真相呈现给大众。他通过客观、真实地介绍玛雅历法，让陷入"末日错觉"的公众从误区中走出来。

记得当年从12月18日起的几天里，卞老师被电台、电视台等各大媒体的记者"包围"，分身乏术。在这种情况下，他仍专门抽出时间到《文汇报》科技部给我们记者编辑解读玛雅历法。为此他专门查阅了大量资料，制作了PPT，一边放一边解读，连一位在座的保洁员也说他听懂了世界末日是怎么回事。正是在卞毓麟等一批天文学家的努力下，包括新华社、新华网在内的几乎所有国内媒体都刊登或转发了卞毓麟等人对世界末日说的澄清解读，影响之大已成为有针对性地开展科普的一大成功案例。就如卞老师在接受《文汇报》记者许琦敏采访时所说，"末日谣言"一个过后还会有下一个，作为天文学家和科普工作者，我们的目的并非仅为这次事件辟谣，而是更想告诉人们"什么才是科学的认知态度”。

二、驾驭文字的能力，谋篇布局、遣词造句的行文能力

其实这个就不必多说了，因为卞老师的代表作《追星》获得国家科技进步奖二等奖，他的多篇作品入选中小学语文教材就已说明问题。我想说的是，他在给报刊杂志写稿时，往往能在编辑限定的时间里、篇幅内把一件不容易言说的事件交代得清清楚楚，这种能力也是值得我们许多文字工作者学习的。

记得有一次，我们报纸与火星探测有关的版面上还留有一块几百字的空档，这时大家就想到请卞老师再补上一段点睛之笔，从打电话过去到卞老师把文字整理好传给我们，只给了他一个小时左右的时间。卞老师的这段补白文字是这样的：“人类为什么要探测火星？首先，这是人类诞生之初就具备的宝贵禀性——好奇心和求知欲在现代的延伸，是因为人类渴望更深刻地揭示大自然的奥秘。人类的这种欲望将永无止境。其次，研究其他行星有助于更好地了解我们自身所处的地球。对于人类创造更美好的未来而言，这类探测的意义无论怎样估计也不会过高。此外，人类一直在不断地扩展自身的生存空间，开发火星乃是势在必行。”

卞老师曾经在文中表示他非常认同阿西莫夫的写作理念：“能用简单的句子就不用复杂的句子，能用字母少的单词就不用字母多的单词。”这种简洁的行文风格其实就是卞老师写作的写照。

三、赋予科普更多科学人文内涵

卞毓麟老师在媒体上表达阐述的观点更多地体现了科学知识、科学精神和科学思想的结合。赋予科普更多科学人文内涵也是卞毓麟科普创作的一种特色。

在我主持《文汇报》科技报道的几年时间里，发起组织过多次以科学与社

会、科学与伦理、科学与文化等为主题的讨论。卞老师把这些活动视为向公众传播科学的机会,所以这类活动卞老师多会积极参与。

譬如2007年6月,温家宝总理在同济大学考察时提出要师生们"仰望天空"的一段谈话经媒体报道后引起关注和反响,我们很快就组织了汪品先、卞毓麟、沈铭贤、胡守钧等学者座谈学习,并在其后整理刊登了题为"'仰望天空'启示录——本报组织学者座谈学习温总理讲话"的座谈纪要。卞老师在那次座谈会上说:

从上古的初民仰望天空,到今天我们对宇宙的认识,人类的视野越来越开阔,人类自身在宇宙中间仿佛变得越来越渺小了。但是,这种"渺小"恰巧体现了人类认识能力的伟大。这些认识,都是仰望星空的结果。如果一个民族不爱仰望星空,那么他(们)对这个宇宙、对我们这个世界的认识会有多大的局限! 我在给大学生天文社团或者中学生讲课时,经常会为他们写下这样几个字:"敞开胸怀,拥抱群星;净化心灵,寄情宇宙。"现在看了温总理的讲话,我感觉自己真是写对了。

2012年4月7日,在阿西莫夫逝世20周年之际,上海市科普作协在科学会堂举办主题为"呼唤中国的阿西莫夫"的大型研讨会。4月22日,《文汇报》科技文摘以"世间再无艾萨克,翘首以盼我们的阿西莫夫"为题作了整版报道,专门摘引了卞老师的发言:人们当然会思索,我们为什么没有阿西莫夫这样的科普大师? 通过一次讨论,看来很难给出标准答案,但为了真正弄明白我们为何缺乏国际一流的科普作家,就必须深入探讨:我们的症结是什么? 瓶颈在哪里? 机遇在何处? 长处是什么? 我们有何良策真正繁荣原创科普? ……

本文系作者在研讨会上的发言。

江世亮,1954年生,高级编辑,上海市科普作家协会常务副理事长兼秘书长,曾任《文汇报》科技部主任。

提倡“科普+”的传播理念

方鸿辉

我们要学习卞先生的最重要的一点，就是他对天文科普的执着和痴迷，尤其是他患病后，依然笔耕不停，令人肃然起敬。科普是他的兴趣，也成了他的责任。

现在，科普形势很好，从上至下都已形成了“科研与科普对社会的作用犹如车之两轮鸟之两翼”的理念。从卞老师作品分析中，深感做好科普这件事很不容易。

形势逼人，科普也非得有所创新不可。从卞先生的科普实践中可以发现：不光是科普理论、思想方法、人才培育诸方面要创新，连传播内容、传播手法、学科交融与平台匹配诸方面也一定要创新，以回应时代的要求，为公民科学素养的大幅度提升尽力，为整个社会“双创”作基础性的铺垫。

为此，我们是否也该理直气壮地从卞先生的理论与实践出发，提倡“科普+”的传播理念？

加什么？

我以为首先得加“人”——第一线的科学技术人员。没有专家的加入，光靠媒体或行政管理人员的浅层次传播是断然走不远的。国外科普之所以能做得有声有色，主要得益于第一线科学家和技术人员乐于科普，连获诺贝尔奖的大家都会乐于科普。要让我国的科学内行们也能乐于科普，国家在机制上应该有相应的约束和激励。当然,科学要传播,科学家也要跟媒体有良好的互动与合作。

欧阳自远院士说:“科学家不应该把科学当成仅供自己欣赏的花瓶,而要让更多的公众理解、走进自己的科学,以改变他们的未来,改变它们的生活,这也是科学家的责任。”这话说得太到位了!若科学家自身也有这种积极性了,那么科普的主力队伍也就形成了。

其次,要加“平台”——传播渠道。当今的科普不是上世纪五六十年代那样光写写文章,画画招贴画就行了。技术的发展,令传播渠道越来越多样化,VR、移动端及多种屏幕等,科普要充分利用新技术平台,创作相应形式的科普产品,纸上的文章只有文字,最多再配些插图,视频却能多感官刺激,语言、声音、色彩……动态的、形象的效果总比白纸黑字更让受众喜闻乐见。当然,科普作品的形态也应更丰富多彩。

最后,至少还要加“内容”——科学知识永远不可偏废,但必须转变只关注内容传播的狭隘观念。科普必须与新科学、新技术的前沿相结合,不能老在“陈芝麻烂谷子”中打转转;要与各门学科打通,尤其要与人文领域各学科相通,与各类表演艺术、绘画、音乐、小说形态相融合,理性与感性兼顾,作品易被接受;要写事、状物与写人相结合;要在传播科学知识的同时渗透进科学思想、科学精神、科学方法、科学风格,以展现科学的魅力;当然,内容还要与形形色色的新媒体平台相匹配……

“科普+”理念还应该走进学校,在学校的课程标准中有所体现,这对人才的知识结构会起到潜移默化的作用,让人才的知识更通透,让各门学科相融合,让学生的思维更清澈。科普的后继有了人才保障,科普的路才会越走越宽广。

总之,“科普+”是一篇大文章。科普作为一门有意识的主体性社会活动,千万不能随波逐流,不能因为“科普+”了,就不坚持走自己的路了。科普工作者不能功利地图表面光鲜与亮丽，而需要脚踏实地，这毕竟是一门“板凳甘坐十年冷”的寂寞事业。科普工作者既是开路“先锋”，更是拓荒“小工”。科普作品还是要有自己的主见和传播特色，形成自身的表述风格与特长；既充满艺术性、文学性、观赏性，又不完全就是艺术品、舞台剧、电影或文学作品，因为科普作品必须充溢丰厚的科学元素，由浅入深、形象生动，能化高深为通俗，体现科普之道的精髓——普遍性与一般性。当然，科普工作者绝不能因抢时髦去传播不着边际的怪论，甚至玩弄华而不实。

另外，科普是一种文化，就必须强调其历史性。卞先生的《追星》是很好的实例。我们的科普文化创新理论也应该经得起时间的考验。从事科学文化传播就要有一种使命感，但凡通过我们创作和传播的思想理念或知识内容，都应该首先是真实的。当然，学科在发展，人的认识在深化，我们所传播的内容至少从我们当前的认识水准来说，是负责任的。科普还要有人文关怀精神，强调审美功能。卞先生的科普之路说明，“要强调其历史性”的第二个层面——面对现实不忘历史，要舍得花大工夫去做一些科学史的积累与抢救工作，这可是功德无量的人类文化的光辉所在。好的科普不仅授人以知识，更能关照人的精神境界，从科学史中能采撷到不少至今仍光彩熠熠的智慧和德行，对己对人，都能从中学得一点思想，得到一点升华，懂得一点方法，提升一点格调，这也就是科普对人的精神塑造能起到的一点作用了。

本文系作者为研讨会准备的发言稿。

方鸿辉，1949年生，上海教育出版社编审，曾任上海科普作家协会副理事长，2005年被授予上海大众科学奖。

风 格 篇

浅论卞毓麟对科普创作的贡献和作品特色

李正兴

中国科学院国家天文台客座研究员、中国科普作家协会副理事长、上海市科普作家协会名誉理事长、上海科技教育出版社顾问卞毓麟集天文学家、科普作家、科普翻译家、科普编辑家于一身，是中国科普界的楷模。

卞毓麟著译科普图书30余部，主编和参编科普图书100多种，发表科普文章和论文700多篇，科普讲演(包括电台、电视台)数百场并策划多项重大科普活动。许多科普作品获得国家级、省部级各种大奖，个人亦荣获上海和国家有关部门多种奖项和崇高荣誉。他的科普战功赫赫，为科普事业作出了突出贡献，是当今中国不可多得的科普大师。他的科普创作特色更是令人赞叹。

一、善于阐释科学原理是卞毓麟的科普特色

1. 梦想成为天文学家

1943年7月28日，卞毓麟出生于上海。幼时的他，就爱仰望缀满繁星的天幕。学龄前，父亲为他选购了《幼童文库》，书中有许多美丽的图画。其中一本是介绍太阳系的，说到地球绕着太阳转，月亮绕着地球转，还说到水星、金星、火星、木星和土星都是绕着太阳打转的行星。这本展示宇宙奥秘的小书，令他心驰神往。

卞毓麟在小学和初中时代，看了许多天文通俗读物。他的脑海里渐渐浮

现出了一个梦:憧憬有一天能成为天文学家,亲自去探索宇宙的奥秘。后来,“梦天”就成了他科普耕耘的笔名。他对古典文学、历史、物理等都很感兴趣,但最令他着迷的是数学。1960年他进入南京大学数学天文系(后分成数学系和天文学系),成了一名很优秀的学生。1965年大学毕业,被分配到中国科学院北京天文台,从事天体物理学研究,兼及天文学史和天文哲学,圆了他成为天文学家的梦。

2. 愿陪公众探访宇宙

20世纪70年代,上海曾准备建造一座大型天文馆。为此,1974年,上级领导特地从北京天文台将卞毓麟借调来沪参与筹建。在此期间,他经常思索:“除了日常工作,我还该做些什么?我还能做些什么?”他愿意像一名热情的导游,凭借自己的天文知识,陪伴公众去探访宇宙之神奇,去领略天体之奥秘。1976年,他应《科学实验》杂志之邀,撰写了一篇介绍黄道光的通俗作品,发表于该刊当年第5期。从此,他就同科普创作结下了不解之缘。

3. 撰写优秀科普作品

1978年,科学的春风吹遍中华大地,卞毓麟回到了北京天文台。从1979年开始,他应《我们爱科学》杂志之邀,先后为该刊撰写了《太阳系中的蒙面巨人》《地球的姐妹》《红色的行星》等40来篇文章,向青少年朋友介绍天文学的基础知识和最新进展。20世纪90年代,中国少年儿童出版社出版的《不知道的世界》丛书,先后获得“国家图书奖”、中宣部“五个一工程奖”、“全国科普图书一等奖”等。主编陈海燕先生认为,该丛书中卞毓麟著的“天文篇”堪称最有示范意义的一卷。

4. 出版时尚新著《追星》

2007年1月,上海文化出版社出版了卞毓麟的新著《追星——关于天文、历史、艺术与宗教的传奇》。此处的“星”并非指“歌星”、“球星”或“影星”,而是宇宙中形形式式的星球。此书一出,社会反响热烈,新华社以“科普作家卞毓麟的‘追星’时尚”为题发了专电，近30家报刊发表消息和评论，许多科普专家也发表专评。新华网介绍此书：“在平实的写作中，巧妙地将科学知识与历史、艺术、宗教等熔铸于一体，使读者不仅从字里行间看到科学的理性光芒，更看到文学艺术的热情奔放、历史的跌宕起伏、人性的光辉与灰暗。”中国科普作协副理事长王直华评论道，《追星》的那个副标题“是内容的阐释，是写作的实践，更是作者的素养”，“作者展示的，不是枯燥遥远的天文学知识，而是生动、亲近的一个个故事……《追星》呈现的是一个完整的世界，是一本多维的、立体的、有生命的书。《追星》是一本兼有时间和空间纵深感和美感的书。”

请看卞毓麟在《追星》的“小引”中是如何诠释“追星族”的：

“追星族”从来不会满足于只是远远地朝明星们看上一眼。他们总想跑到明星跟前，同他（她）说话，向他（她）致意。其实，科学家们何尝不是如此呢？他们想让人类亲自到其他星球上去考察，就像踏上一块遥远的新大陆。1969年，人类终于成功地登上了月球。如今，人类的两个机器人使者正在火星大地上勤勉地工作着……本书的第五章，讲的就是人类“追星”如何从地球故乡一直追到了火星上。

《追星》问世后，曾入选新闻出版总署第五次向全国青少年推荐的百种优秀图书，获得海峡两岸第四届吴大猷科学普及著作奖创作类佳作奖、第四届国家图书馆文津图书奖等，最值得骄傲的是获得了2010年度国家科学技术进步奖二等奖。卞毓麟在接受采访时说：“《追星》确实是一部从构思到写作始终不忘‘原创’两字的作品”，“《追星》的创作就是希望能在沟通科学文化和人文文化方面做一点新的尝试。”从“梦天”到《追星》，到后来的《拥抱群星》等，是卞毓麟从天文学家到科普作家的鼎盛时期。

5. 勇于进取的精神风貌

卞毓麟的一大心愿是通过自己的努力，“让科学从象牙塔中走出来，便于公众理解它”。如今已成为中国著名科普作家的他，这个心愿依然在延伸、再延伸……在这条艰辛的道路中，可以看到他的科普建树和科学人文的风采，更能看到他宅心仁厚、理想崇高、勇于进取的精神风貌。

二、以动人的故事谈说星星

1.“星星离我们多远”

“天文学家怎么能知道一颗颗星星究竟离我们有多远呢？”卞毓麟从这种提问中得到启示，决定把这背后无数曲折动人的故事以对话体的形式，写成一篇《星星离我们多远》的长文。此文于1977年在《科学实验》上连载6期。其充满诗意的风格，曲折动人的故事，令人陡觉新意盎然。对于朝夕与天文相伴的他来说，谈说星星正是如数家珍。在诸位友人的建议下，他又以此文为基础，更改体裁，扩充篇幅，增订成书。1980年底，《星星离我们多远》由科学普及出版社出版。

这本书以新文化运动时期郭沫若的名诗《天上的街市》起首：

远远的街灯明了，
好像是闪着无数的明星。
天上的明星现了，
好像是点着无数的街灯。
……

《天上的街市》诗中写到了天河，写到了牛(郎)、(织)女。卞毓麟巧妙地由此展开，引领我们走近天空中的灿烂群星。

中国天文史家刘金沂评述道：“读完全书，掩卷回味，古往今来人们仰望天空，繁星点点、耿耿天河，天阶夜色、秋夕迷人，多少人为之陶醉，多少人赋诗抒怀。《星星离我们多远》一书却为我们展示了天文学家如何兢兢业业，利用各种巧妙的方法测量天体距离的历程。”

2.《月亮——地球的妻子？姐妹？还是女儿?》

卞毓麟的《月亮——地球的妻子？姐妹？还是女儿?》《数字杂说》等多篇文章先后入选中小学《语文》课本；还有《在笔尖上发现的海王星》《胜利属于阿西莫夫》等作品进入中小学的《语文阅读文选》。在中国天文界，这成了人们津津乐道的佳话。其中千字短文《月亮——地球的妻子？姐妹？还是女儿?》于1989年被《北京晚报》“科学长廊”专栏评为该栏500期优秀作品的一等奖。这篇短文，把天文学家先前解释月球形成的三种学说描绘得惟妙惟肖。第一种是月球环绕太阳运行的过程中一度接近地球，被地球的引力捕获，因而被比作“邂逅的夫妻”。第二种是月球的形成稍晚于地球，它由地球周围残余的非金属物质聚集而成，因而有如“地球的姐妹”。第三种是地球月球原为一体，当时地球处于高温熔融状态，自转很快，便从其赤道区飞出一大块物质形成了月球，月球岂不又成了地球的女儿?

此文的结尾很精彩：

可爱的月亮啊，你究竟是谁？你尽可以讳莫如深，但人类却总有一天会掀开你的神秘面纱，把你的真相查个水落石出。

三、科文交融是卞毓麟科普创作的一大特色

科文交融是卞毓麟科普创作的一大特色。这里仅举科学注释古词的例子。北宋苏轼的名篇《水调歌头·明月几时有》脍炙人口，历代的评论和注释不计其数。卞毓麟别开生面，为这首词作了科学注释，其科学知识严谨，语句不蔓不枝，精当而又美妙。文章发表于1994年9月18日《科技日报·星期刊》。现举“明月、几时有、千里共婵娟”三个例子：

1. 明月。“月亮”在天文学中的正式称谓是“月球”。它本身并不发光，只因反射太阳光才显得如此明亮。不少欧洲人曾误以为达·芬奇率先于15世纪提出月光来自日光。其实，中国人提出此说还要早得多。如西汉末年成书的

《周髀算经》即已提及“月光生于日所照”。

2. **几时有**。月球在任何时候都只有半个球面照到太阳光，且任何时候也只有半个月球表面向着地球。月亮不停地绕地球转动，太阳光照射月球的方向同我们观察月球的视线方向之间的夹角便不断地变化，于是造成月亮的盈亏圆缺……明亮的满月总是出现在农历每月的十五、十六日。

3. **千里共婵娟**。“婵娟”原指“嫦娥”，转指月亮。此句原说亲人远隔千里，总算还能共享明月清辉。不过，世界上不同经度的地方在同一时刻看到的天空景象互有差异——这就是所谓的“时差”。例如，当北京明月中天时，在伦敦月亮尚未东升。可见“千里”之外的亲友还未必真能“共婵娟”呢。

黄集伟先生曾评论：“像这样的科学散文也好，科学小品也好，它更大的意义在于提供了一种思想方法。在今天这样一个开始走向多元化的社会中，我觉得，思想方法的意义大于一个具体事实的意义。”

四、卞毓麟是阿西莫夫的中国知音

1. 迷上阿西莫夫著作

卞毓麟从30来岁开始，就迷上了美国科普巨匠、科幻大师艾萨克·阿西莫夫的著作。20世纪70年代中期他刚迈入科普创作之门，正好读到阿西莫夫的《碳的世界——有机化学漫谈》一书的中译本。这本不足10万字的小书以深入浅出的方式讲述了有机化学的故事，井然有序地介绍了五花八门的有机化合物及其与人类的关系。“科普书能这样写，实在令人耳目一新。”卞毓麟深感惊奇，也庆幸自己开阔了眼界。以后他就迷上了阿西莫夫的著作。

2. 翻译阿西莫夫佳作

1981年，卞毓麟发表了中国第一篇系统介绍阿西莫夫科幻创作历程的长文《阿西莫夫和他的科学幻想小说》。2010年元旦，他应《文汇报》之邀，撰文《阿西莫夫：中译本数量最多的外国作家？》纪念阿西莫夫90诞辰。阿西莫夫不少脍炙人口的著作,如《走向宇宙的尽头》《洞察宇宙的眼睛——望远镜的历史》《太空中有智慧生物吗?——地外文明》《我们怎样发现了——黑洞》《科技名词探源》《二十世纪的发现》《古今科技名人辞典》《新疆域》等,都是他与友人译成中文的。

3. 书信往来以文会友

卞毓麟同阿西莫夫有过不少书信往来,1983年5月7日,他在第一封去信中写道:

我读了您的许多书,并且非常非常喜欢它们。我(和我的朋友们)已将您的某些书译为中文。3天前,我将其中的3本(以及我自己写的一本小册子)航寄给您。它们是《走向宇宙的尽头》《洞察宇宙的眼睛——望远镜的历史》和《太空中有智慧生物吗?》;我自己的小册子则是《星星离我们多远》……

5天后,阿西莫夫回复了一封简洁坦诚的短信:

非常感谢惠赠拙著中译本的美意,也非常感谢见赐您本人的书。我真希望我能阅读中文,那样我就能获得用你们古老的语言讲我的话的感受了。我伤感的另一件事是,由于我不外出旅行,所以我永远不会看见您的国家;但是,获悉我的书到了中国,那至少是很愉快的。

1988年8月13日下午,卞毓麟赴美国参加国际会议结束后,登门拜访了阿西莫夫。他是唯一一个在阿西莫夫家做客的中国科普工作者。

4. 具有阿西莫夫的写作风格

卞毓麟赞赏阿西莫夫的文风:“宛如一溪清泉,涓涓不绝,清新而畅达;又仿佛一江春水,滔滔东流,雄浑而有力。”

他在《在阿西莫夫家做客》一文中写道:“阿西莫夫用他那真诚的心和神奇的笔写了一辈子,使五湖四海的读者深深受益。愿中华大地上也能涌现一批像阿西莫夫那样优秀的科普作家——他们也有一颗同样真诚的心,还有一支也许更为神奇的笔!”

其实,卞毓麟就有这支更为神奇的笔。他笔下就流淌着美妙、优雅、形象的文字,渗透着科学与文化的交融。他的作品让人:“感悟科学之美,领略科学魅力,滋养科学文化”;“陶冶情操、升华情感、净化心灵、启迪智慧”。卞毓麟具有阿西莫夫的写作风格,被科普界同仁誉为中国研究阿西莫夫第一人。有人说,如果要评选中国的阿西莫夫,非卞毓麟先生莫属。

五、卞毓麟研究国外优秀作品意在借鉴

1. 爱读培根《谈读书》

卞毓麟从青年时代起就爱读弗兰西斯·培根的论说文。王佐良先生中译的培根《谈读书》尤其令他拍案叫绝:“读书足以怡情,足以傅彩,足以长才。其怡情也,最见于独处幽居之时;其傅彩也,最见于高谈阔论之中;其长才也,最见于处世判事之际……”常有青年朋友向卞毓麟请教写作之道,他经常会说:“写作的上游是阅读,一定要多读书。”

2. 科普创作国际视野开阔

卞毓麟对卡尔·萨根(美国天文学家、科幻作家)、乔治·伽莫夫(美籍俄裔物理学家、天文学家)、斯蒂芬·霍金(英国著名物理学家、天文学家)、马丁·加德纳(美国数学大师、怀疑论者)、帕特里克·穆尔(英国天文学家)等大家都有深入的了解,经常翻译或介绍他们的科普名著。2001年12月,为纪念萨根逝世5周年,卞毓麟在中国科技会堂作了题为《真诚的萨根》的演讲;2006年,卞毓麟应《天文爱好者》杂志之邀,撰写了分5期连载的长文《霍金的人生和宇宙》;2008年,卞毓麟在《科学》杂志第5期发表了《不同凡响的世界线——写在乔治·伽莫夫逝世40周年前夕》。卞毓麟还翻译了约翰·巴罗著的《宇宙的起源》,并参与翻译了卡尔·萨根等著的《新太阳系》、乔治·O·阿贝尔等著的《科学与怪异》等许多优秀的科普图书。

研究国外优秀作品的重要意义在于借鉴,这就是洋为中用。卞毓麟曾经

在2014年上海科普作协学术年会上说，我们科普创作人员的梦想就是“中华民族伟大复兴的中国梦”的一部分。要实现这个梦想，就是要有更多优秀科普作品，期待有国际性的突破，臻至“不分雅俗，只有共赏”的境界。大家希望出现中国的卡尔·萨根、艾萨克·阿西莫夫，这首先要做“科普创作的追梦人”。

最后，送上两首赞歌，以表示对卞毓麟先生的敬佩：

一

星空灿烂幼目张，宇宙奥秘心神往。

天文学家美梦追，笔名“梦天”全球扬。

南京大学高才生，中国科普领头羊。

编创翻译于一身，《追星》问世闪光芒。

二

少年时代爱伊林，青年又迷艾萨克。

以文会友成知音，登门拜访作上客。

翻译科普引精品，梦天笔耕颂赞歌。

国际视野多开阔，洋为中用战功赫。

本文系作者为研讨会准备的发言稿。

李正兴，1937年生，曾任中国科普作家协会理事、上海市科普作家协会秘书长，现为上海市科普作家协会荣誉理事、顾问。

同行同好看门道

吴鑫基

未能参加卞毓麟科普作品的“研讨会”总感到欠缺了点什么，其实就是我有些话想说而没有机会说。几十年来，我一直任职北京大学，从事天文科研和教学，与卞毓麟是同行。20世纪90年代中期，我和卞毓麟还同任我国《天体物理学报》副主编，交流更为频繁。最近20多年，我也做了许多科普工作，称得上是卞毓麟的同好。这里我就以一位同行兼同好的角色，择要谈谈卞毓麟的科普工作和成就。鉴于多方人士对他的科普作品已各有评述，对他加盟上海科技教育出版社以后的情况也较为熟悉，故本文主要回顾在进入21世纪之前卞毓麟致力于科普工作的一些情况。全文共三部分，一是举例反映卞毓麟的科普工作对我国天文界的影响，二是卞毓麟的科普作品与中小学的天文教育，三是我本人的一些切身体会和实践。

一、他的科普使天文界受益

卞毓麟从南京大学天文系毕业后，分配到北京天文台工作，主要是进行类星体和观测宇宙学的研究。但是，他的天文兴趣和知识面却要宽得多，对中外天文学史也相当熟悉。他对普及天文极其热心，是一位“科研—科普双肩挑”的学者，作品量质俱佳。可以毫不夸张地说，他锲而不舍致力于科普工作数十年，使我国天文界受惠不菲，现试举不同类型的三个实例。

1. 关于"公众理解科学"和天文普及

时至20世纪90年代初，国内外科学界依然存在着一种偏见：科研人员搞科普是不务正业，甚至是哗众取宠。有一个非常典型的例子，那就是1992年美国很有名望的天文学家兼科普大家卡尔·萨根被提名为美国国家科学院院士候选人，但因某些院士顽固反对，最后萨根未能获得三分之二多数票而落选。

就在这同一年，1992年10月末，"亚太地区天文教育讨论会"在京举行。卞毓麟在其报告一开头就说道：

法国政治家克雷孟梭有一句名言："战争太重要了，不能单由军人去决定。"

美国科普作家阿西莫夫仿此句型，引出了又一名言："科学太重要了，不能单由科学家来操劳。"他的意思是说，全社会、全人类都必须切实地关心科学事业。

作为一名科学普及事业的热心人，我想这样说："科学普及太重要了，不能单由科普作家来担当。"

这番话的意思，是希望全社会都重视科普，科学家更是义不容辞。卞毓麟在"科学普及太重要了，不能单由科普作家来担当"（《科学》，1993年第2期）和"'科学宣传'六议"（《科学》，1995年第1期）等文章中，对此有更为深入的阐述。在整个90年代，他充满激情地积极参与这方面的活动。例如，1995年9月在北京天文台兴隆观测站举行"全国第一届高校天文选修课研讨会"，来自全国13个省市的20多所高校、科研与教育单位的代表参加，老一辈科学家何泽慧院士出席大会，时任北京天文学会理事长的南仁东做开幕式报告。卞毓麟在会上做了特邀报告《从"公众理解科学"到天文选修课》。同年10月，中国科协在京主办"95公众理解科学国际会议"。这是中国首次举办科学技术普及方面的国际会议，来自美、英、日、法、墨西哥、南非等14国的百余名代表出席。卞毓麟是大会学术委员会成员，他的大会报告《公众理解科学和中国的天文普及》也很受欢迎。

如今在科技界，人们已经比较熟悉“公众理解科学”(Public Understanding of Science)这一概念的内涵和外延，它是国际上用以表示社会公众对科学的理解和态度的通用术语，主要包含几方面：第一，公众对科学技术的兴趣和需求，例如公众获得科技信息的途径、对科学技术的兴趣程度等；第二，公众的科学素养，例如对科学方法的理解、对科学知识的了解等；第三，公众对科学技术的态度，例如对科学技术之社会影响的看法、对本国科技发展的态度等。但是在20世纪90年代，我国天文学家对国内外“公众理解科学”的研究状况却知之甚微，卞毓麟可称是将其引入天文界的第一人。1995年11月，中国天文学会第八次全国会员代表大会在南京召开，会议论文集由上海科技教育出版社正式出版，收录的全体大会报告有王绶琯先生的《简介LAMOST——一种新型天文望远镜》、艾国祥先生的《空间天文与空间太阳望远镜》，还有卞毓麟的《公众理解科学与天文普及》。这次大会换届选举，卞毓麟再次成为得票最高的理事之一，并再次当选常务理事。有人笑道：“看来大家不但知道了‘公众理解科学’，而且还理解了卞毓麟。”

1996年2月7日至9日，全国科普工作会议在京召开。这是政府部门的工作会议，对于深入贯彻中共中央、国务院《关于加强科学技术普及工作的若干意见》相当重要，与会者主要是各地和各部门分管科普的负责人。宋健、周光召等领导同志在会上讲话，十几位代表做了大会发言，卞毓麟作为特邀代表在全体大会上发言，题为《责无旁贷，任重道远——在新的历史时期为科普事业多做贡献》。党和国家领导人在人民大会堂接见了全体代表，然后是表彰先进，卞毓麟也被表彰为“全国先进科普工作者”。会后不久，《人民日报》刊出记者温红彦的文章“担当幸福——记天文学家、著名科普作家卞毓麟”。文章的结尾发人深省：

20多年的科普创作是艰辛坎坷的，可他内心深处却常常升腾起一种美好的感觉。尽管家务缠身、囊中羞涩,尽管母亲瘫痪、岳母双目失明,需要他悉心照料;尽管那间科普创作的斗室与他所研究的天文学对象极不相称,早年的许多科普文章是在路灯下写就的;尽管他知晓科普作品不能纳入学术成果之列,可每当他写完一篇满意之作,那种美好的感觉便驱走了充塞在心中的烦恼。卞毓麟将这种感觉称为幸福。

这美好的感觉不正是一个科普工作者强烈的社会责任感和历史使命感的升华吗?卞毓麟甘愿担当和享受这份幸福,而且当仁不让。

2000年11月,国家科技部、中国科协、中国科学院、国家自然科学基金委共同主办的"2000年中国国际科普论坛"在京召开。这次大型国际性会议的论题广泛,总体水平也相当高,1988年诺贝尔物理学奖得主莱德曼等外宾与会。在主会场作全体大会发言的国内学者,有王绶琯谈"关于科学方法和科学精神的普及"等。卞毓麟是这次论坛学术委员会的委员,并在主会场作题为《理念与实践——一名科普工作者的个人汇报》的全体大会发言。

2. 关于"郭守敬望远镜"(LAMOST)

于2009年6月圆满通过国家验收的"大天区面积多目标光纤光谱天文望远镜"(简称LAMOST),在2010年4月正式冠名"郭守敬望远镜"。郭守敬望远镜凭借其创新的主动光学技术、大口径与大视场兼得、光谱获取率世界第一、海量数据的处理能力等优势而成为深受国内外天文学界关注的热点。2017年6月,郭守敬望远镜圆满完成一期光谱巡天观测,取得了可喜的科学成果。

1993年4月,以我国天文界老一辈领军人王绶琯院士为首的研究集体,基于当代国内外天文学的现状和发展趋势,结合我国国情,提出建议将LAMOST作为中国天文重大观测设备列入"九五"期间国家重大科学工程计划。卞毓麟是初期的21位项目建议人之一,后来又是此大型科学工程重大项目建议书的执笔人之一。

在历次论证过程中,以王绶琯先生为首的项目建议人发现,在科技界甚至在天文界内部，不少人对LAMOST的科学价值、设计思想和主要特点依然认识不足、理解不深，这对它正式立项作为国家重大科学工程相当不利。因此，王绶琯院士等希望卞毓麟发挥其科普特长，对拟议中的LAMOST着力进行中高端的普及宣传。

1995年5月，卞毓麟在《科技日报》上发表分三次连载的“为何要研制大视场大口径天文望远镜”：“（上）巨型望远镜的历史”“（中）施密特望远镜和天体‘户口普查’”和“（下）LAMOST及其国际地位”。1996年1月，卞毓麟在上海《科学》杂志上发表长文“LAMOST对话录”；同年又在《科技新时代》10月号发表“从肉眼观天谈开去”一文。这些文章出色地介绍了有关LAMOST的背景知识、它的创新特点、重要意义和国际地位，深受天文界内外的好评。后来，王绶琯院士在《世纪之交话天文》（上海科技教育出版社，1999年8月）一书的结尾，回顾LAMOST的方案从探讨到付诸实施的历程时，深情地提到了一些年轻同志（如今这些人多半也已经七八十岁了）的名字，卞毓麟自然也在其中。

3. 关于探索地外生命和地外文明

坐落在贵州省的“中国天眼”——500米口径球面射电望远镜（简称FAST），有一项科学目标是探索来自地外智慧生命的微波信号。直到20世纪80年代，我国天文学家总体对这一科学领域还相当陌生。率先详尽介绍这一论题的中文图书，是卞毓麟和黄群合作翻译的阿西莫夫名著《地外文明》，中文版由科学出版社分为《太空中有智慧生物吗？——地外文明（上篇）》和《寻访人类的太空之友——地外文明（下篇）》，先后于1983年和1984年出版。此后，卞毓麟又就此写了一系列优秀的科普文章。例如，1986年2月在《自然杂志》上刊出的万言长文“探索地外文明——它的历史、现状、方法和意义”，几年以后南仁东读到此文时，曾说这其实也是一篇很好的学术论文。科学普及出版社出版的《天·地·人（科学文化纵横集）》（1992年9月）一书，特邀卞毓麟撰写了两万余字的“地外文明问题的天文学和文化学思考”。

1996年6月,中国科学院组织编写的《21世纪初科学发展趋势》一书由科学出版社出版。其中“生命起源与地外文明”一题由生物物理学家、著名科普作家王谷岩同卞毓麟合撰,“太阳系外的行星系统”一题则由卞毓麟一人撰写。同年11月,“香山科学会议第66次讨论会:跨世纪天文学”邀请两位学者作关于地外文明的报告,一位是卞毓麟,另一位是当时已全力投身FAST预研究的南仁东。值得一提的是,著名的“香山科学会议”是1993年由国家科委发起,在中国科学院的共同支持下正式创办的,会议主题均为基础研究的科学前沿问题与我国重大工程技术领域中的科学问题。

两年后,仍以中国科学院为主力组织编写的《21世纪100个科学难题》(吉林人民出版社,1998年6月)一书中,“地外文明与太空移居”一题还是邀请卞毓麟撰写。1999年12月,广西教育出版社的“走向科学的明天丛书”面世,卞毓麟著《探索地外文明》一书亦在其中。2001年12月12日《科技日报》刊出一组总题为“怀念萨根特别报道”的文章,其中“探索地外文明的意义”一文作者还是卞毓麟。

此类事例还有很多。例如,国内第一本详细介绍天文望远镜发展史的科普读物,是阿西莫夫原著、黄群和卞毓麟合译的《洞察宇宙的眼睛——望远镜的历史》(科学出版社,1982年9月)。又如,1993年美国天文学家赫尔斯和泰勒因共同发现脉冲双星、为有关引力波的研究提供了新的机会而获得诺贝尔物理学奖,卞毓麟不仅迅即撰写了相关的解读文章(“意料之外,情理之中——泰勒和赫尔斯获1993年诺贝尔物理学奖”刊于《天文爱好者》1994年第2期,“1993年诺贝尔物理学奖获奖项目——脉冲双星与引力波”刊于《现代物理知识》1994年第3期),而且在北京天文学会第十届代表大会上作了学术报告“诺贝尔物理学奖天文学获奖项目的分析与启示”,成为在国内较早系统梳理和宣传诺贝尔物理学奖天文学奖项的人士之一。

二、作品与中小学天文教育

卞毓麟的科普作品有口皆碑，温学诗1995年发表在《天文爱好者》上的文章《传播科学，任重道远——记天文学家、科普作家卞毓麟》对此作了详细介绍。我早就很喜欢卞毓麟的一篇文章和一本书：千字文"月亮——地球的妻子？姐妹？还是女儿？"（《北京晚报》1983年19月19日）和图书《星星离我们多远》（科学普及出版社，1980年12月。屡经修订后，书名改为现名《星星离我们有多远》）。

"月亮——地球的妻子？姐妹？还是女儿？"这篇文章讲述月亮的三种起源可能，翌年获得全国13家晚报联办的"科学小品征文"佳作小品奖，1987年获中国科协、新闻出版署等单位共同主办的"第二届全国优秀科普作品奖"，1988年起又入选全国统编初中《语文》课本。

1977年，《科学实验》杂志连载卞毓麟的科普长文《星星离我们多远》，广受读者和科普界人士赞扬。1980年，他据此扩充改写的同名图书由科学普及出版社出版。此书于1987年获"第二届全国优秀科普作品奖"。

我国中小学的课程设置中天文学始终是缺门，这很不妥当。多少年来，几代天文学家一直呼吁要改变这种状况，卞毓麟也是其中积极的一员。他在各种场合曾多次表示："哪怕在小学和中学12年的教育体系中，只开设一个学期、每周只上一节天文课，我们也能用通俗生动的语言，让孩子们了解宇宙的奥秘。"这些呼吁至今仍未成为现实，但是卞毓麟的天文科普文章进入中学语文课本，《星星离我们有多远》于2017年被列为教育部统编初中语文教材的指定阅读图书，天文学界的愿望总算部分得以实现，这是一个良好的开端。

卞毓麟的科普作品是我学习、借鉴的榜样。《星星离我们有多远》成为教育部统编初中语文教材指定阅读图书之后，我又仔细重读了一遍，深感它的确是一部天文科普精品。对于中学生来说，这本书能够帮助他们建立正确的宇宙观和科学史观，能够扩展课堂上学的数学、物理知识，把他们带进一个巨大的天文知识宝库。对于中学生来说，科普读物特别需要语言规范、知识准确，还要使他们喜欢读、读得懂。所有这些，《星星离我们有多远》都做到了。教育专家们百里挑一、千里挑一，选中《星星离我们有多远》向全国中学生推荐，真称得上是慧眼识真金啊。

在生活中，谁都会遇到“距离”的问题。因此，以远近为题的书名对任何人都会有一种亲切感。中学的物理、数学、地理等课程中也都有关于距离的问题。由于星星离我们极其遥远，测距异常困难，这就成了天文学家不断犯错、不断探索、不断改进的研究课题。每当测量星星距离的方法前进一步，都会导致天文学的重大进展。这本书对测量星星距离的方法说得清清楚楚，非常严格。特别是精心设计的一系列原理示意图，对中学生来说，联想起课堂上学习的三角、几何等有关知识，就能明白其中的道理。对于测量距离至关紧要的开普勒行星运动第三定律和哈勃定律，书中还给出了简洁的公式和解释，以供中学生理解和思考。书中对天文学距离测量所遇到的困难、相应的天文研究课题的意义和当时的天文观测水平等等，都作了充分的介绍，可以说下足了功夫。读者所获得的，不仅是各种尺度距离的测量方法，而且是一个充满神奇色彩的天文世界。读这本书，相当于上了一门生动、活泼、全面、严谨的以“测量天体距离”为线索的天文学发展史课程。

这部介绍测量星星距离的历史长卷，从公元前240年古埃及天文学家测定地球的大小开始，到2011年三位天文学家利用Ia型超新星作为“量天尺”，获知宇宙的加速膨胀而荣获诺贝尔物理学奖结束，覆盖了2500年天文学的发展历程。书中在介绍探索各种测距方法的同时，还比较详细地介绍了2500年中天文学的特大标志性事件。如“地心说”和“日心说”之争与太阳系的发现；赫歇尔发现银河系结构和卡普坦、沙普利的继续深究；哈勃查明旋涡星系的本质和发现哈勃定律；伽莫夫的宇宙大爆炸模型及其天文观测支持；遥远的超新星和类星体等等。测定天体距离的节节胜利，使人类看清了，相对于银河系而言，太阳系只是九牛之一毛，相对于由星系和星系团构成的宇宙，银河系仅仅是沧海之一粟。如此丰富的里程碑式的天文学重大成就，都用讲述历史故事的方式娓娓道来，确实是非常引人入胜的。

我国天文学界素有良好的科学普及传统。已故紫金山天文台前台长张钰哲、上海天文台前台长李珩、南京大学天文学系前主任戴文赛等老一辈的泰斗级人物，都很重视天文科普，写下了许多优秀的科普作品。

现已95岁高龄的前北京天文台（今国家天文台）台长王绶琯院士，在科普方面也倾注了大量心血，是一位著名的科普教育专家和实践家。他撰写了很多有关科普的功能、规律和创作方法的文章。在为我与温学诗合著的两本科普书所写的长篇序言中，他非常精辟地阐述了自己的科普理念："科普的内容，归根结底是出自科学的具体实践者——科学家们的工作，而科学家的科研工作正是针对着'一事一物'运用他的科学思想和科学方法的过程。因此，一个科学家，特别是精于本行、富有经验的科学家，对古今科研事例的体会，包括对自身科研经历的体验，只要梳理一下表达出来，就会是对科学思想和科研方法很好的普及。"卞毓麟非常赞同王绶琯院士有关科普的理论和实践，近年来他提出了"元科普"的概念，指出："'元科普'作品，是工作在科研领域第一线的领军人物（团队）生产的一类科普作品。它包含对本领域科学前沿的清晰阐释，对知识由来的系统梳理，对该领域未来发展的理性展望，以及科学家亲身沉浸其中的独特感悟。"这与王绶琯院士的科普理念完全一致。"元科普"倘能广泛付诸实践，必将大大提高我国科普创作的水平。

我国老一辈天文学家重视科普的传统，在天文界有不少追随者，卞毓麟正是其中的佼佼者。在继承和发扬前人优良传统的同时，他的一些作品还不时给人以青出于蓝而胜于蓝之感，这是很值得细细体味的。

三、科普重任和我的响应

我考上北京大学时的专业是气象学，1960年没有毕业就调了出来，成为新成立的天文专业教员。1964年，教育部下令停办天文专业，使我的处境极为尴尬。我真正开始天文学研究是拨乱反正后的1978年，选择了“脉冲星”作为研究对象。从零开始，十分艰难，真可以说是争分夺秒、奋力拼搏了15年，到1993年才算在国内、国际上站住了脚跟，有了一定的影响。恰好在这时，我看到卞毓麟的呼吁：“任何科学工作者，都理应在普及科学知识的园地上洒下自己辛劳的汗水”，“专业天文工作者尤应以迅速、准确、生动地将天文学基础知识和最新成就普及于社会公众为己任”。卞毓麟的这些话，深深地打动了我的心，我便开始策划如何介入天文科普工作。1994年与温学诗的结合使我的决心更大了。我的科普工作经历，也证明了卞毓麟的上述希望和要求的正确性，现谨向科普界同人汇报如下。

我的第一件科普工作是撰写天文科普文章。1995年发表第一篇，现在已有67篇，主要是写我最熟悉的“脉冲星”和射电天文的基础知识、天文学的最新发现和新成就，以及我在国内外访问中比较精彩的部分。例如第一篇文章“脉冲星研究的意义”，投给《现代物理知识》，资深院士王淦昌先生读后向编辑询问作者的情况。他说：“若是专业人士写的，就值得仔细阅读，没想到脉冲星研究的意义如此深刻和广泛！”又如第三篇写泰勒和赫尔斯发现脉冲双星、验证引力辐射和获得诺贝尔物理学奖的故事，写得比较顺利。卞毓麟对文章做了少许修改，堪称画龙点睛，他推荐给上海《科学》杂志，于1998年发表。

第二件科普工作是向大学生系统地普及天文知识。从2000年开始到2010年，承担北大全校性本科生通选课《现代天文学》的教学，先后讲了8次，还在北京外国语大学讲了2次。由于是给北大20多个非天文系的本科生讲课，特别注意讲课方法。一位地球和空间科学学院学生写道：“明明是物理学院的老师，偏偏有那么一种深厚的人文气质。听多了枯燥的专业课，习惯了在老师毫无感情的叙述中茫然发呆。一开始听到吴老师的课，实在很惊喜。这门课不是用艰涩的专业术语吓走一些门外的好奇者，让他们望而生畏。恰恰是要展现本学科最生动、最有趣、最吸引人的内容，把门外的好奇者吸引进来。”

第三件是从大学课堂走向社会，为全国各地的大中小学、夏令营、科技馆以及社会公众作天文科普报告50余次。例如，2012年和2013年分别在安徽黟县和湖北云梦县举行了两次大型科普报告会，县领导亲自安排并主持，气氛浓、规模大，听众反响热烈，使我体会到基层群众对科学知识的渴望和基层领导对科普工作的重视。2013年的“世界读书日”，78岁的我来到石家庄，一天之中为3所小学作了4次报告，其中有2场报告在大操场上举行，全校同学参加。

最使我难忘的是到北师大实验幼儿园给大班的孩子作的2次报告，题目是“嫦娥探月和载人航天”，每次为20分钟。出乎意料，孩子们听得很专心，回答问题积极踊跃，还问了“为什么月球上没有人？”等10个问题。他们玩过窜天猴和遥控飞机，对现代火箭和嫦娥探月的遥控技术能有所理解。孩子们的好奇心、知识面和理解能力都超出我们的想象。

第四件工作是为2008年和2009年的两次日全食群众性观测活动服务。2008年受聘担任新疆电视台《直击日全食》直播的特邀嘉宾以及新疆人民广播电台90分钟的《追逐日全食》直播节目的参与者和审稿人。2009年长江流域日全食的观测，我被安徽黟县聘为特约嘉宾，还给科以上干部讲“太阳和日全食观测的看点和意义”。日全食当天，长江流域多个观测点阴雨连绵或狂风暴雨，而黟县的天气很好，观测十分成功。

第五件工作是与温学诗合作撰写天文科普图书。第一本是卞毓麟约我和温学诗撰写的《宇宙佳音》，这是他和匡志强策划的“诺贝尔奖百年鉴”系列丛书29卷中的“天体物理学卷”，卞毓麟亲自做责任编辑，给我们不少帮助。这套书自2001年出版以来好评不断，被称为“中国稀土之父”的化学家徐光宪院士对它给予非常高的评价，并推荐北大学生阅读。他本人也读了《宇宙佳音》，并给予中肯的评说。后来我们又出版了《现代天文学十五讲》（北京大学出版社，2005年）、《在科学入口处；30位天文学家的贡献》（湖北少儿出版社，2008年）、《观天巨眼——天文望远镜400年》（商务印书馆，2008年）、《从太空看宇宙——空间天文学》（陕西人民教育出版社，2016年）、《现代天文纵横谈》（商务印书馆，印刷中）。上述这6本是给高中和大学文化水平的读者写的。2013年出版的"太空奇景"系列丛书共4本：《太空探险》、《太空探测》、《太空明星》和《太空动物》，是面向少年儿童的，卞毓麟还为此撰写书评"奇在哪里，妙在何方？"，发表在《天文爱好者》上。

这10本书中，《在科学入口处；30位天文学家的贡献》是"20世纪科学史"丛书中的一本，该丛书入选2008年国家出版总署第二届"三个一百"原创书目，2012年又获得湖北省的政府奖。《观天巨眼——天文望远镜400年》被中国科协推荐，成为2014年国家科技进步奖的候选。虽然没有评上，被推荐的鼓励已经是莫大的荣誉。

我从60岁开始做天文科普工作，虽然晚了点，但还是能做许多事情，卞毓麟曾给我很大的帮助和鼓励。我2001年退休，但至今还担任新疆天文台和上海天文台的客座教授，在科研工作中发挥一些余热。我和乔国俊、徐仁新合撰的研究生用书《脉冲星物理学》已由北大出版社出版。这一本专著和10本科普书，也许可以见证我为做一个合格的"科研—科普双肩挑"的老教师所付出的努力吧！

本文系作者特为本书撰写。

吴鑫基，1935年生，1960年毕业于北京大学，北京大学天文系教授、博士生导师。

观星量天之道，科文交融之妙

——卞毓麟科普创作及理念一瞥

陈　力

卞毓麟先生早期从事天文科研30余年，而后又专职于科学传播事业近30年，其科普专著与译作30余种，发表的各类科普文章达700余篇，可称著作等身，堪当“中国科普界的阿西莫夫”之誉。他的作品不仅数量惊人，且俱为精心佳作，屡屡斩获国家和省部级各种大奖，比如《追星》一书曾获2010年国家科技进步奖二等奖；著名科普短文《月亮——地球的妻子？姐妹？还是女儿?》则被选入中学语文课本。卞毓麟本人也是实至名归，获奖无数，比如全国先进科普工作者（1996年）、上海市大众科学奖（2001年）、全国优秀科技工作者（2010年）、上海科普教育创新奖科普贡献奖一等奖（2012年）等。

卞毓麟先生作为天文学家和科普作家，深谙科学人文传播之道。他的作品在深入浅出，逻辑分明的同时，又极富文化色彩，熔科学性和趣味性于一炉。

星汉之遥

卞毓麟先生37年之前的力作《星星离我们多远》一书，就充分显现了那种科文交融的特色。

“仰观宇宙之大”，星星离我们究竟有多远？人类数千年来执着于对头顶星空的神往，是怎样一步步地搭建起测定遥远天体距离的层层阶梯？这是何等宏大的话题！谜底的次第揭晓，伴随着人类视野持续扩展和对自身在宇宙中地位的深入理解。

《星星离我们多远》给我们铺展的视野由近及远，从地球尺寸的丈量、日月距离的推算，乃至跨越亿万星辰，依仗多种“量天尺”手段，直抵宇宙深处，层层递进，娓娓道来。在这本近12万字的书中，涵盖上下数千年间，人类观测与探究宇宙尺度的“天”路历程。每一步都伴随了或波澜起伏，或峰回路转的故事。闪光的天文史料，仿佛串串珍珠，缀联起天文学家及其时代背景饶有兴味的今古传奇。

作者笔下，人类探索星汉之遥的历程，仿佛远航星海的“奥德赛”，具有史诗般的意味。

书中开始，“明月几时有”一节，描述了2000多年前，古希腊人阿利斯塔克和依巴谷根据简明的几何原理，通过测量月食时的地影，相当准确地判断出月球的距离。从此，人们对月亮这位太空芳邻的确切位置了然于胸，却也使得这孤悬天外的冰境琼宫，少了些许神秘气息。

跟随作者的笔端，跨越中世纪的长夜。400多年前“天空立法者”开普勒发现的太阳系行星运动三定律，为遍察太阳系天体的距离奠定了基础；其间，作者还穿插引入一段由托勒玫与哥白尼主演的雄伟间奏曲——地心说与日心说两大宇宙体系的对话。日心说的确立，成为文艺复兴时代的一大标志，至此，人类洞察与领略世界的视角彻底改观。然后，随着贝塞尔、斯特鲁维等人利用新的观天“千里眼”——望远镜，精确测量出近邻恒星的三角视差，恒星世界向人们敞开了大门。

透过《星星离我们多远》的描述，可以清晰地看到，人们不懈探测遥远天体距离的努力，正是天文观测技术飞跃发展的历程。从原始的肉眼观测，到望远镜的诞生，乃至现代的观天巨眼——超大型、多波段观测设备，人们远望的能力何止增长千万倍！在书中，我们也同时有幸领略了天文学家的各种奇思妙想。人们依据所发现的天体特性，结合理论模型，发明了各种“量天尺”，直接或间接的测距手段妙用叠出。在作者生花之笔下，标准烛光法、分光法的妙用、有趣的赫罗图……精彩纷呈。凭借着日新月异的“千里眼”观测设备和“量天尺”模型手段，人们很快跨越了恒星距离测量的台阶，将观测扩展到整个银河系数十万光年的广大疆域；随之，人们的视野便指向“漂浮”在宇宙海洋中的无数新大陆——河外星系，“巡天遥测十亿岛”，迈上宇宙距离测量的新阶梯。

在这里，作者把测量遥远天体距离的征程比作一场宇宙规模的接力跑，起自地球老家，剑指宇宙深处。从“三角视差”开始，由“分光视差”、“造父视差”接手、续跑，再经过新星和超新星、星团及星系的累积亮度等诸多标准烛光“选手”的接力棒。在通往百亿光年之遥的崎岖道路上，人们成功克服万千险阻，“欲穷亿年目，更上几层楼”。终于，借助哈勃定律，通过观测谱线红移，我们得以一窥一百多亿光年之外宇宙边缘的情景，探究时空之始、混沌之初的奥秘。

最后的尾声中，作者告诉我们，沿着宇宙距离的阶梯，人类的目光已经指向百亿光年之遥的时空深处。透过累积的海量数据，展现在人们面前的是百亿年绵延翻腾、沧桑起伏的宇宙波澜。而人类的视野还将不断地扩大，探秘星空的路程永无止境。

《星星离我们多远》初版于1980年，佳评无数，曾获第二届全国优秀科普作品奖二等奖。37后的2017年此书修订版问世（书名修改为《星星离我们有多远》），并入选教育部新编初中语文教材指定阅读书目。这批指定阅读书目计36种，入选者多为鲁迅、老舍、罗曼·罗兰、泰戈尔等大家的名作以及经典的古代文学作品等。八年级上的阅读书目则科学元素居多，共有4种。与《星星离我们有多远》并驾齐驱的，还有卡逊的《寂静的春天》、法布尔的《昆虫记》，以及李鸣生的《飞向太空港》。

“科文交融”

卞毓麟先生曾作《“科学宣传”六议》一文，对何为科学宣传，以及其目的、内容、对象、主体及方法作过极为精当的阐述。并倡议“科学需要通俗化，而决不能庸俗化”，“在大文化的框架中融入科学的精华”等科学宣传的关键理念。

在这里，试不揣浅陋，谈一些个人体会。

科学宣传的内涵，涉及“知”的学问，是对我们头顶星空——自然性质与运行规律的了解；也包含对科学精神及科学活动范式的崇尚，诸如客观、理性的探究方式，尊重事实而不囿于权威束缚，理论与观测的依存互动等等。

不言而喻，技术进步本身是把双刃剑；而对于自然规律，包括生命现象的深入洞察，亦不足以确保整个人类生存的前景更加合理与美好。

事实上，诚如阿西莫夫所言：过去25年间人们学到的比先前整个人类历史所得还要多。这种加速度之下，未来的进展更是超乎想象。

常言道“知识就是力量”，此言不虚。人类如今具备改天换地之能，技术发展以令人眼花缭乱之势一路碾压，滚滚而前。先进的基因技术可将千百万年自然演化完成于一瞬；而人类一旦掌握操纵排列单个分子的能力，几乎可以随心所欲生成材料，所谓巧夺天工；阿尔法狗（Alpha Go）的“惊世之弈”则可能标示着从猿—人—智能机器进化之路的划时代转折。曾记得改革开放之初，好莱坞电影《未来世界》中智能机器人反噬人类的情节，令观众惊悚，但尚属于遥不可及的科幻想象。区区数十年，技术的发展几乎已经实现了这种神奇的幻想！

人类的思维能力早已无远弗届，无微不至。相比之下，人性的演进则缓慢得多，甚至是依然故我。想象一下，人类或许能借科技之伟力，臻达近乎“长生不老”的境地。当然另一种前景是，未来主宰星球的更可能只是AI机器的族群;又或许未来人类(或AI)的后裔扩散于星际空间,建立起阿西莫夫笔下的宏伟银河帝国,但倘若那只是千年罗马帝国的银河系翻版,人性的狭隘与贪婪依旧,换来的恐怕只能是一声叹息。

人文的理想关注于"行"。涉及人性的修养与行为方式。特别在当今,人类插上科学智慧与技术能力双飞翼之际,如何把握前进的方向,兼备与万物和谐的心怀,亦即康德所谓"内心的道德法则",应该是同等重要的事情。科学的精神、洞察自然的智慧,也应该兼具善处万类的情怀。科学(宣传)更需要融入人文的光辉。

卞毓麟的作品集《梦天集》中曾专辟一编,名曰"科文交融",收录了9篇短文。从篇名看,既有对苏东坡水调歌头的科学注解,也有牛顿与伏尔泰惺惺相惜的故事,或将近代科学奠基者哥白尼、伽利略与文艺复兴巨匠之米开朗琪罗并列共论,还选了一篇"数字杂说",兼及批评占数说之类的伪科学。

实际上,在我看来,"在大文化的框架中融入科学的精华"正是卞毓麟科普理念的要点,其作品的一大特色就是"科文交融"。从《梦天集》《追星》到《拥抱群星》,其行文生动,思想阔大,上下千年纵横万里,人文史实信手拈来。而天文发现的历程,科学探索的精髓,人类未来的期许,则如春水润野,悄然溶于其间。

科学人文作品究竟以何等为极致?卞毓麟先生在其《追星》一书的尾声指出:最好的科学人文读物,其境界应该令人"感觉不到科学在哪里终了,人文在哪里开始"。信哉斯言!

本文系作者特为本书撰写。

陈力,1962年生,中国科学院上海天文台研究员、博士生导师,中国天文学会理事,上海天文学会副理事长。

从卞毓麟科普作品看天文学家形象的描绘

吴　燕

卞毓麟先生曾以科普大师伊林和阿西莫夫为例分析认为，好的科普当“以知识为本”，因为“从根本上说，给人以力量的乃是知识本身，而不是任何为趣味而趣味的、刻意掺入的泛娱乐化的‘添加剂’”。“将人类今日掌握的科学知识融于科学认识和科学实践的历史过程之中。用哲学的语言来说，那就是真正做到‘历史的’和‘逻辑的’统一。在普及科学知识的过程中钩玄提要地再现人类认识、利用和改造自然的本来面目，有助于读者理解科学思想的发展，领悟科学精神之真谛。”“既授人以结论，更阐明其方法。使读者不但知其然，而且更知其所以然，这样才能更好地启迪思维，开发智力。”*

因此，科普的目标之一固然是知识的普及，但这一普及过程本身也并非仅限于告知读者某种已然被接受为现有知识体系一部分的知识，而至少应该在两个方向上有所拓展，或者这也可以理解为知识传播的策略。其一是充分挖掘科学史在知识传播方面的功能，通过呈现科学认识与科学实践的过程，使读者在廓清历史脉络的基础上更好地了解知识形成的历史逻辑，从而在这一过程中也对知识本身有了更为深入的理解。其二是对获得知识以及形成某种知识体系的方法加以剖析与呈现，在对方法的溯源以及对方法与结论之间关系的揭示中也向读者传递一种对科学的理解。

* 卞毓麟.“科普追求”十章.今日科苑,2016,8:5.

无论是对历史的追溯,还是对方法的呈现,其作用都不仅仅在于丰富科普的内容,更重要的是将科学重新置于其在人类历史与文化中的场景之中,让科学回归作为人类智识活动之一种的角色。这也同样可以对应到天文学的科普之中。卞先生记述自己在《追星》一书出版后,曾经被记者问到:"这本书又讲天文,又侃历史,又谈艺术,又说宗教。您是怎么把这么多东西捏到一块儿的?"卞先生的回答是:"并不是我把它们捏到一块或者弄到一起,而是它们本来就是一个整体,我只是努力地反映事情的本来面貌而已。"* 这句话也正体现了上述意味。具体到卞先生的科普作品中,这一理念尤其在其对天文学家活动的描绘中得到体现。

总体而言,在卞先生的科普作品中,天文学家的出场对于主题呈现的作用主要表现在三个方面:1. 以天文学家为中心揭示发现的历程,尤其是以天文学家的活动呈现天文研究的方法;2. 以天文学家的个人经历揭示科学与社会的相互影响;3. 展现个性鲜明的天文学家形象,全方位呈现科学活动的多个侧面。以下结合卞先生的科普作品分而述之。

一、以天文学家为中心揭示发现的历程

星星的世界牵引着人类的好奇与探索的目光,在这样的目光注视下,星空不再是神们居住的安祥之所,而成为天文学家们比拼智慧的演武场。天文学家是天文学演进过程中的主角,也是天文观测与研究的实践者,因此,如果科普意在"既授人以结论,更阐明其方法。使读者不但知其然,而且更知其所以然",天文学家的活动也正是呈现这种方法的最好方式,而对他们的思考过程的细致展示也正可以令读者"知其所以然"。

开普勒的太阳系运动模型以椭圆轨道取代正圆轨道,这是天文学史上一次重要的进展。从科普写作的角度来看,一方面,这一变化过程正构成了一

* 卞毓麟.《追星》创作的理念与实践.科普创作通讯,2007,4:65.

个极为鲜活的例证,对之加以呈现有助于揭示天文学发展的内在逻辑。另一方面,西方天文学发展的一种基本思路是,根据观测资料提出数学模型,以此模型预言天象,并以实际观测结果验证该模型。但是如果仅有文字,这一思路则显得较为抽象,尤其对非专业读者来说更加如此。而开普勒的活动恰恰为此提供了一个具体的例子。

在《追星》中,这一变化过程得到了详尽的阐释。从问题的出现,到解决方案的提出,每一步都给出了清楚的交代。这一转变开始于开普勒有缘得见第谷的观测资料,而在此之前,开普勒在正圆模型的框架下思考行星运动轨道,并根据柏拉图正多面体提出自己的宇宙模型,虽与当时观测资料稍有不符,但开普勒将此误差归诸观测资料的不精确。然而,在接触到第谷在当时条件下最为精确的大量观测数据之后,他发现自己的模型无法与哥白尼的行星运动轨道相符。这时问题就出现了。

……开普勒的设想偏偏与哥白尼的行星运动轨道并不相符。他觉得问题未必在自方,而更可能是早先的天文观测不够精确。因此,开普勒觉得必须用更好的观测资料来鉴别理论的良莠。而能够提供价值连城的观测财富者,在当时唯第谷一人而已。

开普勒得到第谷毕生积累的观测资料后,经过十分仔细的分析,发现火星在天空中的位置变化无论如何也不能与任何圆形的轨道相吻合。

……起先,开普勒利用圆形轨道计算火星的位置,和观测数据仅仅相差8角分——这是手表上的时针在16秒钟内转过的微小角度。但是,他深信"星学之王"第谷的观测数据不会有错。为此,开普勒充满激情地宣称:"上帝赐予我们一位像第谷这样卓越的观测者,我们应该感谢神灵的恩典。既然我们认识到使用的假说有误,我们便理应竭尽全力去发现天体运行的真正规律,这8个角分的误差是不容忽视的,它使我走上了改革整个天文学的道路。"*

* 卞毓麟. 追星——关于天文、历史、艺术与宗教的传奇. 上海: 上海文化出版社,2007:87—88.

通过这段陈述,至少可以读出如下几重意味。首先,作者虽未直接明言,但在开普勒的工作中已经呈现了上述提及的基本思路,即以观测资料建立数学模型,再以观测资料检验该模型,而当该模型不能与观测资料相符时,则有必要改进模型。但在这段有关开普勒的个案的陈述中也可以看到,尽管是依循这一思路,但研究者并非完全被观测资料左右,而是有其自己的判断:当模型与哥白尼的行星运动轨道无法相符时,开普勒认为"问题未必在自方,而更可能是早先的天文观测不够精确。因此,开普勒觉得必须用更好的观测资料来鉴别理论的良莠";而当圆形轨道与第谷的观测资料无法相符时,开普勒选择相信第谷观测数据的准确性,而"走上了改革整天文学的道路"。其次,新理论的出现固然始于危机(或问题),但要有实质性的进展,也必须依赖于相关研究的积累。具体到开普勒的这个个案,第谷穷其一生所积累的观测资料正是开普勒实现这次变革的重要基础。其三,作者对开普勒本人文字的引用在这里有陈述事实的作用,同时,作为变革完成者,开普勒本人的文字也更有说服力,从而构成了有关方法的直接阐释。

因此,尽管文中并没有关于方法的说明,但读者却可以透过对天文学家活动的描述以及对天文学家本人文字的引用,对方法有一直观而感性的了解,而感性的认知恰恰是进一步理解方法的基础。

二、以人物个人经历揭示科学与社会的互动

在卞先生的科普作品中,每到有人物出场时,我们总会看到,除了对人物科学活动的叙述,作者也会对人物的背景、生活经历、人生际遇等加以细致介绍。显然,这些内容对于增加作品的可读性很有助益,但如果仔细分析文本就会发现,这些内容的作用并不仅仅在于增加可读性。对人物背景以及个人经历的呈现,不仅可以使读者对某一具体天文学家的总体情况有所了解,更重要的是,这些人物的生活境遇往往也是他们所处时代的天文学与人类社

会、文化以及思想等诸领域之互动的缩影。

天文学家开普勒是行星运动三定律的提出者,尤其是他的行星运动第三定律在行星运动速度同它们到太阳的距离之间建立了关联,在使行星运动有规律可循的同时,太阳系的概念也因此得以建立。这也为开普勒在后世赢得了"天空立法者"的美誉。但是就开普勒本人的一生经历来看,他的人生可谓充满磨难。开普勒母亲的女巫身份(这一身份尚存争议)以及由此给开普勒带来的困扰,对于熟悉天文学史的人们来说并不算陌生,不过,由于开普勒母亲的这一身份与开普勒的天文学工作并无密切关系,因此在很多以讲解知识为主的科普作品中往往避而不谈或一笔带过。但在卞先生的作品《追星》中,读者会发现,这段细节并未被忽略过去,而是得到了较为细致的阐述。

……极具讽刺意味的是,这位竭力探究宇宙和谐的人,却要不断地为极不和谐的世事付出沉重的代价。妻子久病在身,两子童年早夭。更糟糕的是,在1618年,他发现行星运动三定律后才8天,在布拉格爆发了极端残酷的"三十年战争"。开普勒的妻儿都在这场战争中死于入侵者带来的传染病。

战乱带来的灾难是全面的,士兵掠夺民财,谣言不胫而走。许多老年妇女被当作巫婆烧死。开普勒的母亲也在一个夜里被人装进洗衣筐弄走了。这位老妇生性强悍,得罪当地有权势的人而惹了麻烦。于是,她用草药替人治病便成了行巫的罪状。

母亲的被捕,与开普勒本人也有些干系。原来,开普勒曾经写过一部幻想作品,叫《梦游记》。他在书中普及了当时所知的月球知识,例如月亮上的昼夜各相当于地球上的14天那么长,人飞到月亮上可以仰望我们的地球。他还想象月面上有山脉和峡谷,认为月亮上也有空气和水,甚至还可能有生命。

开普勒写这本书的意图,是想表达人们迟早能飞向月球的信念。但是,他的主人公是念着咒语离地升天,在睡梦中抵达月球的。而这些咒语正是他母亲的口头禅。于是,这又成为了"巫婆"的一条罪状。开普勒前后奔走了6

年,才使母亲免于一死。*

这段文字所谈论的固然是开普勒的个人际遇,但通过它,读者却也可以对开普勒所处时代的社会与知识背景有一个大致的了解。不仅有战乱和疾病的侵扰,还有往往因社会动荡而流行起来的占星术、巫术与谣言,这些构成了开普勒生活的基本社会背景,也是这一时期天文学发展的基本知识背景。无论开普勒母亲的女巫身份是否为真,但仅从这种氛围已可看到,至少在当时人们仍然相信女巫及其法力的存在,而这在动荡的年代则更加流行。开普勒终其一生寻求和谐宇宙的规律性,这与其所处时代似乎形成了一种强烈的反差。但也正是通过这种强烈反差,作者也向我们传递了更进一步的深意。卞先生写道:"开普勒的一生充满了困扰。然而,正是这勤勉、坎坷的一生告诫了刚从中世纪跨入新时代的人们:人类的理性思维不仅应该、而且也能够与宇宙的客观规律和谐地统一。这,便是现代科学的精神,也是真与美在科学中的体现。"**

更进一步地,开普勒的人生际遇其实也正是人类困境的一种写照。开普勒在开始研究火星轨道时曾写道:"我预备征服战神马尔斯,把他俘虏到我的星表中来,我已经为他准备了枷锁。但是我忽然感到胜利毫无把握……星空中这个狡黠的家伙,出乎意料地扯断了我给他戴上的用方程式连成的镣铐,从星表的囚笼中冲出来,逃往自由的宇宙空间去了。"这段话可谓概括了天文学家的经典形象。他们追逐着星星的运动,记录下它们划过的轨迹,并且以方程式规算天上这些"狡黠的家伙"。作为天空守望者,他们的智慧点亮了与星星有关的时光,然而一旦他们离开天空重回现实,便总有太多身不由已。1630年,开普勒于贫病交加中匆匆辞世,刻在他的墓碑上的是他曾经的诗句:"我的灵魂来自上苍,我的躯体却躺在地下。"这是开普勒走向生命终点

---

* 卞毓麟.追星——关于天文、历史、艺术与宗教的传奇.上海:上海文化出版社,2007:90.
** 卞毓麟.追星——关于天文、历史、艺术与宗教的传奇.上海:上海文化出版社,2007:91.

的慨叹,道出的却是人类永恒的困境:渴望洞悉宇宙秘密的大脑,终将无法摆脱躯体之累自由飞翔——即使是在望远镜越看越远而探测器飞向宇宙深处的20世纪乃至其后的岁月。但是,这般的困境也许正是人类的幸运,因为洞穿了所有秘密的人生将是乏味的,而人,永远需要在知与未知之间追问存在的意义。

三、个性鲜明的天文学家,快意精彩的科学人生

在卞先生的科普作品中,个性鲜明而且有着与普通人一样情感的天文学家也给作品增色不少,这与很多人印象中的符号化的科学家形象不同。

霍金是当代最著名的物理学家和宇宙学家,他被困在轮椅当中,但他的大脑却穿越了整个宇宙;他的身影甚至还曾出现在美剧《生活大爆炸》中,虽然只是短短的几个镜头,但已足够让人开怀大笑。但就是这样一位既智慧又幽默的人,也曾经历过灰头土脸的日子。霍金在疾病确诊之后曾被医生告知还有两年时间。那段时间,他的确陷入了深深的绝望之中,成天听瓦格纳的音乐。后来他说起原因时,曾直言说瓦格纳的乐曲风格和他当时灰暗的情绪相投。但他最终从这种状态中跳了出来,因为他想到的是"如果我反正终将死去,那不妨做些好事"。*

美国天文学家哈勃一生成就卓著,他的一系列开创性工作为他赢得了"星系天文学之父"的声誉。他的名字如今散落在宇宙的各个角落,而在当年,好莱坞的明星们则以能参观天文台并亲眼得见这位科学界"明星"的风采为傲。好莱坞女星海伦·海斯在参观天文台以后曾写道:"我们都感到好奇,因为一块很小的、刚合人眼窝的玻璃,却能向外扩大而包含整个宇宙。它好像把我们置于接近永恒的地方。"*

---

* 卞毓麟.轮椅天才的奇迹//卞毓麟.巨匠利器:卞毓麟天文选说.北京:科学普及出版社,2015:2—47.

勒梅特的"原初原子假说"是大爆炸宇宙论的先声，而它的提出者勒梅特既是科学家，也是一位神父，但这并未让他产生角色冲突；恰恰相反，在方法论上，他力图将科学方法与神学方法区分开来，并且尽其所能捍卫"两种方式"——科学的方式与神学启示的方式——的自主性。他曾于1952年向教皇庇护十二世请求，在正式演讲中不要再将神学的创世观念与原初原子假说联系在一起，最终得到了教皇的同意。**

对天文学家个性的展示并不只是为了让读者更多地了解这些人物，其中的很多细节也可以引发读者的思考。在望远镜的改进过程中，如何消除色差曾是让天文观测者们颇感头痛的问题。英国数学家霍尔想到可以用两种不同类型的玻璃来制造透镜，为了保守秘密，霍尔将两个透镜的磨制工作交给了两家光学厂商。但是两家厂商都很忙，于是就将霍尔的任务转包给了同一个第三方乔治·巴斯，这虽是两家厂商无意之举，但他们交给的第三方却是个有心人。巴斯注意到两块透镜的主人都是霍尔，而且它们正好能紧紧地密合在一起，所以在磨好之后，巴斯就把两块透镜拼合起来仔细观看，结果发现因为色差带来的彩环消失了。霍尔的秘密至此揭开，消息也不胫而走，光学仪器商约翰·多朗德得知以后进行了研究，并且在1757年制造出了他自己的消色差透镜，还获得了专利。这距霍尔的发现已过了20年，但多朗德在报告中对霍尔的工作却只字未提。接下来的故事是，多朗德因为他的成就而被选为皇家学会会员，还当上了英王乔治三世的眼镜制造师，而后来的人们也大多将消色差的功劳归之于多朗德。读者可能会为霍尔感到不平，但是作者认为"平心而论，多朗德的实际贡献要比霍尔大得多"，因为"毕竟，使一项新发明

* 卞毓麟. 遨游星云世界的巨人//卞毓麟. 巨匠利器：卞毓麟天文选说. 北京：科学普及出版社，2015：48—61.

** 卞毓麟. "大爆炸"的先声——勒梅特"原初原子假说"80周年//卞毓麟. 巨匠利器：卞毓麟天文选说. 北京：科学普及出版社，2015：62—71.

尽早尽善地付诸实用,难道不比无谓的‘保密’强得多吗?”无论读者是否赞同这个观点,这段表述都可能让人从多个角度去思考问题,而非直接给出一个标准答案;而且作者总是很有耐心地先呈现各种线索,让读者有机会自己做出判断,随后再给出作者本人的评论。

本文系作者特为本书撰写。

吴燕,科学史博士,现任内蒙古师范大学科学技术史副教授、硕士生导师。

让星光照亮更多人的心灵

——卞毓麟科普作品浅析

许琦敏

星星必定从一开始就强烈地吸引了早期人类的注意力，引起了他们的好奇心和求知欲。天长日久，斗转星移，这种好奇心和求知欲，渐渐发展成了一门科学，它就是研究天体运动、探索宇宙奥秘的天文学。

"追星族"从来不会满足于只是远远地朝明星看上一眼。他们总想走到明星跟前，同他（她）说话，向他（她）致意。其实，科学家们又何尝不是如此呢？他们想让人类亲自到其他星球上去考察，就像踏上一块遥远的新大陆。

上述这两段，引自卞毓麟先生的科普佳作《追星——关于天文、历史、艺术与宗教的传奇》，它们如此朴素而优美，婉转地勾起了阅读者心中那一缕"想去看一眼星星"的心念。

卞毓麟首先是一位天文学家，同时又是一名优秀的编辑，策划出版了许多影响深远的优秀系列图书，还是一名勤奋的科普作家，撰写了大量天文科普文章、书籍。他热心科普，针对社会关心热点开讲座、接受采访，帮助公众了解他们感兴趣的天文话题，同时也引导公众辨识伪科学的谣言。他自己就像一颗闪亮的星星，汇聚各处的天文科学之光，再折射出七彩霞光，撒向公众，将常人难以理解的天文学进展，变得魅力无穷。

2016年12月，我参加了"加强评论，繁荣原创——卞毓麟科普作品研讨会"，可惜未能有机会在会上发言，此次趁文集出版之际，我重读了他的科普文章。多年来,卞老师多次赠送给我他的科普著作。这次,卞老师也希望听听我对他的科普作品的看法。从早期的《星星离我们多远》,到巅峰之作《追星》,以及最新的《拥抱群星》等,我再次感受到他深厚的学科和人文积累,以及将各种知识、素材融会贯通的把握能力。作为一名在科技条线跟踪多年的记者,我深知这"化艰涩为神奇"的功力有多么难能可贵。

在此,我谨尝试分析一下卞毓麟作品的特点,希望能为科普创作提供一点点有益的提示。卞老师作品丰富,然而他的的专业是天体物理学和天文学史,因此我仅选取其天文相关的科普代表作品,略加解析。

一、创作定位:将科学放置到人类文明的长河中

《追星》可以认为是卞老师的巅峰之作,可以说是将天文的科普做到了一种极致。对于从未关注过天文的普通读者来说,当他第一次阅读《追星》时,一定会被作品中汪洋肆意的宗教、历史、文化相互交融的故事吸引,忍不住产生"看一眼星星"的想法。然而,凡是接触过天文学,甚至更多天文科普作品的读者,就会对这本书产生一种崇敬的感觉。

其实,现在的天文学研究已经与普通人想象得相去甚远。中科院上海天文台老台长赵君亮曾说,现在专业的天文学家,能认出天上星星和星座的估计10%都没有。他们研究的黑洞、银河旋臂、中性氢谱线等等,都不需要真正抬头仰望星空,而是靠望远镜收集数据,再进行分析。辨识星座,观测流星雨、日月食,乃至寻找小行星等仰望星空的空间,就留给了天文爱好者。

但在历史上,这部分"仰望星空"的内容,恰恰是人类文明中非常重要的一部分,《追星》则将天文学重新放回到了人类文明的长河中,尤其在书的后半部分,更将近现代天文学研究中蕴含的人文社会意义呈现给读者。

把看似不食人间烟火的天文学放回到社会环境中去,使它成为折射人类社会发展的一面三棱镜,这本身就让天文学生动了起来,使它从象牙塔中供

人仰望的标本式存在,变得富有血肉和生气。

天文学与宗教的连接,在人类文明的初始阶段表现得最为明显。比如,《追星》首先介绍的彗星,就蕴含了远古初民对它最富有神秘色彩的理解,经常将它与许多历史大事件,诸如恺撒大帝之死、耶稣诞生附会在一起。

随后在关于哈雷彗星的叙述中,作者则在贯穿欧洲历史的故事中,将读者的视线逐步引向了科学意义上的天文学。从古代人类对于天文的科学认识,到建立在数学和观测基础上的近代天文学,作者通过大量与天文相关的历史人物和故事,折射出人类社会进步的脉络。更有意思的是,在第三篇"注视宇宙的巨眼"中,望远镜与现代工业相联系,涉及投资、专利、商业竞争,真切地让天文回归到人类社会中。

这个特点在《拥抱群星》中得到了持续体现。《拥抱群星》是作者专为青少年天文学入门所写的一本书,书中的内容编排,相对于《追星》而言,更具有系统性,更加浓缩,展现了天文学发展的全貌。这本书中的内容一直延伸到2016年的最新进展,最为精彩的是,它将美国著名天文学家卡尔·萨根与一位旅居美国的俄国侨民伊曼纽尔·维利柯夫斯基的一场论战收录了进来。这非常具有现实意义,因为披着天文学外衣的伪科学谣言每隔一段时间都会招摇一次,卞毓麟先生本人也多次参与辟谣,用这样一个经典案例,增加青少年对类似伪科学谣言的辨识力和抵抗力,非常有说服力,同时也体现出了这些作品中所蕴含和宣扬的科学精神。

二、叙述特点:特定事件的时空勾连和精神连接

历史是非常有趣的,对于一个特定空间而言,它有连绵不断的时间连续性,而在一个特点时间下,又有多个空间事件会各自独立展开,或相互之间彼此相关联。这些前后错综的联系,组成了人类文明发展的长河。但要理清头绪,叙述清楚,还要生动有趣,引人入胜,的确不是一件容易的事情。而《追

星》在这点上表现得相当出色。

在第一篇“不速之客天外来”中，就用彗星这一特定事件，勾连起了相关的历史事件、文艺作品，以及人类对彗星的认识过程。作者所采用了关联式的叙述手法，在一定程度上摆脱了时间和空间线索的限制，使叙述具有相当大的跳跃性，由此产生一种时空浩渺的开阔感。

比如，在《追星》第一篇中，一共有三章，就在这只有十几页篇幅的三个章节中，就从公元前44年跨越到1986年。之所以能轻松而无违和感地完成这种跨越，正是得益于根据特定事件进行时空勾连的叙述方式。第一章中，他从恺撒之死入手，写到基督教中提到的“圣诞之星”。随着“那颗神奇的‘圣诞之星’究竟是什么模样呢?”的发问，第二章就跳跃到了14世纪的文艺复兴时期。而第三章“乔托号”的壮举，则是将现代人类发射的一颗卫星探测彗星的故事，接续了上去。而它与前两章的连接，则是乔托的名字。这就属于一种文化和精神上的连接。

这种叙述手法在卞毓麟先生的作品中被大量使用，甚至在很多评述性段落中，这种叙述手法也被纯熟运用，并为读者带来高屋建瓴的视野。比如在第二篇“传承古人的智慧”中，他在“交相辉映的文化巨人”一章里，这样评述15世纪中外天文学成就：

哥白尼诞生的1473年，我国的明朝刚建立105年。伽利略去世的1642年，是崇祯皇帝在煤山自尽之前2年。也就是说，这一个半世纪有余的时段，相当于明代的中期和后期。在此期间，中国当然也有杰出的人物和事迹，但是郭守敬那样的辉煌已成过去，中国再也没能出现有资格雄视世界的科学家。……很显然，这些乃是旧时代的余辉，而非新世纪的曙光。

在《拥抱群星》一书中，这种叙述手法使用得更加淋漓尽致，甚至在一个章节的叙述中，都可以融合中外古今的素材，使这本书成为一部高度浓缩的天文学发展剪影。比如在“恒星奇观”中的“银河和银河系”，在短短约2000字的篇幅中，涉及了古代中国、印度、西方人对银河的看法，意大利文艺复兴时期艺术品对银河的表现，并从伽利略将望远镜对准银河开始的对银河本质的探索，简明扼要地娓娓道来，直到最新的对银河系的认识。这种对素材的运用和掌控的功力，的确非同寻常。反观作者早期写作的科普书，比如《星星离我们多远》，知识性内容较多，其叙述手法就相对平淡，更多采用逻辑递进，或时间、空间推进的方式。

三、写作风格：科学的简练质朴与人文情怀结合

作者在《追星》的引言中写道，“人类成了天生的‘追星族’——追那天上的星。”“他们犯了不少错误，然而他们的智慧依然令人惊讶。”“人类所知的太阳王国——太阳系的疆界，是如何一而再、再而三地向外扩展的。这是近代科学的伟大胜利，而且处处充满着诗意。”

这段话体现了作者一个非常鲜明的风格：科学精神与人文情怀的深度融合。有一位读者曾经对我说，他感觉卞毓麟先生的作品，有一种传统绅士般的优雅风度。我也曾请教过卞老师，他的科学素养自然来自南京大学天文系的科班出身，以及长期从事研究的深厚积累，那么他的中国传统文学的底蕴又是从何而来？他告诉我，这是源自从小对于古文的热爱。

然而，就科普创作而言，卞毓麟先生的写作风格明显受到了美国著名科幻小说家、科普作家、文学评论家艾萨克·阿西莫夫的影响。

阿西莫夫是世界上最受景仰的科幻、科普作家之一。他一生著述近500本，题材涉及自然科学、社会科学和文学艺术等许多领域，与儒勒·凡尔纳、赫伯特·乔治·威尔斯并称为科幻历史上的三巨头。其作品《基地系列》《银河帝国三部曲》和《机器人系列》三大系列被誉为“科幻圣经”。他提出的“机器人学三定律”被称为“现代机器人学的基石”。

此外，阿西莫夫还创作了大量科普短篇作品，用来介绍当时最新的科技

成就，这些文章摒弃浮华艳丽的词藻，如白开水一般平淡无奇，却精确简练，将艰深的科技进展直白而生动、通俗易懂地展现在读者面前，使更多普通人能够准确了解、感受到前沿科技。这种将科学论文“翻译”成通俗白话文的功力，是卞先生一直十分钦敬，也努力去实现的。

无论是卞毓麟37岁时创作的第一部作品《星星离我们多远》，还是《月亮——地球的妻子？姐妹？还是女儿？》等短篇作品，这种风格一直得以实践。而且，在早期作品中，对于这种风格的运用还不够纯熟，所以在行文中，尤其在解说科学问题时，还经常可以见到类似解题说明般的大段文字，然而越到后期的作品，这种风格的文字越是难以寻见，取而代之的是更通俗形象的比喻、旁征博引，完全跳脱出了自然科学所依赖的工具符号语言的束缚。

结语

每次阅读卞毓麟先生的作品，都会有所收获。他的书，总如良师益友，伴于我的书桌之侧。卞老师曾经希望我对他的作品提一些批评建议。我想恭敬不如从命，这里就从创作形式的角度，略抒己见。

作为科普书，这些作品的确达到了相当高的境界。但处在这个知识爆炸的时代、信息接收媒体多元化的时代，现在的科普形式已经超出书本的限制。包括科研论文，很多无法在论文中体现的数据，会存放到网上供需求者查询。如果这些作品再版，是否可以通过加入二维码、VR扫码等手段，将更深入的知识、阅读导引，甚至多媒体链接等结合到书本中去，使这些体现了卞毓麟先生毕生心血积累的优秀作品，在这个多媒体时代获得更丰富的表现？

本文系作者特为本书撰写。

许琦敏，《文汇报》首席记者，上海市科普作家协会理事，上海市天文学会理事，上海市科技传播学会会员。

科文交融的理念与实践

——从《追星》看卞毓麟的科普创作特色

匡志强

众所周知，自然科学和人文科学都是人类文明的结晶。但是，随着社会发展速度的提升，学科分工越来越细，在当代社会中，科学和人文之间产生了一道无形的鸿沟。美国科普巨擘阿西莫夫曾感叹说："有关科学家学术成果的出版物从来没有像现在这么丰富过，但外行人也越来越看不懂了。这是阻碍科学进步的一大障碍，因为科学知识的基本进展通常是来自不同专业知识的融合。更严重的是，如今科学家已经越来越远离非科学家……科学是不可理解的魔术，只有少数与众不同的人才能成为科学家，这种错觉使许多年轻人对科学敬而远之。"他接着又说道："处于现代社会的人，如果一点也不知道科学发展的情形，一定会感觉不安，感到没有能力判断问题的性质和寻找解决问题的途径。此外，对于宏伟科学的初步了解，可以使人们获得巨大的美的满足，使年轻人受到鼓舞，实现求知的欲望，并对人类智慧的潜力及所取得的成就有更深一层的理解。"* 阿西莫夫的话，既形象地展示出了对社会大众进行科学普及的重要性，又生动地体现出了科文交融的必要性和价值。

卞毓麟先生是我国著名科普作家，他既创作了大量优秀的青少年科普作品，也有许多面向成人的科普佳作。其创作题材除了天文学之外，还涉及数

* 艾萨克·阿西莫夫．阿西莫夫最新科学指南．朱岚、程席法等译．南京：江苏人民出版社，2000年。

学、物理学、宇宙学等多个领域，深受广大读者喜爱。卞毓麟一直十分推崇阿西莫夫的科普创作理念和手法。多年来，他始终坚持将“科文交融”作为自己的科普创作风格。* 其代表作之一《追星——关于天文、历史、艺术与宗教的传奇》(2007年初版，2013年再版)，以天文学发展为主线，讲述人类几千年来探索宇宙奥秘的若干篇章，并在广阔的历史背景中引出古今中外大量与之相关的文化艺术素材，出版后曾获得国家科技进步奖二等奖、中华优秀出版物奖、海峡两岸吴大猷科学普及著作奖、国家图书馆文津图书奖等众多荣誉，被誉为“科学与人文融合的范本”。**

本文拟以《追星》为例，对卞毓麟的“科文交融”的理念和实践上的诸多尝试和突破作一简单分析。不当之处，还请方家指正。

一、读者对象的拓展

传统上，我们往往将科普的对象设定为渴望获得科学知识的青少年，或者成年的科学爱好者，这在一定程度上限制了科普作品的传播范围。与此形成对照的是，《追星》则将主要读者对象从青少年和科学爱好者延伸为具备中等文化程度的广义的社会公众，他们原先未必熟悉科学，甚至未必对科学有兴趣。

卞毓麟先生曾说：“我过去写科普作品有一个潜意识：我的读者是天文学爱好者，特别想了解天文，专挑天文书来买，我就把这个领域的最新进展等内容深入浅出地告诉他们。”*** 而《追星》则不同。“这本书，是为一般社会公众写的，是为乐意看《新民晚报》、《南方周末》等的所有读者写的。它仿佛是为浩瀚的书林增添一道别致的景观，希望游人碰巧看它一眼时，会产生一种‘嗨，

---

* 李正兴. 卞毓麟：中国科普编创学科带头人. 科技视界，2013年第3期，第56—63页。

** 李芸. 2007年科学文化：异彩纷呈的“大戏”. 科学时报，2007年12月12日。

*** 陈怡. 科学，黯淡的光环如何重耀？上海科技报，2007年6月1日B3版。

还真有趣”的感觉。”*

由此可见,《追星》的创作目的,不单单是向读者介绍一些关于天文的科学知识,而更多地注重让读者产生对科学的兴趣。希望有更多读者通过这次愉快的追星之旅,体会到科学非但并不神秘,而且还相当有趣,它就存在于我们每个人身边。** 按卞毓麟的话来说,“如果一位原本未必对科学感兴趣的人,偶尔翻翻这本书,竟产生了一种‘科学,科学文化,确实还蛮有意思’的感觉,那么本书的初衷也就算兑现了。我们不必计较读者究竟记住了多少具体内容”。***

为了达到这个目的,在最终出版的作品中,卞毓麟有意舍弃了初稿中部分科学知识较深较细的内容,而把笔触更多地聚焦在与人类探索星空的历程密切相关的各种文化艺术素材上,将天文与历史、艺术、宗教、文学等多种文化要素有机融合,以求全方位地体现科学之美、科学之趣。

二、将科学置于大文化之中

与一些科普作品比较突出“科”字不同,《追星》有意识地降低了科学(尤其是具体科学知识)的比重,而更着重于将科学与其他文化要素融为一体,将多方面内容熔于一炉,开阔读者的视野,获得更为宏观、更为深入的认知。全书不是简单地介绍一些科学知识,而是从文化的高度,让读者体会科学发展与历史进程、社会背景、重大事件、文化变迁等之间的有机联系,引领读者多方位地了解科学。

该书第一篇从神秘的彗星说起,将历代天文学家对彗星的观测、分析及

---

* 卞毓麟,《追星》的创作理念与实践,载:姚义贤、陈晓红主播,首届获奖优秀科普作品评介,科学普及出版社,2011年12月。

** 李辉,《追星》的历程,“追星”的历程,世界科学,2012年第3期,第24—27页。

*** 卞毓麟,《追星》的创作理念与实践,载:姚义贤、陈晓红主播,首届获奖优秀科普作品评介,科学普及出版社,2011年12月。

现代彗星探测器的深度撞击等科学内容，与“圣诞之星”的传奇故事、圣经里的趣闻及文艺复兴的名画等有机融合，旁征博引，娓娓道来，让人获得全方位的文化熏陶。作者不仅在中国传统文学、历史上有着深厚积淀，对西方古典文化也有很深入的了解，其学识之渊博，腹笥之丰赡，令人叹为观止。

需要特别指出的是，降低科学的比重并不等于不追求科学性。事实上，《追星》中的科学内容是非常丰富的。书中第一篇对彗星的介绍，既有对其表象特征的刻画，也有对其结构组分的描述，还有对其成因的科学分析以及目前对彗星所做科学探测所取得成果的总结。这些科学知识，有效地填补了读者的知识空白，提升了他们对科学的认识。与某些科普作品对基本概念介绍不清，几乎只是专业术语的堆砌不同，《追星》对科学知识的介绍则是由浅入深，循序渐进，并力求用文字、照片和图示等多种方式对科学知识进行通俗解读，让读者既知其然，又知其所以然。

不仅如此，《追星》还十分注重准确及时地反映当前天文学的最新进展。2003年和2005年中国“神舟五号”、“神舟六号”载人飞船先后升空，2004年美国“勇气号”和“机遇号”火星探测器登陆火星，2005年美国“深度撞击”彗星探测器、“火星勘测轨道器”先后发射，2006年“星尘号”宇宙飞船的冒险历程等诸多重大天文事件，在书中都得到了准确及时的描述。尤其是全书交稿后，2006年8月国际天文学联合会通过决议，将原先称为太阳系“九大行星”之一的冥王星归入“矮行星”之列，作者随即在校样中予以增补，使该书成为我国率先反映这一重大科学事件的科普图书之一。

在传递基础科学知识（尤其是最新知识）之外，卞毓麟还以深入浅出的方式，阐述科学的启智作用和思想引领功能。《追星》第五篇“未来家园的憧憬”叙述了人类对火星的探索。卞毓麟先生特地用了整整一章“未来的岁月”来引领读者理解火星探索的科学价值和人文意义。书中对未来的“火星基地”、“火星移民点”的描绘，使人们看到天文学能为人类的福祉作出多大贡献。

三、力求历史感和画面感的完美呈现

卞毓麟的科普作品，非常注重历史感和画面感。《追星》也不例外。它将人类现有的科学知识融于科学认识和科学实践的历史发展进程之中，将诸多历史事件、人物掌故与相关的科学发现相互穿插，互为补充，使作品具有鲜明的历史感，大大增强了作品的深度。

与此同时，它又通过对众多科学家及科学事件刻画入微、个性鲜明的描述，还原科学家的真实形象，传递创新思维和科学精神。全书通过白描式的叙述手段，辅以大量与文字相互呼应的精美图片，使全书具有强烈的画面感。读者在阅读过程中，随时都能在字里行间感受到一幅幅栩栩如生的画面。

对于画面感，卞毓麟先生有很高的自我要求。他说："我对自己提出的希望是：即使全书连一幅插图也没有，读者也能随时在正文中读出图来。这宛如一个电影文学脚本，它本身并没有图，但是再往前跨出一步，却可以进入分镜头脚本的领地。"*

当然，对于读者而言，能够做到图文并茂自然更好。在《追星》中，200多幅珍贵的科学照片和精美的艺术插图，与正文密切相关，为全书添色不少。

四、实现科学性和文学性的有机统一

古人云：言之无文，行之不远。一部优秀的科普作品，理应做到知识性、可读性、趣味性、哲理性兼而备之，浑然一体。为了具有良好的传播效果，作品的科学性与文学性都不可或缺。

作为一名科学家、科普作家，卞毓麟的文学功力令人敬佩。他的《月

* 卞毓麟，《追星》的创作理念与实践，载：姚义贤、陈晓红主播，首届获奖优秀科普作品评介，科学普及出版社，2011年12月。

亮——地球的妻子？姐妹？女儿？》《数字杂说》等多篇科普作品都收入了中小学语文课本。这些作品不仅富有科学含量，富有哲理性，而且文字优美，可读性极强。

卞毓麟非常推崇阿西莫夫的科普写作风格，始终致力于追求一种平易朴实的写作风格。而与此同时，由于其深厚的文学修养，他的文章文辞典雅、用笔凝练，形成了鲜明的个人特色。《追星》一书中各篇的标题“不速之客天外来”、“传承古人的智慧”、“注视宇宙的巨眼”、“远离太阳的地方”、“未来家园的憧憬”，形式工整，意象优美，体现了作者深厚的文学功底。

我们不妨再来欣赏书中的一段文字：

太阳早已落山，大地一片寂静……远处，近处，没有一丝灯光——那时根本就没有灯，没有任何种类、任何形式的灯。在漆黑的天幕上，群星璀璨，原始人惊讶地注视着它们。星星为什么如此明亮，为什么高悬天际，为什么不会熄灭，为什么不会落下……星星必定从一开始就强烈地吸引了早期人类的注意力，引起了他们的好奇心和求知欲。天长日久，斗转星移，这种好奇心和求知欲，渐渐发展成了一门科学，它就是研究天体运动、探索宇宙奥秘的天文学。

其文字的优美和意境的高远，让人叹为观止，充分印证了著名科普作家伊林的名言：“没有枯燥的科学，只有乏味的叙述。”

不仅如此，书中还引用了大量科学家创作的文学佳作，让人领悟科学与文学的密不可分。例如美国华盛顿卡内基地磁研究所所长韦瑟里尔观测哈雷彗星后写的长诗的开头：

桉树林中，

绿叶伴着秋风起舞，

那冷酷苍白的人类守护者，

再次踏上了他那古老的轨道。

再如著名天文学家开普勒写的这首诗，死后被雕刻成他的碑文：

我曾测过天空，

而今将测底下的阴暗。

虽然我的灵魂来自上苍，

我的躯体却躺在地下。

五、主线突出，张弛有度

卞毓麟先生曾回忆道："好几位记者在采访时都问及：'这本书讲天文，却时而谈到历史，时而谈到艺术，时而又谈到宗教。您是怎么把这么多东西捏到一块儿的？'科学界也有一南一北两位老友，不约而同地打趣道：'你居然把这么多杂七杂八的东西全都弄到了一起，好本事！'我说：'并不是我把它们捏到一块或者弄到一起，而是它们本来就是一个整体，我只是努力地反映事情的本来面貌而已。'"*

说来轻松，但要将这些内容完美地呈现出来，绝非易事。《追星》在叙述上，拒绝平铺直叙，结构上形散而神不散，既有一条逻辑关系紧密的科学主线，又不时掺以各种人文知识和历史故事，形成有分有合的结构。全书紧紧围绕"追星"这一主线，先从最令上古先民感到惊骇的现象——天空中突然出现"一把闪闪发光的大扫帚"开始，介绍人类对彗星的认识。然后再谈论古代天文学家对行星的认识。接着是"追星"的利器——天文望远镜的诞生与发展，渐次延伸到人类对太阳系边界的认识，最后以人类对月球火星的实地探测作为结束。其结构虽然不是严格的时间顺序，却依然给人一种井然有序的感觉。

与此同时，作者又不时在主线之外，穿插叙述了许多历史掌故、宗教传

* 卞毓麟.《追星》的创作理念与实践，载：姚义贤、陈晓红主播，首届获奖优秀科普作品评介，科学普及出版社，2011年12月。

说、艺术杰作和文学名篇，它们与主线既有关联，又独立成篇，既使作品保持了一种节奏感，也大大丰富了作品的内涵。我国著名科普作家张开逊评论道："《追星》以三条线索讲述人类探索太阳系的艰难历程。一条是历史的线索，一条是近代科学的线索，还有一条是现代人类活动的线索，它们在宏大的时空尺度上展开人类探索星空的画卷。阅读它，犹如观看一部自然、历史、人文交相辉映的大片，获得多种体验，获得多种领域的知识。"*

六、结语

综上，我们不妨把卞毓麟先生"科文交融"的科普创作特色总结成以下几句话：

让科学变得更近！

让科学变得更软！

让科学变得更厚！

让科学变得更深！

让科学变得更美！

所谓"近"，就是"可接近"(accesible)，也就是更贴近读者品位，让读者更容易进入，更愿意阅读，从而有效地扩展科普作品的受众范围，扩大其影响力。

所谓"软"，就是降低文本的知识硬度，让其内容更容易被读者接受领会。

所谓"厚"，就是更有历史厚重感，让读者得以充分体会科学发展与历史背景的关联，并从科学史的角度对科学方法、科学思想、科学精神有更多的领悟。

所谓"深"，就是要有思想深度，要力图通过哲理的启迪，来激励读者的创新思维。

所谓"美"，就是要更有美感，即通过文字的优美、图片的丰富及装帧设计

* 张开逊. 一位天文学家的天文科普杰作. 中国科普作家协会网站，2008年10月26日。

的独到等多种方式，增强作品的艺术感染力。

林语堂曾经说过："最好的建筑是这样的：我们居住其中，却感觉不到自然在哪里终了，艺术在哪里开始。"在《追星》中，作者则表达了这样的科普创作理念："我想，最好的科普作品和科学人文读物，也应该令人'感觉不到科学在哪里终了，人文在哪里开始'。如何达到这种境界？很值得我们多多尝试。"

这，既是卞毓麟先生的追求，也值得我们每一个科普人铭记在心。

本文系作者在研讨会上的发言。

匡志强，理学博士，上海科技教育出版社副总编、编审。上海市科普作家协会理事。

平实质朴，科文交融
——卞毓麟科普创作赏析

丁子承

卞毓麟是著名的天文学家、科普作家和资深科普编辑。他从事科普创作三十多年，作品深受广大读者欢迎，他的创作特色可以用八个字来概括：平实质朴、科文交融。在许多场合谈及科普创作时，卞毓麟自己也曾多次提到这两个词，它不仅是在创作中自发形成的特色，也是在科普创作实践中自觉追求的目标。读者对其科普作品的喜爱，表明这正是读者喜闻乐见的特色，满足读者对科普作品的普遍需求。

平实质朴的语言风格

卞毓麟创作科普作品，首先坚持的就是平实质朴的语言风格。卞毓麟认为，科普作品是以作品形式表现的科普活动，而能够称之为“科普佳作”的优秀作品，应当内容实在、语言精炼、篇幅适度，能够很快进入问题的核心，准确传达出当代科学前进的脉搏。他曾说，“对于科普创作而言，平实质朴的写作风格是十分可取的。平实质朴，意味着行文直白流畅，叙事条分缕析，这很有利于读者领悟作者想要阐明的科学道理，也有利于读者即时琢磨最应该思索的问题。”

以介绍月球起源的科学短文《月亮——地球的妻子？姐妹？还是女儿？》为例。这篇短文在标题上将月球起源的三种假说巧妙地比喻为地球的“妻子、姐妹、女儿”,把深奥的科学问题转化成通俗而不失幽默、朴实而不失匠心的比喻,充分体现出卞毓麟在语言文字的运用上收发于心、大巧若拙的深厚功底。整篇文章没有讳莫如深的科学名词,也没有抽象生硬的专业解释,始终保持着通俗易懂的风格。这篇写于1983年的短文,先后获得“全国晚报科学小品征文”“佳作小品”奖、“第二届全国优秀科普作品奖”,更被选入初中课本《语文》第六册,正是文章风格平实质朴的体现。

再比如纪念郭守敬的《观天治水　功垂千秋》一文,旁征博引,纵古论今,从汤若望称赞郭守敬是“中国的第谷”说起,整篇文章洋洋洒洒数万字,却始终保持着平实质朴的语言风格,将郭守敬的生平事迹娓娓道来,读来令人手不释卷。尤为可贵的是,针对郭守敬各项成就背后的科学原理,文章所做的阐述同样遵循了平实质朴的风格,无论是解释郭守敬对“浑仪”“圭表”做了怎样的改进,还是介绍《授时历》究竟有什么先进之处,文章都没有搬出高深晦涩的科学名词和专业术语,始终用通俗易懂的语言加以解释,充分体现出平实质朴的语言风格。

科文交融的创作理念

卞毓麟创作的另一个特点是“科文交融”的理念。早在30多年前,他就力主倡导“科文交融”的理念,并且身体力行,积极实践,致力于在大文化的框架中融入科学的精华。他曾在《科技日报》等报刊上发表多篇文章,倡导“科文交融”的理念。他曾经引用林语堂的话:最好的建筑是这样的——我们居住其中,却感觉不到自然在哪里终了,艺术在哪里开始;最好的科学人文读物也应该令人“感觉不到科学在哪里终了,人文在哪里开始”。

科学与人文的完美交融,是科普创作的最高境界,但要想达到这样的境界,绝不是一朝一夕能够做到的。它不仅需要精湛的科学功底,也需要深厚的人文素养。没有科学功底,就无法在作品中表现出严谨的科学性,科普内容往往会流于表面,使人产生隔靴搔痒之感;没有人文素养,写出来的科普文章也会味同嚼蜡,或者艰深晦涩、难以卒读,同样无法达到传播科学知识、普及科学精神的目标。只有在这两个方面都达到举重若轻、信手拈来的程度,才能真正做到"科文交融"。卞毓麟在其多年的科普创作中,通过一篇篇优美动人的科普作品,为我们树立了"科文交融"的出色榜样。

比如在纪念天文学家哈勃逝世50周年的随笔《谱写天文学的"神曲"》中,卞毓麟写道:"'爱使太阳和其他星辰运行'是但丁《神曲》的最后一句。我相信,哈勃吹响的向星系世界进军的冲锋号,威力决不亚于一部新的'神曲'。"他用但丁的不朽名篇《神曲》来比喻哈勃在天文学上取得的杰出成就,充满了浪漫主义的人文色彩。

又如《科学视角下的千古绝句》一文,逐字逐句解析苏轼《水调歌头·明月几时有》的天文学含义,将千古名篇和天文学知识有机地结合在一起,不仅切入的角度令人拍案叫绝,所做的解析也十分有趣,比如针对"高处不胜寒"一句,文中给出的解析是:月球没有大气和海洋的调节,因而昼夜温差极大。如果没有特殊的装备,那可不光是"不胜寒",而且还会"不胜暑"哩!

而在《能不忆埃翁》一文中,卞毓麟则又表现出另一种形式的人文素养。他以情趣盎然的笔调介绍数学奇才保罗·埃尔德什之余,还自填了一阙《忆江南》:"归去也,痴慧大觉生。倥偬神骁无系缚,情钟数算有奇风,能不忆埃翁?"这首词借用中国的传统词牌,巧妙融入了埃尔德什的个人性格和学术成就,没有出神入化的科学素养和人文功底,断然写不出来,可谓"科文交融"的绝佳典范。

获得2010年度国家科学技术进步奖二等奖的《追星》,则是"科文交融"风格的集大成之作。"在漆黑的天幕上,群星璀璨。星星为什么如此明亮,为什么高悬天际,为什么不会熄灭,为什么不会落下?"这一连串的问题,不禁让人联想到两千多年前诗人屈原的不朽名篇《天问》。在书中,卞毓麟通过历史、近代科学、现代人类活动等多条线索讲述人类探索太阳系的艰辛历程，把天文学知识和人类社会发展紧密结合在一起，既有描写人类对星空的不懈探索，又自始至终贯穿着政治、战争、艺术、宗教等人类社会的种种活动。可以说，这本书已经超出了科普作品的范畴，正如本书的副标题“关于天文、历史、艺术与宗教的传奇”所示，它其实是一部以天文学的发展为主线、反映人类文明发展进程的人文史诗。

结语

卞毓麟在多处场合都引用过美国科普与科幻作家阿西莫夫的“镶嵌玻璃与平板玻璃”理念：

有的作品就像你在有色玻璃橱窗里见到的镶嵌玻璃。这种玻璃橱窗本身很美丽，在光照下色彩斑斓，却无法看透它们。同样，有的诗作本身很美丽，很容易打动人，但是如果你想要弄明白怎么回事的话，这类作品可能很晦涩，很难懂。至于说平板玻璃，它本身并不美丽。理想的平板玻璃，根本看不见它，却可以透过它看见外面发生的事。这相当于直白朴素、不加修饰的作品。理想的状况是，阅读这种作品甚至不觉得是在阅读，理念和事件似乎只是从作者的心头流淌到读者的心田，中间全无遮拦。

卞毓麟的科普创作就像是清澈透明的平板玻璃一样，以科文交融的创作理念精心构思，用平实质朴的语言风格娓娓道来，在不知不觉中将读者吸引到科学的殿堂中，让科学知识和科学精神从作者的笔下流淌到读者的心田，达到一种“润物细无声”的境界。

今天，各种新媒体、新技术纷纷被运用到科普工作中来，这些新媒体、新技术，无疑给科普工作带来了新的气象，但不可否认的是，其中也存在一些过度追求形式和趣味性，忽视科学性与严谨性，重视短期效应，忽视长期效应的现象。有些文章片面追求阅读量，用一些诸如“震惊！某某某的原因竟然是”

之类耸人听闻的标题；有些文章只顾轰动效应，不去认真理解科学研究的结论，甚至故意扭曲研究结论；有些试图通过动画、视频之类的新技术普及科学，但只是普及了华丽的画面，并没有给人传达什么科学知识……如此种种，正像阿西莫夫所说的"镶嵌玻璃"一样，本身固然绚丽多彩，却扭曲了背后的风景，丢掉了最不应该丢失的东西。

面对这些问题，卞毓麟在多年科普创作实践中形成的"平实质朴、科文交融"的创作风格与理念显得尤为可贵。他不仅在创作实践中坚持保持平实质朴的语言，更通过科学性和文艺性的完美结合，吸引广大读者，奉献出严谨与优雅兼备的科普作品。在"镶嵌玻璃"式科普大行其道的今天，卞毓麟的科普创作风格更有其独特的意义，无疑值得广大科普工作者深入学习和借鉴。

本文系作者特为本书撰写。

丁子承，笔名丁丁虫，上海市科普作家协会理事、副秘书长，上海高校科幻协会联盟"科幻苹果核"创始人。

立体科学:多维的美,活力的美

——读《恬淡悠阅》,论“科学家文化”

王直华

研讨卞毓麟先生的科普作品,是一个非常有意义的活动。“加强评论,繁荣原创”,是个关乎鉴赏科普创新文化的重要课题,希望持久进行下去,以促进科普创作的繁荣发展。

为了更好地参与这次活动,我事先做了“功课”。我交出的这份“作业”,卞先生一定会感到很亲切。来上海之前,我特意把将要召开卞毓麟先生科普作品研讨会的事,电话通报给资深科学编辑鲍建成先生。他听了很高兴,并让我代他向卞毓麟先生表示问候。

鲍建成先生兴奋地回忆与卞毓麟在翻译出版工作中的交往。鲍建成笑谈当年的心情 :“卞毓麟先生是我‘赏识’的译者之一。”接着又补充说:“当然,‘赏识’这个词语并不恰当。”老先生年已八十有五,比我年长10岁,比卞毓麟年长大约一轮。40多年来,我曾经多次听到鲍先生赞赏卞毓麟的翻译作品。

本文从五个故事引出五“说”,即:说《恬淡悠阅》、说译事苦乐、说译者良心、说文化结构和说文化习惯,意在提倡建构完整文化、培育创造人格,让科学精神成为青少年的思维习惯、行为习惯。

一、说《恬淡悠阅》

话题源起于2016年初春的一件往事。卞毓麟先生嘱科普出版社杨虚杰女士把不久前出版的新书《恬淡悠阅》和《巨匠利器》递送给我，我自然非常高兴。好友好书来，月圆花好时，此情今古不殊。

《恬淡悠阅》分上下两篇，上篇名“悦读撷菁”，下篇名“书外时空”。《巨匠利器》也有两篇，分别为“司天巨擘”和“观天慧眼”。我阅读“书外时空”时感受到强烈的共鸣，特别是“时空”二字从纸面跃出那一刻。对“时空”的敏感，或许跟广义相对论“时空”概念的横空出世带给我的震撼有些许关联。

从篇章布局即可看出，两书所呈现的，并非仅是物理的时空，而是作者多维完整的人生时空：知识的时空，人文的时空，精神的时空（或称情感的时空），理性的时空，意义的时空。广义而言，精神生活，就是阅读时空。

读《巨匠利器》，我是在读科学；读《恬淡悠阅》，我是在读毓麟。

《恬淡悠阅》是关于一个人、若干出版社、众多创作者的科普事业的绵延数十载的真实纪录（是纪录，不是记录）。《恬淡悠阅》是作者的科普事业简史。

对许多读者来说，《恬淡悠阅》是由难以计数的温馨回忆串联起来的，关于一个人、若干出版社、众多创作者的科普事业简史。

对我来说，《恬淡悠阅》是由“科学大师佳作系列”、“金羊毛书系”、“哲人石丛书”、“嫦娥书系”、《技术史》的愉悦经历串联起来的，关于一个人、一家出版社，以及他们与我的友谊交往的书事简史。

《恬淡悠阅》回顾着无“往”不乐的动心往事。对作者，这是甘美的写作；对读者，这是快乐的阅读。让我们再回到《恬淡悠阅》这个书名。阅读，从封面开始，从书名开始。

一本好书，首先要有一个好书名。书名是好书的门面。文章不厌百遍改，标题怎拒千回修。读罢全书便知道，作者和责编曾为两书的书名反复推敲，可谓用心良苦。

刚刚打开快递包装，我就被《恬淡悠阅》这书名所吸引。待畅快轻松地读完全书，回首通篇仍要赞赏这书名取得好。如面悠阅治学人，皆因恬淡传其神。毓麟的事业,包括科学研究、科普创作和科学出版三部分。就本质而言,科学研究、科学出版也是创作。恬淡悠阅、创作人生,是毓麟两书传达给读者的一以贯之的内涵。"恬淡悠阅"这书名,调动了阅读动机,提升了阅读期待。

有位"作家中的隐士"说:"寂寞是作家最好的生活姿态"。语言天才海明威的诺贝尔文学奖获奖演讲词,充分展示了他"准确、简洁、生动"的语言风格。这演讲词译成中文不过区区700汉字,却送来多少让你过目不忘的句子。记住海明威:"写作,在最成功的时候,是一种孤寂的生涯。"

做学问首须恬淡,著文章先得悠阅。做学术尤要潜心,为阅读更须"穷尽"。《恬淡悠阅》述说着无数科学家的共识,呼唤着静心治学的态度。

二、说译事苦乐

《恬淡悠阅》有篇文章《"乐"在"苦"中无处躲》,写的是编辑加工洋洋800万字的巨著《技术史》的故事。

在《技术史》"译者序"中,姜振寰先生说,截至2000年,我国翻译出版的科学史书籍很多,而技术史、特别是技术通史类著作的翻译出版,依然是个空白。卷帙浩繁的《技术史》不可能成为获利巨万的畅销书,却是意义重大的学术精品。出版社下了决心,为《技术史》斥资百万也值得!这就是为什么姜振寰先生说:"这部书的顺利出版,是与上海科技教育出版社的学术眼光、决策魄力与精品意识分不开的。"

这篇文字让我忆起几年前阅读《技术史》的往事。2008年发生的"三聚氰胺"事件引发国人对食品安全的关注。我关注"食品安全"这个术语始出何时,便带着这个问题去查阅《技术史》。这本可敬的大书让读者领悟,"食品安全"问题,是20世纪中叶英国食品工业"生产出来的"。"食品安全是生产出来的"这个判断,已经成为学界共识。这段往事令我深信姜振寰先生所言,"《技术史》是意义重大的学术精品"。

卞毓麟谈及编辑《技术史》的切肤感受，竟用了六个“过程”：“编辑加工《技术史》，是一个磨炼的过程，一个求教的过程，一个学习的过程，一个丝毫不苟的过程，一个考验你的责任心的过程，一个检验你的职业道德的过程。”做巨著的编辑加工，成了被磨炼、被考验、被检验的艰苦过程。

做编辑，尤其科学编辑，确实苦、确实累。对此，我有切身体验。毓麟的体悟却是：“乐”在“苦”中无处躲！这生动的哲思，道出了科学出版人的心声。

“乐”在“苦”中无处躲，道出了包括科学家在内的科学人的心声。居里夫人和他的丈夫皮埃尔·居里一道，在一间夏天漏雨、冬天透风的破烂棚子下，用4年时间，从8吨矿渣中提炼出0.1克的纯镭盐。可以想见，这是一项何其艰苦的劳作！居里夫人却说：“科学的探讨研究，其本身就含有至美，其本身给人的愉快就是酬报，因此我在我的工作里面寻得了快乐。”在苦心孤诣的求索之中，科学家感受了至美，寻得了快乐。

“乐”在“苦”中无处躲，最妙是那个“躲”字。这是因为，“科学家就是与大自然捉迷藏的游戏者”。大自然的本质定律，躲在表象后面深藏不漏，才令这“捉迷藏”更加好玩。

勤奋、刻苦，是我们的工作作风；审美、快乐，是我们的事业态度。精品有路苦为径，书海无边乐作舟。“审美的事业态度”成就了多少科学家、出版家、编辑家。

对莘莘学子来说，便是“书山有路勤为径，学海无涯乐作舟”。勤奋、刻苦，是我们的学习作风；审美、快乐，是我们的学习态度。

王国维称道的治学“第三境”——“众里寻他千百度，蓦然回首，那人却在，灯火阑珊处”，评论的也是这样的问学态度：“乐”在“苦”中无处躲。

“拨”得云开见月明，“乐”在“苦”中无处躲，展现的正是科学家、编辑家的科学精神和事业精神。

三、说译者良心

卞毓麟先生是“哲人石丛书”的策划者之一。在丛书出书百种的研讨会上,我听到几位可敬的译者不约而同地把“哲人石丛书”的翻译工作,说成是自己的“良心活”。

译者怀着对科学传播事业的敬畏之心,为了译文的高质量,做着查证推敲、字斟句酌的刻苦劳作。这查证推敲、字斟句酌,这兢兢业业、一丝不苟,读者是看不见的,这是“默而行之”的“良心活”。这叫做“花不因无人不芳”。

被朋友们轻描淡写地称谓的“良心活”,投射出策划者、翻译者、编辑者、出版者的科学精神和事业精神的光芒,实属难能可贵。策划者、翻译者、出版者的“良心活”,就是把做人的精神化为做事的作风、做事的习惯,最终完成科学传播的成果。这是做事的诗意境界。

“学问之道无他,求其放心而已。”阅读之道首在求其放心,翻译之道首在求其放心,出书之道首在求其放心。

古人问学有“定,静,安,虑,得”五步功夫,前三步,都是在“求其放心”。

“此心安处是吾乡”,问学之故乡,亦在心安之处。心安之处,不一定是外在宁静之处,而肯定是内在心静之处。众人皆醉我独醒,众人皆躁我独静,这是问学精神的高境。

“吟安一个字,拈断数茎须”(唐·卢延让);“文章千古事,得失寸心知”(唐·杜甫);“为人性僻耽佳句,语不惊人死不休”(唐·杜甫)。这就是唐代诗人的良心,也是古今作家、诗人、科学家、翻译家、编辑家的良心。

倡导做良心活的,还有当今的大学教授。陈平原先生说:“教书是良心活,任何外在的评价尺度,都无法准确丈量。”

看来,出书、教书、读书都是良心活,任何外在的评价尺度,都无法准确丈量。出书、教书、读书,正如大自然几何学一样,自相似、自组织、自标度(分形几何学为“无标度”)。良心活,没有测量尺度。出书、教书、读书是一种自然的活动、“自己如此”的活动。科学精神、事业精神，是朋友们自然而然的习惯。也就是说，做良心活，本是大家“自己如此”。

科学家、科普者的良心，是科学精神、事业精神之心。

四、说文化结构

数学家王梓坤院士博览群书，随笔文章旁征博引、文采飞扬。1978年他的《科学发现纵横谈》热卖，曾经成为一时之文化现象。《科学发现纵横谈》影响巨大，几十年来不停地被多家出版社再版、重印。

王梓坤指出：人类的社会实践，不外乎“做人做事做学问”。许多大学者，不仅业务超群，而且交际很广，“世事洞明皆学问，人情练达即文章”。于是，王梓坤又总结出博览群书的另外两大好处：丰富我文采，澡雪我精神。

2011年是梁思成（1901—1976）诞辰110周年，这里讲一段先生的故事。1947年，他赴美讲学考察归来后，在清华大学举办了一次学术讲座，题为《半个人的世界》。梁思成强调，教育须将“理工”与“人文”结合，培养具有完全人格的人；而只重“理工”或只重“人文”，都被他称作“半个人”的教育。

《半个人的世界》当年刊登于《清华周刊》上。多年前我就得知梁先生在20世纪40年代末对“半个人的教育”发表过高论，一直盼望能够找来拜读。近读《梁思成全集》第十卷《编者的话》，才知如今这《清华周刊》已经残缺不全，此文也就不知下落。这是个巨大的文化损失，如今重温梁思成批评“半个人”的教育这件事，仍然感到很新鲜、很有意义。

文化是立体的，有多维的美妙结构。学问（知识）只是文化的一个维度，不是文化的全部。科学家的文化，不仅体现在科学家拥有的学问和知识的结构，还体现于如何做科学研究（实践过程），以及如何做科学家（即科学精神、气质、修养）。

科学家、科普者的精神气质，即普遍性、公有性、非功利性和有条理的怀疑论(R.K.默顿),可谓“春风大雅能容物”。科学家、科普工作者的事业活动始于激情,故谓“夏日激情启源流”。胸怀科学共同体的精神境界,经历研究过程的情理会通境界,达到科学认知的本质境界、诗意境界,这是科学研究的完整文化过程。科学研究的成果“秋水文章不染尘”。伟大科学家推动了科学的革命。他们谱成的科学之诗,是世上最美的语言。

“春风大雅能容物”之科学精神、事业精神,“夏日激情启源流”之科学探究、文化过程,“秋水文章不染尘”之研究成果、本质定律,描绘出科学研究的完整过程、科学家文化的完整结构。

“有境界自成高格”。有一种高格叫化境。摄影境界有三,讲究光影、讲究构图、讲究诗境;写景境界有三,心景、意景、诗景;科学认知境界有三,表象观察之心境、表象经验规律之意境、本质普遍定律之诗境。化境是以“诗人品格”用“诗篇写照”的“诗意人生”的诗境。科学,始于惊异,又终于惊异;科学,始于艺术,又终于艺术;科学,始于诗意,又终于诗篇。

“观乎天文以察时变,观乎人文以化成天下。”科学文化与人文文化构成了人类文化。科学,既有科学知识、科学精神的统一性,又有研究者及其研究过程的多样性。科学家,既仰观宇宙之大,又俯察人文之盛。科学家,既观乎天文时变,又观乎人文化成。伟大科学家的文化,融合科学文化和人文文化于一身,具有完整的文化结构。

我们审美大科学家多维、完整、和谐的文化人格。完整的文化具有立体的结构,闪耀着多维美、活力美的光芒。科学家的文化,同样具有立体的结构,闪耀着多维的美、活力的美。科学家的文化,做人重在创新精神之美,做研究重在文理会通之美,做学问拥有博大精深之美。

五、说文化习惯

爱因斯坦中学毕业法语作文《未来的计划》,表现了这个17岁的青年人的独立精神。爱因斯坦说,希望到苏黎世联邦工学院学数学和物理。他想象大学毕业以后,“自己会成为那些自然科学分支领域里的一名老师”,而且“更喜欢其中的理论部分”。在后面的文字中,爱因斯坦说明了自己作这个计划的缘由:“引导我走向这个计划的是这样一些理由。首先,是因为(我)倾向于抽象思维和数学思维,而且缺乏想象力和实践能力。”另一理由就是:“科学事业还存在着一定的独立性,那正是我所喜欢的。”

爱因斯坦的“独立性”贯穿终生,不仅出现在17岁的作文里,还隐约显现于76岁的遗嘱中:不发讣告,不行葬礼,不建坟墓,不立纪念碑。医嘱执行人忠实履行爱因斯坦的“四不”,送葬时朗读了歌德追悼席勒的诗:

> 我们都获益匪浅,
>
> 全世界都感谢他的教诲;
>
> 那属于他个人的东西,
>
> 早已传遍广大人群,
>
> 他像行将陨灭的彗星光华四射,
>
> 把无限的光芒同他的光芒永相结合。

独立思考、独立判断,这是爱因斯坦一贯的理念和精神,闪烁着“有条理的怀疑论”的光芒,化作了他终身的作风和习惯。杨振宁曾经引用一位美国作者的用语来评论爱因斯坦,那个词语叫做“独持”。

爱因斯坦把科学发现的全过程,分成两个阶段,即“直觉发明”阶段和“逻辑证明”阶段。爱因斯坦所说的“直觉发明”阶段,包括科学家个体的好奇、审美、提问(有条理的怀疑);个体的直觉、灵感、想象。“直觉发明”阶段之后,是庞加莱所说的“逻辑证明”阶段,包括共同体的概念、知识与技能;共同体的逻辑、程序与方法;共同体的情感、态度与价值观。

在科学文化的语境,化境是胸怀科学共同体的精神境界,经历研究过程的完整文化会通境界,达到本质定律的诗境。普遍性、公有性、无功利性、有条理的怀疑论,闪耀着科学共同体的精神光芒。科学共同体的精神境界之美,是一种崇高的美,悦志悦神的美,让人魂牵梦萦的美,一种诗意的美。伟大的科学家和伟大的艺术家,都是伟大的诗人。

做科学传播,就是要与我们的交流者一道,共同提高科学知识的境界、研究过程的境界、科学精神和事业精神的境界,即我们常说的科普"四境"。

译事苦乐、译者良心的故事,向人们道出这样的现象:对具有科学修养的人来说,读书学习、劳动创造,都不是什么苦事、烦事;对具有科学修养的人来说,读书学习、劳动创造,都变成了快乐投入、具有意义、自然而然的事情。

说到这些故事,我们有个共同的感悟:难能可贵是精神,内化于心是精神,外化于行是习惯。习惯成自然,自然便皆然。拥有科学精神、事业精神的人,不觉得这"精神"有什么"难能"。古人说:"书痴者文必工,艺痴者技必良"。拥有科学精神、事业精神的人,是科学痴者、事业痴者。自然而然成习惯,"乐"在"苦"中无处躲。

诗书凝于精神,学问变化气质。胸怀物理神必清,腹有诗书气自华。当科学精神化为思维习惯、行为习惯,化为人格的第二自然,科学修养便成立了。有科学修养的人即这样造就出来。将文化知识、文化观念、文化精神,化为人们的思维习惯、行为习惯,便形成了我们所说的"文化习惯"。

阅读、研究卞毓麟的科普作品,有益于传播科学家的完整文化结构,传播科学精神、科学思想、科学方法、科学知识,引导青少年把科学精神变成自己的思维习惯和行为习惯,即做人的习惯、治学的习惯、做事的习惯。走出校门走进社会后,他们将成为快乐劳动、创造意义的幸福公民。

本文系作者在研讨会发言基础上修改而成。

王直华,1941年生,曾任《科技日报》副总编辑、中国科普作家协会副理事长,曾获韬奋新闻奖提名奖、全国优秀科普作品一等奖等。

评《星星离我们多远》

王绶琯

现代天文学,是从测量天体的距离发端的,同样大的目标放得近就显得大,放得远就显得小;同样亮的目标放得近就显得亮,放得远就显得暗。所以不论是用眼睛还是用望远镜观测天体,如果不知道天体的距离,所看到的只能是它们的表观现象而不是实质。例如月亮和太阳看过去就差不多一般大小,但是它们的本质相差很远。

天体的距离是如此之大,除了太阳系内几个有限的目标可以用直接测量(我们在这里把雷达和激光测距也看作是直接测量)的方法定出距离外,其余的都必须借助于某些物理模型和推理。这样,从"近"处的太阳和行星,到以光年到万光年计的恒星和银河系中的其他天体,再到以百万光年直到百亿光年计的河外天体,需要有各种不同的"量天尺"来估计它们的距离。这不但涉及通常在计量工作上需要考究的测量精度、定标等等,还必须涉及基于目前我们对天体的理解而采用的各类物理模型,如变星的"周光关系",星系的"红移"规律,等等。

把这一切串起来看,是由近到远,不同层次上的一把把"量天尺"的设置与接力,每把"量天尺"的设置都涉及现代天文学上既基本又尖端的问题。因此既要把每一部分各不相同的问题介绍清楚,又要能贯穿起来做到全局脉络分明,不能不说也是科普工作中的一个"既基本又尖端的问题"。

《星星离我们多远》这本小册子成功地处理了这个问题。作者用陈述故事的方式把历代天文学家创造"量天尺"的过程放到科学原理的叙述中,这样既介绍了科学知识又饶有兴味地衬托出历史人物和背景。

作者在第三章中叙述了用三角法测量月亮(以及其他合适的天文目标)的距离,作图说明,清楚易懂,拉卡伊等的故事也用得很好。

第四章颇难写好。作者用几页篇幅介绍了开普勒和开普勒定律,很生动。最后通过易懂的数学式与表介绍了开普勒第三定律,为后面的说明开了路。作者对于地心视差的表达也很有条理,这些使得这一章读起来节节深入、弄懂问题。金星凌日是一个重要的方法,但需要转一个弯,似乎可以再用一些笔墨。

第六章说明恒星视差和光行差,这较易表达。作者借助于贝塞尔测量天鹅座61的过程指出选择较近的恒星以验证三角视差法的诀窍,然后介绍了三角视差方法及其限度,这也是富有启发意义的。

用测量恒星亮度的方法测量更远的恒星距离是对三角视差法的很自然的接力。这需要对各类恒星建立"标准烛光"。作者在第七章里介绍了用恒星分光光谱定"标准烛光"的方法。这也是一般比较不易说清楚的部分。作者先介绍了星等和绝对星等的概念,接着说明了恒星光谱型和星等的关系,然后说明用分光视差法的可行性和局限性,铺叙上深入浅出,逻辑分明。

这种用恒星作"标准烛光"的方法只能使用到现有望远镜测得出光谱的恒星。对更远的恒星则无能为力。一个偶然但是非常精彩的发现使人们认识到某些变星有着光度与变光周期的一一对应关系,因此可以用它们的光变周期来作为"标准烛光"。这样只需要测量变星的亮度,而不需要难测得多的光谱,可以比分光视差方法测得更远。作者在第九章里生动地介绍了这种更长的"量天尺"。

比变星更亮的"标准烛光"是一些亮星,特别是一些特殊的极高光度的新星和超新星，它们可以作为更长的“量天尺”，但是精度差一些。

再长的“量天尺”只能由多个恒星组成的星团和星系来担任。这里再次涉及“接力”问题，以及相应天体本身的分类以定出“标准烛光”的问题。这是粗糙的但可以“量”得更远的方法。又一个偶然而精彩的发现是星系的“红移”规律。把它应用到星系和类星体，可允许量到目前观测所能及的遥远宇宙范围。这些方法的原理、作用和困难，作者在第十、十一章中渐次作了系统介绍。

综上所述，全书介绍了从近处的月亮到极远处的类星体的距离的量与计算方法，包含了大量的天文知识和历史知识。作品立意清新，铺叙合理，文笔流畅，是近年来天文科普中一本值得向广大读者推荐的佳作。

本文原载于《科普创作》1988年第3期，文前有“编者的话”，现照录如下：

[编者的话] 王绶琯同志是中国科学院学部委员、北京天文台台长，他在射电天文学方面是一位闻名世界的科学家，工作当然很忙。可是他十分重视科普工作，尤其是积极鼓励年轻人从事科普写作，不仅如此，在百忙中他还抽出时间来亲自动笔撰写评论文章，赞许晚辈的写作成就，这就更加难能可贵了。王绶琯同志一面向广大读者介绍这本书的内容，为什么要用这个书名——《星星离我们多远》，一面评述作者的写作思路和方法，它的优点在哪里。我们欢迎老科学家多多出面给年轻人鼓气，让更多的年轻人参加科普创作的队伍；还要请老科学家多多动笔给年轻人的作品写评论。

王绶琯，1923年生，中国科学院资深院士，中国科学院国家天文台前台长。

知识筑成了通向遥远距离的阶梯

——读《星星离我们多远》

刘金沂

光速为每秒30万公里，连《西游记》中的孙大圣也望尘莫及！然而星星之间的距离就是光子也要叫“远”不迭。使用光在一年内所走的路程——光年为尺子来测量星星间的距离，我们现在所知道的最遥远的星系离我们有一百多亿光年远！许多人会问，这么遥远的距离是怎样测量出来的，天文学家到底有什么神通能测出这样远的距离？他们的科学根据何在？这些问题并非三言两语可以讲清的。1980年年底，科学普及出版社出版了《星星离我们多远》一书，系统全面地解答了这些问题。该书语言生动、深入浅出，条理清晰、趣味盎然，是近年来天文科普作品中的佳作。

天文学是一门奥妙无穷，令人神往的学科。它的研究目标绝大部分是遥远的天体，它们看得见、摸不着，有的甚至只能通过巨型望远镜，用照相方法经过很长的曝光时间才能在底片上留下点点影像。天文学家面对着这些对象，要测量它们的距离非得有特殊的手段和方法不可，这正是天文科学的特点之一。本书首先抓住了天文学的这一特点把读者引到了宇宙深处。

接着，作者以洒练的笔墨叙述了测量天体距离的各种方法。这是一张时间的进程表，也是一张知识积累的进程表。从人们在地面上经常做的开始：要测量烟囱的高度，测量河流的宽度，无需爬高，无需渡河，只要在两个不同地点观测，通过适当计算就能求得。这就是利用视差的原理测距离。最初测量天体距离的方法就是三角视差法。天文学家用三角视差法测得了第一批天体的距离,它们都不超过300光年远,再远就无能为力了。于是,"接力棒"传给了分光视差法,利用恒星的光谱差别求距离,使测距达到30万光年左右。又因为远星太暗无法得到光谱,分光法失去威力。造父变星的周光关系接替了分光视差法,可以求得远达1500万光年之遥的星系距离。对于更遥远的星系,因找不到造父变星又使测距处于困境。此时新星和超新星以其突发的巨大光度给天文学家送来了佳音,测量距离的尺子又向宇宙深处延伸了,利用超新星使可测距离达到50亿光年左右。然而超新星的光度还是"敌"不过距离的增大,对那些深空中的星系已无法辨认其个别恒星,连超新星也不可单独分离出来,而且不是所有的星系都能在短时期内找到超新星。这时只有靠星系的视大小和累积星等来判知距离了。后来,正当天文学家面对无涯的宇宙束手无策的时候,柳暗花明,星系的普遍红移又送来了一把巨尺,测距范围扩展到100亿光年的地方。

作者从丰富的资料中恰当裁剪,使全书贯穿着这一主线,由浅入深,由近及远,层层推开。不时伴有天文学家的趣闻轶事,发明史话,关键处常有构思巧妙的插图阐明文意,把读者带进了天文学家探索宇宙空间的艰巨行程之中,困难时为之焦虑,胜利时为之欢乐,有时又不禁为科学家的巧妙方法叫绝。读完这本书,会使你感到,天文学家凭着不懈的努力,借助天体送来的微弱光芒,征服了百亿光年的巨大空间,真是比一根头发丝上雕刻出雄壮场面的画卷有过之而无不及。然而他们毕竟胜利了,这是人类无穷智慧的象征。

这既是一本向你介绍知识的书,也是一本启迪思维的书。作者在叙述每种测距方法的时候,既不是平铺直叙,也不是只讲结果,而是伴之以发展过程,显示出天文学家解决问题时的思路,这种"与其告诉结果,不如告诉方法"的手法会使读者受益更多。最后作者还将类星体的距离之谜展现在读者面前,这是一个尚未解决的问题,给读者留下了思考的余地。

星星的距离极其遥远，人们探索天体距离的努力连续几千年，要在一本小书里描写这一切是不容易的事。作者用通俗流畅的语言，浅显易懂的比喻讲清了许多常人没有接触过的概念，还用两段间奏巧妙地将不连续的片段衔接起来，使全书浑为一体。书末，作者稍稍离开主题，以宇宙航行和希求跟"宇宙人"建立联系的努力丰富了读者的想象力，把人们带到了拜访牛郎、问候织女、归来仍年轻的奇妙境界。

读完全书，掩卷回味，古往今来人们仰望天空，繁星点点、耿耿天河，天阶夜色、秋夕迷人，多少人为之陶醉，对少人赋诗抒怀。《星星离我们多远》一书却为我们展示了天文学家如何兢兢业业，利用各种巧妙方法测量天体距离的历程。我国著名天文学家、紫金山天文台台长张钰哲先生说，这是近年来写得很好的一本书。

本文原载于《天文爱好者》1983年第1期。

刘金沂，1942年生，毕业于南京大学天文学系，是一位有影响力的天文史家，也是一位充满激情的科普作家。1987年因肝癌病逝，年仅45岁。

科普离我们有多远?

——兼评《星星离我们有多远》和《追星——关于天文、历史、艺术与宗教的传奇》

邵正义

卞毓麟科普作品研讨会的盛况有些出乎我的意料。与会者之多,超过了我参加过的任何一个天文专业方面的研讨会。

卞老师在会上谈了他40年来的科普创作和心路历程,与会听众反响热烈。科普这件事可以做得如此之好,热心科普的人又如此之多,实在是令人振奋。虽时值初冬,心中却是暖意融融,仿佛科普就在我们身边,科普的种子也在四处生根、发芽,茁壮生长。

我认识卞老师的时候,还是天文台的研究生,他也还专职于天文科研工作。缘于研究课题上的交集,常常有机会与来沪造访的卞老师讨论,向他请教。那时的卞老师戴一副超厚的近视眼镜,把脸埋在书里,让人不容易看到他专注时的表情。那时的我便已经知道这个学究也醉心于科普创作,只是借这次研讨的机会,历数了他的作品,才知道竟有30多部著译图书、700多篇科普与评论文章,另有百余种主编或参编的科普图书。这些数字让我惊讶,也让我感到震撼。怎么会有如此高产之人?

我也曾经接触过一些科普工作,包括讲座、评审和写作一些短文。就我的体会和理解,一个有过多年科研经历的人,想要把所表述的内容落实成文字,一般都会心存敬畏,慎之又慎。难道卞老师的科普创作,还有什么独家秘诀,可以做到又快又好?

心存这个疑惑不久,就得到了一个真实的解答。有一件小事,让我得以对卞老师的创作过程窥见一斑。那天,卞老师突然来我办公室求助,说是《星星离我们多远》一书要再版,时隔多年,书中提及的一些河外天体的距离可能有新的测量值。因为离开了天文研究一线,怕拿捏不准,特来询问最新的参考资料。脸上除了真诚,还有一丝焦虑,倒像是一个学生,在研究中发现了问题,急忙跑来讨教的样子。

想想星系距离这种天文数据,最多两位有效数字,各种测量之间的差异也很大。即便是有所改动,估计也在误差范围之内,更不知道是否会有读者真的会关注这些具体的数值。此等小事,来个电话即可,何至于在大病初愈的时候,亲自跑这一趟呢?我既受老师所托,便不敢懈怠,当晚查找了一些文献和网站,发了个邮件交差。翌日,卞老师回复说,信息很管用,若有疑难,再进一步求教,俨然还是郑重其事的语气。

原来,卞老师这种踏实、严谨的作风始终未改,无论是科研,还是科普。

卞老师送我《星星离我们有多远》这本书的时候,我也算是在天文领域从业了多年。书中列举的凌日法、三角视差、标准烛光、红移测距等等,种种奇思妙想,各个里程碑式的观测结果,也都了然于胸。加上那是一本旧作,当时未及细看,就收在书架上典藏了。

这次老师专程为此书而来,便又有了兴致重新品阅一番。这岂止是一本介绍测距方法的书,分明也是一部天文学简史。沿着星星有多远这个问题的主线,古今中外,天文学发展中的成功与失败,各种典故、轶事、假想、实证,都信手拈来,徐徐展开,又串成一组完整的故事集。历史长河里的各色天文学家纷至沓来,他们的喜怒哀乐,跃然纸上。他们主演的剧情,跌宕起伏、峰回路转,在作者笔下却也是娓娓道来、波澜不惊。我也仿佛变回好奇的少年,被再次引入一个探索的历程,领略了科学的胜境。

回味这样一部意趣盎然的作品，脑海里却又浮现出卞老师上门求助时的神情，两组画面是极难融合在一起的。读者很容易看到的是故事如何生动，表述如何精彩，实在是很难有机会看到一部作品背后所需要的种种执着与艰辛，可能也很难明白“越是通俗的表达，越是需要深刻的理解”这个道理。

我收到的赠书是2009年湖北少年儿童出版社“少儿科普名人名著书系”的版本。回看叶永烈先生为“书系”写的总序，才知道入选的门槛甚高，需同时符合“佳作”、“科普”、“少年儿童”三个条件。尤其是第三条，越简单、越难写，以至于像霍金的《时间简史》、伽莫夫的《物理世界奇遇记》等作品，虽是名篇，终未入选。

《星星离我们有多远》一书始作于1980年，30多年来经多次增补、修订、再版，迄今仍然具有生命力，是当之无愧的成名之作了。谈及卞老师的其他原创佳作，不得不再说一下他大约在10年前写的《追星——关于天文、历史、艺术与宗教的传奇》一书。

喜欢《追星》这本书不仅仅是因为它秉承了其一贯的叙事手法，故事生动、人物鲜活、有画面感。更是因为作者把历史中的科学人物和事件，置于当时社会的政治、文化、宗教与艺术背景中进行勾画，包括天文学家的个人喜好、信仰、地位、家族、师承和社交，林林总总，还原了真实的科学(天文学)发展，也还原了真实的历史。因为真实的科学，就是在错综复杂的人类社会环境中顽强地生长起来的。

用作者自己的话来说，这样的主题和表达方式是他蓄谋已久的。《追星》一书获得了包括国家科技进步奖二等奖在内的诸多殊荣，关于它的创作理念和价值，已有太多的评析与褒奖，无需再多费笔墨了。

特别想说说书名，就是“追星”二字。作者没有用“观星”、“赏星”、“摘星”等等。一个“追”字，让人想到的是“追寻”、“追赶”、“追忆”、“追问”，也会让人想起那个悲壮逐日的夸父。刨根问底，穷追不舍，这不恰恰契合了科学的本质吗?“追”字还可以让读者体会到时间的跨度和空间的距离,表现出历史上那些仰望星空的人不遗余力的求索和一步步逼近真理的过程。有趣的是,作者并没有在书中刻意表述“追”字的寓意,而是把它潜移默化在一个个故事的编排和衔接当中。这是否就是作者想达到的“令人感觉不到科学在哪里终了,人文从哪里开始”的意境呢?如果让一个普通的读者,能够在赏心悦目的品读中,不知不觉地感受到了真实的科学人文,真实的科学理念,不正是科普最需要的吗?

“星”字也有多种解读。天文科普,首先当然是指天体。也可理解成天文学发展史上一众闪光的人和事。也许,卞老师在给此书定名的时候,还想着另外一层意思,那就是追逐他心目中的科普明星,就像他常常提起的伊林、阿西莫夫那样的泰山北斗。

说来惭愧,认识卞老师多年,他的著作真正仔细拜读过的并不多,所以不敢对他的书和创作理念多加妄评。只能从他的一些代表作品中,从他平时的言谈、处事、为人当中,稍稍感悟一下他对科普这件事情本身的一些表达。从中,我感受到了“天方夜谭”式的叙事能力、学术研究一样的严谨作风、勤笔不辍的努力、不断求新的思想和赶超前贤的勇气。我想,这些都是卞老师的科普创作不仅高产,而且佳作频出的原因。

曾经以为,科普离我们很近,近在咫尺之内,谈笑之间。仔细想想,却是很远,就像天上的星星,远到遥不可及。常常感觉自己处于有心科普,却无力提笔的窘境。幸得卞老师早年为科普写下的一句话,权当勉励——“纵非如愿以偿,亦当尽力而行”。那就“追星”吧!若是在体会甘苦之余,偶尔还能拾得其中的趣味,亦是有缘了。

本文系作者特为本书撰写。

邵正义,1968年生,中国科学院上海天文台研究员,佘山1.56米光学望远镜基地主任。

试析卞毓麟新作《拥抱群星》

刘 炎

敞开胸怀，拥抱群星；净化心灵，寄情宇宙。

——卞毓麟题赠大学生天文社团

2016年12月17日，由上海市科协、中国科普研究所和中国科普作家协会主办的"加强评论，繁荣原创——卞毓麟科普作品研讨会"在上海科学会堂召开，本人有幸躬逢其盛，分享到不少科普创作的感悟和教益，并获卞毓麟先生新作《拥抱群星——与青少年一同走进天文学》，真是不胜欣喜。

我本人半个多世纪以前在南京大学天文学系求学，与卞毓麟同窗五载。大学毕业后，一直在中国科学院紫金山天文台致力科研直至退休，近30年来又涉足天文科普日深，是以与卞毓麟常有交流，而更多的是求教。

这次研讨会后回到南京，我就较为认真地将《拥抱群星》通读了一遍，可谓感触良多。这是卞毓麟的又一部天文科普力作，既有其作品的一贯创作风格，又有若干新的特色，我以为堪称《追星——关于天文、历史、艺术与宗教的传奇》的姊妹篇。现谨试谈一些浅见粗识。

高屋建瓴　三线并进

初看书名《拥抱群星》，可能会以为这就是一本介绍星星知识的读物。然而，细品之下就会发觉，诚如全书“结语”所言：“阅读这本小书，仿佛是在拥抱群星。我们看到了有关宇宙和天体的种种奥秘，回望了人类认识宇宙的历程。”须知，要通过一本仅10余万字的科普读物，让青少年了解古今天文学的概貌，这绝非易事。为何这么说呢？因为：

天文学是一门大科学，研究对象是浩瀚的宇宙，其时空尺度之大几乎包罗了物理世界的全有；而其探测方法之广几乎涉及了科学技术的各个领域。

天文学是一门大科学，就认识史而言，是一门最古老的科学；而就发展史而言，又贯穿了人类进步的整个历程，现今更是最前沿、最活跃的学科之一。

要对天文学的某一个分支学科、某一个专门领域稍作详细的介绍，可能就需要写上厚厚的一本书。然而作者却高屋建瓴，纵览全局、提纲挈领地描绘出天文学的大观，其中不仅有人们当今所识的宇宙图景，还展示了人类探索宇宙历程的主要脉络。

宇宙中的天体可分为太阳系、银河系、河外星系三大层次。《拥抱群星》中的“太阳家园”（第五章）、“恒星奇观”（第六章）以及“河外胜景”（第七章），就分别描述了这三个层次的种种天体：不仅介绍了那些寻常的天体，更论及了许多特异天体以及当代前沿领域的重大进展，例如矮行星、超新星、中子星、脉冲星、黑洞、星系团、“星系长城”、宇宙大爆炸、“视界”、“平坦性”、“暴涨宇宙”、宇宙微波背景辐射、宇宙加速膨胀、暗能量，等等，向读者展示了当代天文学的绚丽画卷。

在“观天巨眼”（第三章）、“波段的拓宽”（第四章）和“那座皇家天文台”（第八章）中，作者简要地介绍了自天文望远镜发明以来用以进行天文观测研究的工具、方法和场所，向读者展示了天文学家们探测宇宙的武器宝库。

作者把人类对于星空天体的认知、观测研究的手段以及窥测探索的历程三者紧密交织，齐头并进地展示着天文学的概貌。此种“纵览全局、三线并进”的写法，正是《拥抱群星》的一个重要特色。

科文交融 联想迭起

一部科普佳作,因其非同一般的可读性和趣味性,更会受到公众的欢迎,从而使科学知识传播得更加久远。而科文交融,正是提升可读性的最佳途径之一。天文读物之“科文交融”,是在人类历史文化的宏大背景上展现天文学进步历程的一种创作方式,这尤其需要作者的精心发掘和提炼。

科文交融,正是卞毓麟科普创作最鲜明的特色之一,荣获2010年国家科技进步奖二等奖的《追星——关于天文、历史、艺术与宗教的传奇》更是他的一部代表作。

在《拥抱群星》中,此种科文交融的特色也随处可见。书中在“三线并进”地展示星空画卷和探索历程的同时,又不断插入种种人文故事,包括文学的、艺术的、历史的、哲学的、神话的,甚至宗教的,等等。这些故事如行云流水,纷至沓来,不仅文采丰逸,而且趣味倍增,紧紧地吸引着读者的视线。书中各章首页引用的古今中外文、史、科、哲名言佳句,提示着下文内容的寓意,犹如一幅幅织锦上的纹理图案,把整个画卷装点得更加灵秀动人。

笔者感到,书中有两节的撰写又有着独有的人文特色。

罗塞塔碑

撰写星空和天体的读物,往往习惯于从天文、太空或宇宙入手。然而在《拥抱群星》中,作者一开始却是这样地告知读者:

这本关于星星的书,应该从何说起呢?

我想先从一块并没有记录天文事件的石碑谈起。当你读了这个故事之后,就会明白其中的道理。

接着就向读者介绍了那块举世闻名的罗塞塔碑。原来这块古埃及的石碑上镌刻着古埃及象形文字、古埃及俗体文字和古希腊文三种同样内容的铭文。经过历史学家和语言学家们精巧而艰苦的研究、考证,终于从中找出了解读那些象形文字的密钥,从而打开了古埃及历史文化的典藏宝库。

最后作者写道,罗塞塔碑的故事"和天文学又有什么关系呢?"

这种关系,是一种深层次的领悟和启示。试想,科学家们的全部努力不就在于寻找那种能够辨认大自然的语言的"罗塞塔碑"吗?

不言而喻,每一位天文学家都希望自己能够找到识别宇宙之谜的"罗塞塔碑",希望自己能够为解读宇宙的"罗塞塔碑"作出决定性的贡献。

这就指出了天文学家对宇宙奥秘的探索与人们对人类历史文化渊源的追溯有着异曲同工之妙,从而把天文学科融入了人类认识发展的整个历程,融入了人文进程的浩荡长流之中。

如果理解并且记住了这一点,那么在阅读后文中哥白尼的"日心说"(1543年)、开普勒的"行星运动三定律"(1609—1619年)、描述恒星世界秩序和演化进程的"赫罗图"(1911—1913年)、描述星系世界宏观运动规律的"哈勃定律"(1929年)等天文学史上的关键性突破时,就更容易领悟到:那些不正是由伟大的天文学家们建树的一座座解读宇宙奥秘的"罗塞塔碑"吗?

在笔者所知的天文科普著作中,以罗塞塔碑开篇的实属罕见。从哲学的角度来看,这种从个性中提炼共性的方法,实在也是很高明的普及之道。

那座皇家天文台

天文台是专门进行天象观测和天文学研究的场所,是天文学家们拥抱群星的地方。这也是天文学,特别是现代天文学中一个不可或缺的方面。

世上众多的天文台,都各有自身的种种特色,有着数十年,甚至数百年的辉煌历史。在一部天文科普作品中,要以短短的章节介绍天文台的科学、技术、设备和功能等诸多方面绝非易事。

然而在《拥抱群星》中,读者在不经意间就被带进了"那座皇家天文台"——英国苏格兰的"爱丁堡皇家天文台"(第八章)。这时,作者宛如一个导游,又像是一个朋友那样带着你悠然而行,讲解的方式也非同常规——不是一个又一个的观测场所、一台又一台的仪器设备地铺陈，而是以爱丁堡皇家天文台自身的发展历程为主线，不时插入种种人文历史故事，特别是一代代天文学家的故事。

在历史上，爱丁堡皇家天文台是英国的主要天文台之一，在国际上也颇享盛名。它那两百多年的发展历程、卓越的科学成就和前沿性工作，都有相当的代表性。在20世纪80年代末期，卞毓麟曾作为访问学者在那里工作两年，因而我们在听他讲述那里的故事时，不禁更平添了一份亲切感。

听着作者娓娓道来，也许你会豁然省悟，虽然只是参观了一座天文台，但对于现代天文台的概貌，对于它的发展脉络、仪器设备、主要功能等已有了一个大略的知晓，对于天文学家如何使用那些窥天利器来拥抱群星、揭示宇宙奥秘也有了基本的感性了解。你将会领略到，那座皇家天文台艰辛创业的往昔和当今天文学高歌猛进的势头，有着何等微妙而深刻的联系；当你再看看世上那些巨无霸式的天文望远镜时，也一定更会感到由衷的震撼和惊叹！

再次回到哲学语言上来，任何事物都有其特有的个性，但在这些个性之中又包含着此类事物的共性，这就是所谓的特殊与一般的统一。而这，笔者以为也正是作者的用意之所在：在具有代表性的特殊中显示一般。

准确及时　深义浅析

知识性和趣味性，是科普作品不可或缺的两个方面。对《拥抱群星》而言，所谓知识性就是指天文知识的确切性、可靠性和前沿性等，此中更体现了作者的科学求真精神。此处略举二例，专门谈谈本书立足科学前沿的特色。

行星和矮行星

矮行星是由于近几十年来太阳系探测的迅猛进展而在2006年新定义的一类天体，它们与行星的主要差别是能否“清空其轨道附近的区域”。

这里，“清空其轨道附近的区域”是一句十分专业的用语，如何向青少年读者解释这一用语，是一件颇费心力的事，有些作者甚至因此而“省略”了必要的延伸阐述。

试看《拥抱群星》是如何解释的：

行星必须有足够大的质量，从而其自身的引力足以使之保持近于圆球的形状，它必须环绕自己所属的恒星运行，并且已经清空了其轨道附件的区域（**这意味着同一轨道附近只能有一颗行星**）。早先知道的八大行星都满足这些条件。

另一方面，冥王星、2003UB313等虽然接近圆形，却未能“清空其轨道附近的区域”。**它们身处柯伊伯带中，那里的其他天体还多着呢！**为此决议新设了“矮行星”这一分类。除了冥王星、2003UB313，还有谷神星也必须划归这一类。

上文中笔者用粗体标示的说明语，共计仅40来字，就把“清空其轨道附近的区域”这一专业术语以及矮行星和行星的主要差别言简意赅地解说清楚了。

宇宙加速膨胀和暗能量

这是现代宇宙学中两个处于最前沿而又至关重要的概念，解读这两个概念，可要比“矮行星”难多了。然而作者也看似轻描淡写地一举解决了问题：

1998年，美国的两个研究小组，一个由物理学家索尔·珀尔马特领导，另一个小组以天文学家布莱恩·施密特和亚当·盖伊·里斯为主，却分别独立地发现在遥远的星系中，Ia型超新星看起来要比预期的更暗淡，也就是说，它们的距离事实上比按照哈勃定律推算的更加遥远，**因此宇宙是在加速膨胀着！这一结果从根本上动摇了人们对宇宙的传统理解。究竟是什么力量促使所有的星系彼此加速远离？**科学家们至今不清楚这种与引力相对抗的东西究竟是什么，但是先给它起了个名字，即“**暗能量**”。

作者在前文已对“哈勃定律”和“Ia型超新星”作了简要的介绍，此处只用了200来字就把看似深奥神秘的“暗能量”及其与宇宙加速膨胀的关系交代清楚了。笔者用粗体字标示的几句话,正是作者的点睛之笔。

如此平易而浅显的语言,在介绍宇宙学和暗能量问题的中文资料中实属鲜见。这需要对天体物理学中这一重大问题有深刻的理解,更需要作者艰苦而精心的凝练加工。

立足前沿,准确而及时地反映天文学科的最新重大进展,是卞毓麟科普作品的又一个主要特色。这在天文界已广为人知,其成效也堪称名列前茅。对此,本文笔者也有过不少的亲身感受:如何把想要介绍的专业知识,特别是那些当前看来还相当新奇而奥妙的术语或概念,用公众易于接受的浅显而精炼的语言来叙述,常常是一个不小的难题。然而当看到卞毓麟的相关著作中的精彩描述时,眼前会突然一亮:原来如此,我怎么没有想到呢?

特辟专章 挥斥伪论

星空像是一幅敞开的画卷,人人都可以仰望,人人都可以阅看。然而不同的人往往会有不同的看法,得出不同的认识。天文学家总是在仰望中不断地探索求真,为人类的知识宝库增砖添瓦;但也总有一些人假借星空天象,特别是某些罕见天象,制造种种奇谈怪论——与天文科学背道而驰的伪科学。古今中外种种超自然的占星术便是此类伪科学的典型代表。

揭露伪科学,是天文学家和天文科普工作者们责无旁贷的义务。为了强调这一"义务"的重要性,卞毓麟在《拥抱群星》中特地辟出一章"科学战胜怪诞",详述了发生于20世纪70年代的一场著名的科伪之战。

旅居美国的俄国侨民伊曼纽尔·维利柯夫斯基,原是一位生理学家兼精神病医生。他以自己对《圣经》和一些神话传说的理解为出发点,附会若干天文学和地学的自然现象,提出了一些非常怪诞的"理论"。1950年,美国一家卓有声名的出版公司——麦克米伦图书公司推出了维利柯夫斯基宣扬这种"理论"的《碰撞中的世界》一书,在科学界和社会上掀起了一场轩然大波。

24年之后,以美国著名行星科学家兼科普大师卡尔·萨根为首的一批科学家站了出来,与维利柯夫斯基进行了一场引人注目的当面对质,全面彻底地批驳了维利柯夫斯基的奇谈怪论,才把这些谬论驱出了公众的视野。

用如此之多的笔墨来介绍一场科伪大战,在卞毓麟的科普作品中并不多见。笔者以为其用意应有两个方面。一方面,是向青少年读者提示,在科学认知的进程中,也要时时谨防假冒;另一方面,则是向科学界同行们呼吁,在科学宣传的道路上,更应处处严禁伪劣。

伪科学也是一种人文现象,它像幽灵一样,历来紧随科学而不舍,一旦有机可乘,随时都会夺路而出,蛊惑公众。随着现代科学的迅猛进展,天文学和物理学中不断出现许多新的概念、新的理论。然而,它们往往也很快会被某些所谓的"理论家"应声接手,炮制出新的奇谈怪论,喧嚣不已。

近些年来,有人把具有随意性的人类意识表象与有着随机性的量子物理现象连在了一起,提出所谓"量子意识"的说法,似乎量子也有了自主的"意识"。有些人把他自己理解的所谓的量子现象的"波粒二相性"(笔者按:在量子力学中,应为"波粒二象性";象者,物理学之图景,非佛学中之"相"也)与有着"实相"、"法相"之说的佛学联系起来,创立了一套时髦的"量子佛学"理论,似乎释迦牟尼当年在菩提树下就已然悟出了量子力学!还有人更把科学家们在科学攀登的崎岖历程中所获得的艰辛认知,说成是佛学大师们仿佛早就胸有成竹的自在禅意。对于科学家们迄今尚未探明其本质的暗物质和暗能量,有人就宣称,那里不正是灵异现象的隐身之处吗?

凡此种种,都是那些超自然奇谈怪论的若干代表。如何看待它们?笔者以为,《拥抱群星》中所介绍的卡尔·萨根等与维利柯夫斯基的那场科伪之战,正是我们可以借鉴的卓越范例。我想,这也应是作者良苦用心之所在吧。

博览精思 厚积薄发

几十年来,卞毓麟著译了数百万字的科普作品,其内容几乎涵盖了天文学的各个分支。他的作品结构严密,条理清晰;科文交融,联想迭起;行文流畅,引人入胜,有着鲜明的原创风格,不时令人耳目一新。《拥抱群星》再次显示了他的这种创作风格。

那么,他是如何能做到这些的?按照他自己的说法是:

分秒必争,丝毫不苟;博览精思,厚积薄发。

此说已在科普界广为流传,特别是后面那八个字,已被同行们一致认为是写好科普作品的必要条件之一。在阅读《拥抱群星》时,确是处处可以感受到这种厚积薄发之精妙。回首往事,我深感卞毓麟深厚的功底,其实早在他的青年时代就已有相当的积聚了。

奥尔特公式

《拥抱群星》的第五章讲到了荷兰天文学家奥尔特,第八章介绍爱丁堡皇家天文台时又谈及了当年在英国留学的戴文赛先生。在上世纪六十年代,戴先生是南京大学天文系的系主任,也是我们的恩师。当时在天文系还有一个把卞毓麟、戴文赛和奥尔特的名字联系在一起的小故事:

我们在大学二年级的"基础天文学"课程中,已经涉及关于"银河系较差自转"的著名的奥尔特公式。一次小测验中有一道试题要求推导这个公式,卞毓麟没有照搬课本上的方法,而是自己做了简化推导。如今的中国科学院院士苏定强先生,当时是戴文赛教授的助教,也是我们的老师。他在几十年后的今天仍然记得,当时曾想给卞毓麟的这份答卷破例打102分(比满分还多2分),只可惜别处有个小错要扣2分,最后还是只给了100分。戴先生在给四年级的学生讲授专业课"恒星天文学"时,顺便提到:"我们系二年级有个学生对奥尔特公式的推导过程作了一点简化。"这个学生正是卞毓麟。卞毓麟引起了戴文赛老师的关注,而戴先生的踏实学风、扎实功底和对天文科普工作的高度重视，也对卞毓麟日后的天文科普之路有着重要的影响。

离骚　九歌

《拥抱群星》第二章的章首引语，是屈原《九歌·东君》中的一段。据笔者所知，卞毓麟对于楚辞的研习，就奠基于他的学生时代。

在天文系学习时期，卞毓麟阅读了大量的课外书。他看书的数量之多、领域之广、速度之快，当时在班上无有出其右者。大学二三年级时，他开始着力研读屈原的作品，并鼓动我也一起览阅。记得我初读《离骚》《九歌》中那些艰深的文辞时，简直是一头雾水，于是卞毓麟就给我逐句讲析。后来我发现，《离骚》和《九歌》中的一些篇章，他竟然可以全文背诵。

卞毓麟经常去听其他系的多种课外讲座。他特别喜欢中文系吴新雷老师的演讲，内容涉及宋词、元曲、昆曲、戏剧等多个方面，而且还经常拉着我一起去听。多少年之后，那些作品中的一些名言佳句他还都能信手拈来，随口引用。

现在回想起来，本人后来之所以也能撰写一些科普作品，与当年同卞毓麟在一起时的这些经历甚有关联。

寄情宇宙　期待后昆

综上所述，笔者以为，《拥抱群星》的创作特色在许多方面都与《追星》有着共通之处。二者都是科文交融的天文科普作品，都以高屋建瓴之势，在人类文明进程的背景上、在探索宇宙的历程中展现天文科学之大观，将科学与文学、艺术、历史、哲学、神话、宗教等众多的文化要素熔于一炉，奉献给读者。新读《拥抱群星》，回望《追星》，可以认为前者也是后者的延伸和扩展，是后者的一部姐妹之作。

然而，“姐妹”也有不同的特点。它们的读者对象不同，写作的方法、取材也就有所差别。

《追星》的目标读者，是“具备中等文化程度的广义的公众”。作者希望那些原先对科学未必感兴趣的人们，在翻阅《追星》之后，也会一起来关注天文、热爱星空，而并不计较他们究竟记住了多少具体内容。因此《追星》的取材主要是太阳系天文学，而故事的内容更着重于人文。《拥抱群星》的读者，则主要是青少年朋友，作者希望那些充满好奇的求知者们不仅要知悉追星的历程，还能掌握最基本的天文知识。因此书中对太阳系、银河系、以及河外星系和宇宙这三大层次的天体，对天文学的最新进展，都作了言简意赅的介绍。

“中华天文源远流长”是《拥抱群星》的一根主线，一方面展示了辉煌于世的中国古代天文的历史长卷，另一方面又描绘了中国现代天文长足发展的美好前景。其目的显然是期望、鼓励更多的青少年朋友能热爱天文，投身于中国未来的天文事业。在结尾时，作者说道：

昨天和今天的天文学取得了极其辉煌的胜利，明天的天文学家——其中很可能就包括你（本文笔者按：指读者），必将会取得远比今天更加伟大的新成就！

一个民族需要有一些关注天空的人。中国的天文学更需要有一批拥抱群星的青少年，他们将是未来中国天文事业的接班人和开拓者。笔者以为，这也就是《拥抱群星》一书的期望之所在。

本文系作者特为本书撰写。

刘炎，1943年生，中国科学院紫金山天文台研究员。

天文科普的“常青树”

——《星星离我们有多远》

宁晓玉

2017年，卞毓麟先生的《星星离我们有多远》被列入教育部统编初中语文教科书自主阅读推荐书目并再次畅销。《星星离我们有多远》首次成书出版在1980年底，距今已近四十年。四十年来，它多次再版，堪称中国天文科普著作里的“常青树”。一本科普著作能够保持长久生命力，必然有它内在的原因：首先，所普及的主题没有时效性。也就是说，主题对读者具有持久吸引力，是他们一直渴望了解和想知道的事。好的主题与作者对本学科的理解和把握有很大关系。其次，知识背后所蕴含的价值观念，或者说作者的价值取向与时代的发展具有一致性。价值观念是相对稳定和持久的，如果它能够与时代精神的需求取得一致，那么它最终将在时代里得以彰显。这需要作者对时代的发展和科学的历史有某种洞见。

在《星星离我们有多远》“作者的话”中，卞毓麟先生提到了对他科普写作影响最大的两个作家，一个是苏联作家伊林。20世纪50年代，中国曾经出版了不少苏联的科普著作，其中以伊林的影响最大。“伊林的作品，都用历史观点来表现事物的发展。他批评过去的儿童读物没有时间观念。他在《人和山》的开场白里说：‘好像是世界上各种事物一件件都在这里，但是有一样重要东西没有谈到：时间。它是一个睡着的世界，在这个世界里，时间是停止的。'"[*]伊林讲述科学故事的方式以及写作风格被中国的科普作家广为借鉴。另外一个是美国科普巨匠阿西莫夫。阿西莫夫的科普著作于1973年首次进入中国,1976到1978年科学出版社出版《阿西莫夫科学指南》的中译本(分为四个分册,总名《自然科学基础知识》),在中国影响巨大,几乎是人人爱读的科普书。此后,他有一百多部作品被翻译成中文,是"中译本数量最多的外国作家"。[**]卞毓麟研究和翻译阿西莫夫作品多年,对其科普风格了如指掌,他认为"在阿西莫夫的科普作品中,科学性与通俗性、现代性与历史感、内容的广泛性与叙述的逻辑性,都有着完美的统一。"[***]"将人类今天掌握的科学知识融于科学认知和科学实践的历史进程之中,巧妙地做到了'历史的'和'逻辑的'统一。在普及科学知识的同时,钩玄提要地再现人类认识、利用和改造自然的本来面目,有助于读者理解科学思想的发展,领悟科学精神之真谛。"[****]这是卞毓麟总结出的伊林和阿西莫夫科普写作风格的共性之一。卞毓麟少年时期喜欢阅读伊林的文章,中青年之时又迷上了阿西莫夫的著作。那么,他们对卞毓麟科普创作理念和实践究竟影响如何?在《追星——关于天文、历史、艺术与宗教的传奇》(2007年)一书的"尾声"中,卞毓麟表达了他的科普创作理念:"林语堂曾经说过:'最好的建筑是这样的:我们居住其中,却感觉不到自然在哪里终了,艺术在哪里开始。'我想,最好的科普作品和科学人文读物,也应该令人'感觉不到科学在哪里终了,人文在哪里开始'。如何达到这种境界?很值得我们多多尝试。"[*****]简而言之,就是要追求"科学与人文的自然交融",这和伊林与阿西莫夫的科普精神一脉相承。

---

* 卞毓麟著.恬淡悠阅:卞毓麟书事选录[M].北京:科学普及出版社,2015.

** 卞毓麟著.中译本数量最多的外国作家.中华读书报.2009.12.30.第9版.

*** 尹传红著.该死的粒子:理趣阅读司南[M].北京:科学普及出版社,2016.

**** 卞毓麟著.星星离我们有多远[M].北京:人民教育出版社,2017.

***** 卞毓麟著.追星:关于天文、历史、艺术与宗教的传奇[M].武汉:湖北科学技术出版社,2013.

《追星》"全书以天文学发展为主线，在广阔的历史背景中引出古今中外大量与之相关的人文要素，展现了一种相当新颖的创作风格"* 而《星星离我们有多远》也呈现出这样的风格，在某种意义上，它就是一部叙述人类征服宇宙尺度的智力探险史，是天文学家测量天体距离的专题简史。因此，如果说《追星》是追求"科学与人文交融"创作理念的巅峰之作，那么《星星离我们有多远》正是这种追求的起点。两本书在以上科普理念的贯彻上虽有程度的差别，却无本质的不同。

必须回到《星星离我们有多远》产生的那个时代来评价这种创作理念的追求，只有这样才能真正彰显其意义所在。1977年初，知识分子在科学的废墟上等待着"科学春天"的来临，卞毓麟的长文《星星离我们多远》在这年诞生，于《科学实验》上分期连载。这时候，"科学精神"、"科学文化"等对国人来说还比较陌生；中国对科学史的研究价值也仅仅定位于"发扬宣传中国古今科学之成就，以激励爱国精神"之上。天文学史研究受到"专门整理研究祖国的天文学"的局限，将几乎全部力量集中在明清以前的中国天文学史研究上，从事西方天文学史、近现代天文学发展史研究的人还只是凤毛麟角。科学史的人文价值一时间似乎被遗忘了，反而是像卞毓麟那样的从事当代天文学前沿研究而又热心于科普创作的人士，在普及科学知识的同时，也不忘向公众弘扬科学精神、传播科学文化。1998年，卞毓麟离开中国科学院北京天文台加盟上海科技教育出版社，专事科技出版，尤其是策划和编辑出版"哲人石丛书"之类的高端科普。从《星星离我们有多远》的科普创作实践，到从事高端科普品牌的策划和出版，用现代一句时髦的话来说，这就是卞毓麟先生的"不忘初心"。

C. P. 斯诺"两种文化和科学革命"的演讲经常被科学史家提及来为本学

---

* 卞毓麟著. 恬淡悠阅：卞毓麟书事选录[M]. 北京：科学普及出版社，2015：234.

科辩护。斯诺的“两种文化”指人文知识分子的文化和自然科学家的文化，狂热推崇专业化教育导致这两种文化的隔阂，要消除这种隔阂只有一条出路：就是需要重新考虑教育问题。为努力弥合“两种文化”之间的鸿沟，科学史可以充当“桥梁”的作用，科学史的教育价值由此得到强有力的辩护。现在中国的综合性大学有不少专门成立了科学史系，科学史课程也在时下大力倡导的“通识教育”中占据重要作用。这也可算作时代发展的一种必然趋势。这种趋势与卞毓麟先生40年前创作《星星离我们有多远》所追求的“科学与人文交融”理念终于汇合。

德高望重的叶叔华院士对科普工作做过一个形象的比喻，她说：“如果把科学家的工作认为是380伏的电压，而普通大众只能接受220伏，那么科普工作就是要把380伏电压转换成220伏电压，让普通大众都能接受科学知识，理解科学知识，提高科学素养。”* 借用叶院士的比喻，优秀的天文科普作者就是具备高超“变压”技艺的人。普及天文学知识，某种程度上是一种“超高压”作业，要想把它转变成普罗大众能够理解和接受的知识，天文科普作家要为此使尽浑身解数，文字功夫的磨练反倒要退居其次。卞毓麟的“变压”技艺尽展露在《星星离我们有多远》这本书中。

本书的核心问题是“星星离我们有多远?”这是一个古老的问题。在众多科学分支中，天文学起源最早。尽管有人说游牧民族为了确定方向和季节促使了天文学的诞生；也有人说因为占星术的需要促使了天文学的发端；但是可以想象，当原始人最初抬起头来仰望星空时，内心涌现的疑虑一定是“它们是什么，它们离我们有多远?”，而不会是它们有什么用，它们代表着什么。“星星离我们有多远?”还是一个弥漫着浪漫与爱的问题，在很多民族的童谣中，有不少就是以星星为主题的。最著名的就是《一闪一闪小星星》，歌词源自英

---

* 宁晓玉著．经纬乾坤：叶叔华传[M]．北京：中国科技出版社．2018.

国女诗人简·泰勒的诗《星星》,配以莫扎特钢琴奏鸣曲KV. 265的旋律。英文歌词富有童真稚趣,朗朗上口,旋律简单明快,因此成为传唱世界的英国儿歌。我国则流传着《我和星星打电话》的儿歌:"星星星星满天撒,我和星星打电话:小星星,你好啊! 天空中,把眼眨。你离我们有多远? 你那上面有点啥?"歌词发表于1977年。这是我唯一记得的童年时期唱过的儿歌,我曾唱着它哄我的孩子入眠。这些在一代代孩子梦中闪烁的小星星,它是童年美好记忆的化身,也是启迪智慧的明灯。 谁能对这样的问题不感兴趣,谁能不渴望给从小就迷惑自己的问题寻找一个答案呢?"你离我们有多远,你那上面有点啥",简单的童谣,问的却是天文学研究的两个最基本的问题。我国天文界前辈领军人、中国科学院院士王绶琯先生在《评〈星星离我们多远〉》时说道:

> 进入近现代科学的天文学,是从测量天体的距离发端的,同样大的目标放得近就显得大,放得远就显得小;同样亮的目标放得近就显得亮,放得远就显得暗。所以不论是用眼睛还是用望远镜观测天体,如果不知道天体的距离,所看到的只能是它们的表观现象而不是实质。*

王院士的这段话,把天体的距离测量对天文学研究的重要性阐述得再清楚不过。

有了这个从古到今人类都在探索的主题,从童年到成人都可能迷惑读者的问题,《星星离我们有多远》就具备了科普作品最关键的要素——吸引力。在这个问题的引导下,作者又运用了"山穷水复疑无路,柳暗花明又一村"的方式,制造各种悬念紧紧抓住读者,让人欲罢不能。1838年12月贝塞尔利用三角视差法测出了天鹅61星的视差为0.31″,从而知道了这颗星距离我们有11光年之远。这不仅驱除了笼罩在哥白尼"日心说"上的最后一朵阴云,而且也让人类对星星离我们有多远有了最直接的认识。如果从哥白尼的"日心

---

* 王绶琯. 评《星星离我们多远》. 科普创作[J]. 1988,(3):24—25.

说”算起，人类为寻找恒星视差用了将近300年的时间；如果从古希腊阿里斯塔克的“日心说”算起，则是大约2000年的时间。但是从第一次测到恒星视差到20世纪80年代的150年的时间内，天文学家用三角视差法总共求出了7000颗恒星的距离，把它的使用极限推到了约300光年。

在三角视差失去威力的时候，随着恒星光谱分类，赫罗图的创立，确定恒星的绝对星等成为可能，这样天文学家就可以利用恒星视星等、绝对星等和距离之间的关系，向30万光年远的恒星迈进，这就是分光视差法，它“使天文学家的巨尺又往远处延伸了成百上千倍，它是我们通向更遥远天体的第一级阶梯”。当恒星因为距离遥远暗弱，光谱无法获得时，造父变星又来帮忙了。造父变星的光变周期和光度之间的关系，让“天文学家获得了一根测量造父变星距离的相对标杆”，可以求得远达1500万光年的星系距离。造父变星因此被称为“示距天体”和“量天尺”。从分光视差到“造父视差”，天文学家踏上了“通向更遥远恒星的又一级阶梯”。当星系遥远到天文学家无法分辨其中的造父变星，新星和超新星又接过了接力棒，“当银河系里的新星爆发达到最亮的时候，它们的绝对星等彼此相差不多，……平均说来约为-7.3等”。利用超新星，星系的可测距离达到了50亿光年左右。在找不到超新星时，天文学家还可以利用星团和星系的大小、星团和星系的“累积星等”来估算距离，“利用这一方法，可测出数千万秒差距（上亿光年）远的球状星团及其所在星系的距离”。最后，星系红移和哈勃定律的建立，又让天文学家获得一个测距的法宝，“通过拍摄河外星系的光谱，测量出它的光谱线的红移量，即可进而利用哈勃定律求得它的距离了”。这一方法的原理简单明了，利用它，人类得以一窥宇宙的大小和它所处的状态，“目前我们能观测到的整个宇宙（它的尺度超过了100亿光年），正处在一种宏伟的膨胀之中。”*

* 本段中引文均引自：卞毓麟著. 星星离我们有多远[M]. 北京：人民教育出版社，2017.

300光年、30万光年、1500万光年、50亿光年，直到百亿光年开外，这是天文学家对“星星离我们有多远”给出的答案，也是天文学家探索宇宙尺度留下的足迹。35年前，刘金沂先生在评论《星星离我们多远》时说它用“知识筑成了通向遥远距离的阶梯”，* 此言一语中的。本书目的是要把人类征服宇宙尺度的方法和过程普及给大众，作者提炼深奥的天文知识，剪裁丰富的历史素材，让这一“通向遥远距离的阶梯”清晰实在、赏心悦目。在此，作者充分展示了他驾驭语言的能力，随时可以荡开主线，引入相关背景知识，让读者不至于因为知识缺环而难以理解；当单纯理解知识可能会让读者感到枯燥时，作者又插入天文学家的生平介绍、趣闻轶事和发明史话，既让读者在阅读过程中得到“休憩”，又让本书富有情趣和人文气息。总之，本书从古到今，娓娓道来；从地球到宇宙，层层展开；从三角测距到星系红移测距，环环相扣，答案一步步推进、读者一步步被吸引，到最后只有一览而后快了。

世间学问，佛经当属深奥难懂，因此佛陀经常引用大量的比喻和生活中司空见惯的事例来讲经说法，最典型的就是《四十二章经》。为了从不同方面阐明“为道”之内涵，佛陀用“犹木在水，寻流而行”、“如被干草，火来须避”、“譬如一人与万人战”、“如牛负重”等比喻，将抽象的概念经过层层变压，使得没有多少文化的大众也能理解。面对公众普及科学知识就如同佛陀讲经，少不了要运用比喻和类比的方法。《星星离我们有多远》在讲到分光视差法的时候，作者把恒星的光谱型与绝对星等的关系比喻为人的身高与体重之间的关系，再辅助以性别、国籍等信息，这实在是再贴切不过的比喻了。此外，令人印象深刻的是书中带有时代特点的手绘插图，文字叙述不易三言两语讲清楚的地方，看图一望而知。这些插图在帮助读者理解知识上的作用胜过长篇大论。

---

* 刘金沂．知识筑成了通向遥远距离的阶梯．天文爱好者[J]．1983，(1)：20—21．

阅读《星星离我们有多远》,看到那些曾经熟悉的天文学知识,竟然让我回想起大学的学习经历。笔者也算是天文学科班出身,但是天生一副无法亲近科学的头脑。大一学《普通天文学》,老师讲到造父变星、周光关系、质光关系,我人坐在课堂里,感觉却如坠云里雾里,心里暗想:“什么人弄这些劳什子来烦人!”当年若是有幸读一读卞先生的《星星离我们有多远》,也许就能够理解简单的天文概念和方法,也就不至于对现代天文学产生恐惧心理,以致后来改行去做天文学史。我理解的天文学史,属于历史学范畴,按照现在文理分科的标准,已经是跨到文科领域了。这才是我打小就感兴趣的东西。笔者的这段经历,亦可见天文科普的重要性。

还要强调一下卞毓麟先生对待科普的态度——把科普当作学问来做。能够以如此态度对待科普工作的人现在似乎愈来愈少了。尽管中国在宣传和鼓励科普方面花的力气也不算少,但是由于诸多原因,职业科学家从事科普工作还是太少,甚至有人认为,科普工作不过是在职科学家的业余爱好和退休科学家的休闲娱乐。另一方面,对于非科学职业的科普作家来说,往往存在专业知识理解与掌握的困难,如果科普作品有知识上的模糊与错误,即便文字功夫再好,也难成为上乘佳作。卞毓麟先生以专业天文学家的身份投身科普创作和科普出版,如果不是因为对科普事业深切的爱好和对其重要性的深刻认识,是很难做出这种职业选择的。

从古到今,中国无数知识分子把“做学问”看得比什么都重要。王国维在《人间词话》里说道:“古今之成大事业者、大学问者,必经过三种之境界:‘昨夜西风凋碧树。独上高楼,望尽天涯路’,此第一境也。‘衣带渐宽终不悔,为伊消得人憔悴’,此第二境也。‘众里寻他千百度,蓦然回首,那人却在,灯火阑珊处’,此第三境也。”卞毓麟先生从事科普创作近四十年,必然时常要经历此“三种境界”的辛苦与甘甜,只是这一切都被他一贯坚持的“简朴素淡”的科普风格所遮盖了。《星星离我们有多远》全文几乎找不到知识点和文字的错误,能够做到这一点实属不易。卞毓麟先生已经75岁，并且身染重病，可是他还经常会为了某个知识点，在微信群中向朋友们虚心请教，认真讨论，这还是对他“把科普当作学问来做”信念的践行。

《星星离我们有多远》适合中学生阅读，它文字简练，语言规范，普及的天文知识经过逐级“变压”，对现在的中学生来说理解起来已不很困难。本书也适合大学生阅读，如上所说，“星星离我们有多远”是许多人从童年就想知道答案的问题，本书不仅提供了答案，而且在获取答案的过程中，大学生的视野和心胸也会得到拓展。现在，中国大学推行“通识教育”，倡导科学和人文精神的结合，这与以前相较，无疑是教育理念的巨大进步。如果把这种教育理念的阵线再往前移，从我们的中、小学生就开始，那么阅读《星星离我们有多远》就是再合适不过的了。

本文原发表于《科学文化评论》2018年10月刊，有修改。

宁晓玉，1972年生，中国科学院大学人文学院副教授。

分享科学之美
——浅议卞毓麟的科普神韵

李　璐

如果从更早的故事开始讲起，在太阳光长久的刺激下，约5亿年前，地球上的生物第一次进化出眼睛，那时三叶虫使用单晶的、透明的方解石来组成其每只眼睛的透镜。虽然它们的眼睛无法像后来生物进化出来的晶状体一样调焦，但是那可是这个星球上的生物第一次看到星光。如果把人类从第一次抬头长久地凝视着星空作为文明史的开端，到现在也才过去几千年。在这几千年中，我们为什么“追星”呢？因为星空是如此的深邃而美丽。卞老师对星空之美是有很深理解的，在《追星——关于天文、历史、艺术与宗教的传奇》一书中，卞老师说这是在沟通科学文化和人文文化方面做的一点新尝试。在我看来，《追星》一书是卞老师带我们以不同时期人类的视角来重新发现星空的美丽。不管是科学的，历史的还是宗教的，星空都是美丽的。

《追星》一书通过几个故事展现出这样一幅画卷，每个时期的人类都在从各个方面尝试着去认识真理，去发现美——科学的、艺术的、宗教的。各个故事相对独立，又以人类对星空认识的发展为主线串在一起。卞老师的故事脚本构思非常巧妙，读《追星》一书会有很强的画面感，让我想起了一部电影《云图》，这部电影讲述了六个相对独立的故事，这些故事发生在人类浩瀚历史的不同空间和时间，却呼应了同一个主题——人类对自由的不懈追求。卞老师的《追星》一书题材完全原创，主题鲜明，各个故事又非常有趣，拍成纪录片再合适不过了。

除了卞老师的科普作品，他的《恬淡悠阅——卞毓麟书事选录》一书读起来真是特别开心。我初中的时候读完了阿西莫夫的《基地》三部曲，便成了阿西莫夫的粉丝，更成为了一个科幻迷。书架上整整齐齐摆放着的一套《基地》，是2005年出的版本(叶李华译，天地出版社)。所以读到卞老师写的《望断"基地"三十年》非常激动，我想虽然在彼时彼地，但是和卞老师撰写这篇文章时候的激动心情应该是颇有共鸣的。还有卞老师作为主要策划人之一的"哲人石丛书"，也是在我成长道路上留下过很深印迹的，像《确定性的终结》和《暗淡蓝点》都是我最早接触到的科普作品，卞老师间接地影响着我的人生。读完卞老师的《恬淡悠阅》，又找来书中提到的《推销银河系的人——博克传》和《孤独的科学之路——钱德拉塞卡传》来读，受益匪浅。

通读了卞老师的几本著作之后，我被卞老师对天文，对科学的热爱深深感动了。只有真正的热爱才能写出如此优美而有趣的作品。他让我认识到，科普不是把自己的观点强加给别人、枯燥地说教，也不是炫耀自己的知识，科普应该是把自己对科学之美的理解，对科学的热爱分享给别人。告诉他们科学是美的，科学是好玩的、有趣的。卞老师就是这样一位和大众分享科学之美的天文学家、科普大家。难得的是，像《追星》一书所展现出来的那样，卞老师对美的追求与探讨并不只限于天文学，甚至不限于科学，科学和人文艺术其实是殊途同归的，都是对美的追求。

《追星》一书，单说书名中的"追"字就取得格外妙。"追星一族"通常是指各路明星的崇拜者，那把"追星"二字真正用在追求科学上，更是能体现出对科学的热爱之情。另外，"追"字还代表着一种坚持、执着、不畏困难追求真理的精神。卞老师用一个"追"字精辟地总结了人类在科学上的探索历程：曲折但坚定！

卞老师知识渊博，特别能发掘一些巧妙的联系，读起来妙趣横生，让人印象深刻。如天王星的发现者赫歇尔活了84岁,恰好等于天王星的公转周期。另外,看上去只是宕开一笔提到了米开朗琪罗的雕塑作品《夜》,反映了当时欧洲教会强大而专横的统治。卞老师在书中这样写道,"'夜'在欧洲持续了很久,然而它终究掩不住真理的曙光。"米开朗琪罗在结束了他漫长痛苦一生之后的三天,伽利略来到了这个世界上,带来了科学的曙光。这两者都是真善美的追求者,在各自追求美的曲折道路上不畏强权,不畏"夜"的阴影,坚定前行。

卞老师在《追星》一书中以独特的内容编排方式,紧扣主题,刻画了很多天文史上的重要人物,如哈雷、第谷、开普勒、牛顿、赫歇尔等,还有中国的郭守敬、张钰哲、李珩,既介绍了其科学成就,又详尽地描绘了他们的社会生活背景。不仅如此,《追星》更是交相辉映地介绍了许多文学、艺术方面的巨人,像米开朗琪罗、培根、济慈、莎士比亚、汤显祖等。读者不难发现,卞老师用心良苦地将这些科学巨人、文艺巨人联系在一起,更是为了激励我们在前辈先贤照亮的道路上不畏艰难,继续勇敢前进。

卞老师在讲述这些科学发现、探索历程的故事时,让人深刻品味到科学的精神,人类理性思维与客观世界规律的和谐统一。现代浮躁的社会风气更需要求真务实的科学精神,卞老师通过他笔下的一个个故事,来引导读者思考,感受科学光辉中的真与美,潜移默化地传播着科学精神。我觉得这才是科普真正应该做的。

"中国科普佳作精选"《梦天集》中的一篇小品《〈水调歌头·明月几时有〉科学注——甲戌中秋偶成》,也是卞老师将科学人文结合得特别好的范例。卞老师别开生面地给苏轼脍炙人口的名篇《水调歌头·明月几时有》作科学注释,将"起舞弄清影,何似在人间"这样解释道:"月球表面重力约为地球表面重力的1/6,故宇航员们在月球上行动显得非常飘然优雅。若在月球上举行运动会,则无论是跳高跳远还是铁饼铅球,都会远远突破地球上的记录。在月球上翩翩起舞，自然也不似在人间了。”看过宇航员在月球表面行动视频的读者，看到“飘然优雅”四个字一定心领神会，宇航员的行动确实是飘然优雅得像是在翩翩起舞。而且在广袤的月球上，卞老师将其与“起舞弄清影”这个孤独的文学意象结合起来，更是让人拍案叫绝。这样几个优美的文学意象和月球的表面重力结合起来，还紧扣了苏轼这首词月亮的主题。这作诠释的文字本身何尝不是一种优雅呢？

《〈水调歌头·明月几时有〉科学注》这篇科普小品中的其他注释也相当精彩，以“明月”解释了月光其实是月球表面对太阳光的反射；“几时有”、“阴晴圆缺”说明了月相的成因；“青天”引出地球大气对太阳光中同颜色的成分散射效果各异，所以天看起来是蓝色的等等。这篇文章充满奇思妙想，精彩的点子像观看一场焰火大会一样，一个个绚烂地炸开，真是一篇不可多得的科普佳作！

卞老师就这样把美和真、科学与人文巧妙结合，使其交相辉映，给读者以无限的启迪。更难能可贵的是，卞老师有这样优雅而有趣的文笔，来把科学之美分享给大众，对象却不局限于青少年，甚至也包括了成年人。美的科普作品能让大众更加亲近科学，建立这种亲近感对于科普来说至关重要。科学的美不是高高在上的，但绝不是很容易就能感受到的，卞老师用严谨但优美的语言，削弱了大众对科学的疏离感，拉近了公众和科学的距离。

很特殊的一些经历，让我注定和科普有着不解之缘。和卞老师小时候的理想一样，我也想成为一名天文学家。小时候，我给圣诞老人写过一封信，希望能和一个天文学家做朋友。后来，我真的收到了一位格林尼治天文台的天文学家寄来的礼物。这段奇遇在我的心里种下了一颗种子。被一件小小的圣诞礼物点燃起天文梦想的我，希望像那位天文学家一样，把这个梦想传递给更多的孩子。现在，卞老师更是点燃了我心里科普的理想与使命感。

作为年轻的天文人，我们要像卞老师一样心怀科普的责任感与使命感，在做科学传播的时候应该发挥出自己的优势。随着技术的发展,科普的媒介远非仅限于书本、电视等,互动的方式也不只有讲座这一种形式。近年来涌现出非常多优秀的天文科普微博、微信公众号等,充分利用了新媒体的优势,让大众在零碎时间也能接受到科学的熏陶。另外,像知乎、分答等在线答疑的平台也是能很好地和大众互动的形式。和传统科普讲座很不一样的是,在这些问答平台上,专业人士能针对性地解答大众在科学上的疑问。

在已有的这些新兴科普方式以外,是否还会有更加活泼的、更亲近年轻人的科普形式呢? 我想是有的。直播平台的兴起与繁荣其实也给科普带来了新的渠道,和普通的科普讲座一样,在线直播也是同时面对很多观众,观众也能实时地和直播人互动,但是其优势在于不受限于场地,而且在形式上更能使年轻人,尤其是喜爱直播的青少年觉得亲近。

除了实时和观众互动,还有一种互动也深受大众喜欢,那就是把一些科学知识开发成游戏或者应用。不像讲座等被动接受知识的过程,大众玩游戏或者使用应用软件时,其实是一个主动探索的互动过程。如果我们能发挥自己的技术长处,把科学知识变成一个个活泼、有趣的游戏,一定会吸引更多人来与科学亲密接触。

天文科普任重道远,更需要我们新一代天文人来继承。卞老师树立了一个榜样,虽然科普有了更多的形式和平台,但更重要的还是科普精神,卞老师所探索并传达的科学之美永不过时。我希望将来能像卞老师一样,能把科学的美分享给更多的人,让他们更亲近科学,享受科学带来的快乐。

本文系作者特为本书撰写。

李璐,中国科学院上海天文台天体物理学专业博士研究生。

在漆黑的天幕上，群星璀璨

杨虚杰

每个人都有童年第一次看星星的记忆，夏夜繁星满天的苍穹，留下无限的想象与惊喜，每个人的成长过程中又都有仰望星空的渴望，苦苦求索和追随那无穷的真理。是否由于人类的童年对于日月星辰周而复始的变化所引起的惊诧、困惑甚至恐惧以及由此而产生的想象和探索，因而导致了天文学的诞生和世界各地的宗教、神话、文学艺术的萌芽？

著名科普作家卞毓麟的《追星——关于天文、历史、艺术与宗教的传奇》，是一本原创科普优秀作品。该书以大量事实回顾人类探索宇宙的历史，即人类如何"追那天上的星"而演绎的天文学发展史。而且本书并非特意为科学爱好者而写，亦非通常理解的青少年读物，它是为具备中等文化程度的一般社会公众写的，即使他原本未必对科学感兴趣。

《追星》不仅书名别具新意，写法也不同于一般的天文学通俗著作，它不仅罗列天文知识，局限在讲述星星本身，而是谈人类"追星"的历程。将几千年来人类对宇宙的不断探索和思考，与当时的历史背景包括社会、艺术、科学、宗教贯穿始终，融天文与人文于一体，突现了天文学发展的曲折历程，又将许多天文知识渗透其中，使读者在愉悦的阅读过程中获得天文学的知识，这是极具创意的。例如该书的第一篇就是从神秘的彗星出现在夜空引发的许许多多的故事说起，作者旁征博引，将历代天文学家对彗星的观测、对其运行规律的测算、对彗星物质构成的分析,以及近年来发射彗星探测器对彗星的深度撞击,进行了全方位多角度的剖析,层层剥笋,娓娓道来,令人对彗星产生无穷的兴趣。这种写法足以显示作者治学的功力,作者不仅通晓天文学,而且在世界史、艺术史、宗教史、文学史领域都有很高的造诣,方能纵横捭阖,令人回味无穷。

值得一说的是,这样一部科学与人文联姻的作品,是作者在30多年科普创作基础上成功的探索和尝试,在国内原创科普著作中显得尤为珍贵。作者自己曾说,本书从大的分类上可以看作科普著作,但他更愿意把他放在"科学文化图书"类别中,因为这本书除了科学知识,谈的更多的是文化,这本书跟他以前创作的科普书有一个很大的不同——以前在创作天文学科普书时头脑中总是有一个假定,假定读者想要了解天文学知识,而科普书能让读者读了后更容易获得这方面的知识。但对《追星》,作者并没有这种假定,他更希望读者在闲暇时翻看,或许出于对文化的兴趣,或许是历史,还有可能是宗教的吸引。

本文系《追星》于2008年荣获第四届文津图书奖的评委推荐语。

杨虚杰,1964年生,中国科学技术出版社(科普出版社)副总编、社长助理,曾任《中国科学报·读书周刊》主编。

为了唤醒人们的宇宙情结

田廷彦

最近，读到著名科普作家卞毓麟老师的作品《追星——关于天文、历史、艺术与宗教的传奇》，一种轻快自如、美好纯净的感觉油然而生，仿佛又回到了20世纪80年代。

那时我十来岁，最喜欢读的书莫过于科普书。回想起来，那个时代真是好遥远，学习压力没有现在的学生那么大，有的是空闲时间。生活如初升的朝阳，依稀而朦胧，特别美好。还记得众多科普作者中，数学有谈祥柏，生物有华惠伦，天文有"二卞"（卞毓麟和卞德培），再加一个老外——阿西莫夫。他们的生花妙笔，常常把我带进一个个奇妙的世界。有时看了书还不过瘾，还要在同学或邻家小伙伴面前吹上一番。常常是放学后先在弄堂里踢会儿球，然后坐在台阶上，谈天说地，不亦乐乎。等到夜幕降临，一扇扇窗打开，家长们探出脑袋说："吃晚饭了！"伙伴们才一个个悻悻地回去，约好明天再来。

随着年级的升高，课业压力开始增大。到了小学高年级乃至初中，不少同学急于模仿"成人"，开始迷起武侠或琼瑶来，书包里总放上一本翻旧的《神雕侠侣》或《一帘幽梦》，什么情啊爱啊恨啊仇啊，津津乐道。我却依然固我，书包里装的是《黑洞、类星体和宇宙》，成为老师家长眼中的学霸"好学生"。如今回想起来，当初的我不能进入文学领域，是因为理解自然使我感到清澈澄明，理解人却让我困惑不安。当然，读通俗文学（以及看电影）能否让一个人更善于生活？这或许是个伪命题，否则何以解释70%的德国人都读书，而且是品味较高的文史哲著作呢！总之，我觉得读书对做人的意义非常复杂，与身处历史大环境关系极为密切，绝非片言只语就能说清楚。

30年后回想起来，那真是一个令人怀念的时代，高士其、叶永烈以科普而闻名，而谈祥柏、卞毓麟等老师在科普创作上都达到了相当高的水准，如今的后起之秀尚不能与之相比。最近这些年来，笔者一直在思考，为什么公众大多对科学敬而远之，且有愈演愈烈之势。在我看来，其中一个十分重要的原因是，科学给公众的印象相对比较枯燥。不过，天文学有点例外，因为其历史悠久，包含很多神话故事。在中世纪以前，希腊人与罗马人敢于对天空大胆地展开想象，诸神的所作所为倒是很符合人性。这就使得天文学的早期发展充满魅力。卞毓麟老师的这本《追星》能够一问世就引起颇多关注，除了卞老师个人的知名度之外，想必也与这本书不但以天文学为基，更糅杂了诸多神话故事、文学作品等有关吧。

既然有神话传说，自然难免与玄学、迷信牵扯不清。不过，所有严肃的题材都能对科学与伪科学作出明显的区分。《追星》就是如此，读者会被其中大量的历史与神话故事吸引，却不会真的去相信神话。书中虽有大量历史故事，但都只是作为点缀而稍稍展开，不会为了达到"戏说"的目的而离题万里。因此，在阅读时，读者既会随着作者的生花妙笔而不时神游，却总会在合适的时候回到天文学的真实世界里。卞老师对内容的驾驭能力，让人叹为观止。

如何把大量已有的素材与一些新的题材组合起来？这是很多作者都在考虑的问题。易中天就是个成功的例子。我觉得，除了独创性极强的专著或工具书、教材之外，作品的结构编排必须摆到最突出的位置上。这就要求作者要像高明的厨师或导演一样，原料可以由农民或编剧提供，但要烧出好菜或拍出好的电影，则必须亲自进行再创作。写书亦然。要做到这一点，作者的功夫却在书外，也就是说要知道比书本中多得多的东西。现在很多所谓的

"科普书",其实不过是东抄西抄,不仅陈旧不堪,而且还常常出错,让人不忍卒读。但是,只要在书店里看到卞老师或谈老师的新作,想也不用想就知道里头一定有新的东西和趣味。打开《追星》这本书后,我的感觉正是如此。正如许多电影一开始是从某个特定的视角或场景来吸引观众的,《追星》一开始出场的,不是"行星""恒星""星系"之类的硬科学内容,而是看似与天文学风马牛不相及的恺撒与埃及女王克娄巴特拉,一下子就把我吸引住了。

什么叫严肃,难道非要语言一本正经才算严肃?非也。《追星》拒绝平铺直叙,结构上形散而神不散,集中体现了作者自如、生动的文采,但又是处在严肃的科学话题之中,加上书中大量精美的插图,读这本书,就非常像看一部精彩的科学纪录片了。

除了在科学上的严谨,卞老师的语言风格,更是让读者对人类"追星"的艰难历程有了感同身受的体会。天文学本身是有魅力的,但天文学家的工作决不是一首浪漫的诗,而是漫长的观察和繁复的计算。没有这些工作,怎么会有那么多重大发现?卞老师在书中提到的他与"池谷-张彗星"的发现者张大庆的交往便是一例。卞老师对笔者说,如果他不宣传,很多事恐怕就没人知道了。从这一点来说,天文学家有点像运动员,只把最好最美的结果呈现在世人面前。但是两者还是有不同之处,运动员往往为了奖牌而努力,总体来说比天文学家要功利些。当然天文学家也是凡人,也可能为一己私利而干出些不光彩的事来。过去对科学家的态度基本是一味赞颂,似乎科学家都是一群不食人间烟火的圣人。如今,部分科学家的不端行为开始在著作中体现,《追星》也是如此(比如书中提到的第谷、培根)。关键在于,读了这些书之后,你不会感到科学家的形象崩坏了,非但没有改变主旋律,而且在内涵上变得更加丰富。

据说,世界上真正崇尚科学的人大约在千分之一左右。按我国的人口基数,这千分之一也该有100多万吧。在我看来,科普的重要性,不仅仅是为了那千分之一。人的基本判断有两类:事实判断和价值判断。纯粹的事实判断,主要就是科学;极端的价值判断,主要包括盲目服从权威、迷信和谈恋爱之类,其他大部分事物位于两者之间,也就是经济学和博弈论中通常说的“有限理性”。但在中国的传统中,事实判断与价值判断极不成比例。事实判断只有君臣父子、党同伐异,即所谓“血缘与泛血缘”“名正言顺”;其他全都是价值判断或完全从价值判断出发,任你指鹿为马、画饼充饥,即朝着以无视或扭曲大量基本事实作为代价实现目标倾斜。传统文化中没有对基本事实起码的尊重,如何讲真话、讲真理?这就是过去中国没能发展科学的根本原因。我觉得,好的科普不是要让更多的人去从事科学、热爱科学,而是要培养人们敢于怀疑、艰苦探索、尊重事实的精神——当然不必以干巴巴的方式。

现如今,多数人的观念是:文学就是价值判断,科学就是事实判断。其实,文学固然基本是在做价值判断,但科学除了事实判断,还有价值判断。单纯的事实判断是没有太多意义的,科学终究是人类的认知,必须把事实与价值的判断结合起来(不过,我认为目前多数国人认识不到这一点是情有可原的,因为科学在中国本没有根,它的丰富人文内涵不是那么容易被认识到的)。因此,不能把文学、生活与科学割裂甚至对立起来,说到底,无论文学还是科学,都是人类文明的一部分,文学描述的是人性,集中于爱恨情仇,而科学集中于好奇心,但好奇心无疑也是人性的一部分。现代科学起源于具有深厚人文基础的古希腊,这也许并非偶然。

《追星》的书名起得非常好。古时候生产力比较低下,也没有那么多好玩的东西,所以古人对头顶上的天空充满了好奇与敬畏,尤其是闪闪星辰组成的夜空,既神秘又深邃,激发了人们无穷无尽的想象;而且即使人们知道恒星的年龄也有限,但与人的寿数相比又不知要长多少倍,所以说星空具有某种永恒性,这与生活的瞬息万变、祸福相依形成鲜明对比,也许哲学与科学就是在这样的景象下产生、发展起来的。

今天,大多数人对星空的兴趣已十分淡漠,但不少人在内心深处仍有这么个挥之不去的"宇宙情结",否则霍金的《时间简史》就不会比麦当娜的书更畅销;萨根就不可能凭借他的三寸不烂之舌,鼓动纳税人掏出真金白银支持天文事业;卞老师也不会在职称奖金之类的问题早就解决之后依然笔耕不辍(很难想象一位人口学家或税法专家在退休后还有兴趣干老本行)。在我也是如此,虽然已非当年的纯真少年,但依然没有失掉喜爱天文的初心,在我搜集的2000多部科普书中,宇宙天文图书永远是我最钟爱的门类。

康德说过:"世界上有两件东西能震撼人们的心灵:一件是我们心中崇高的道德标准,另一件是我们头顶上灿烂的星空。"这明显地体现出东方传统观念与西方的不同。孟子的观念是典型的儒家思想,为的是修身齐家治国平天下;金庸小说的侠客精神则起源于墨子。但我们为什么没有对星空多表现出一点好奇和敬畏呢……这其实是一个无比深刻的问题。数千年来,科学技术不断地改变着人自身,而儒家的君子精神和墨子的侠客精神却难说究竟起到了怎样的实质性作用,不过总算留下一些经典名句时不时挂在人们口中,多少有点潜移默化的作用吧。

中国人历来讲"名分"。尽管笔者对粉丝们的狂热不以为然,却也感叹追星是极少数不需要任何名分和门槛的"自由选择",无论追的是歌星影星,还是天上的星星,这大概是两者唯一的相同之处吧。笔者相信,一个人的书架上要是有类似《追星》这样的书,可能比文凭更能体现他对科学知识的尊重和向往。我热切企盼这样的佳作多多问世。

让我们都来追一追天上的星。

本文初撰于2007年,收入本书时有修订。

田廷彦,毕业于上海交通大学,现为上海科学技术出版社科学部编辑,曾出版多部奥数和科普著作。

影响篇

难得的坚守

陈芳烈

20世纪80年代曾听一位朋友说起，有一位科普作家因家居极窄，盛夏时常在路灯下写作，很是感动。恐怕，这便是卞毓麟留给我的最早印象了。可以说，对于他，我是未曾谋面而先入心的。

与毓麟先生认识后，见面的机会并不多。但每次相遇，都有很多共同话题。说的无非是科普创作和出版，三句不离本行。特别是后来有几次编书的合作，使我渐渐增加了对他的了解。在科普写作上，他特别重视科普作品的科学性，涉此常常是斟字酌句，从不轻易下笔。我与他都曾参与《科学的丰碑——20世纪重大科技成就纵览》(陈建礼主编，山东科学技术出版社，1998年12月)一书的编写。他坚持史料查证，不放过任何一个疑点的认真态度令我印象深刻。心想，这种求真务实的严谨作风，可能是他在长期的科研工作中修炼而成的，难能可贵。

毓麟先生优秀的品质，还表现在他对科学文化始终不渝的坚守上。他在中国科学院北京天文台兢兢业业致力于天文科研30余年，并将个人的爱好与向社会传承科学文化的使命结合在一起，取得了骄人的业绩。1998年春，他不仅实现了向科技出版领域的华丽转身，先后策划了“哲人石丛书”、“嫦娥书系”等一批科学文化巨著，而且在科普创作上也越发炉火纯青，推出了《追星》等一系列具有重要社会影响的作品。

毓麟先生是率先倡导“科学与人文交融”科普创作理念的作家之一。他始终坚持以高尚的情趣、通俗的语言诠释科学的道理，使人们在“悦读”中步入科学的桃源而乐不思返。2010年荣获国家科技进步奖二等奖的《追星——关于天文、历史、艺术与宗教的传奇》，便是一部全面展示他上述创作理念的力作。在这部作品里，他熔天文科技、历史和宗教传奇于一炉，巧妙地把许多有价值的科学与人文知识围绕“追星”这样一条主线串接起来，达到珠联璧合、交相辉映的效果。严密的逻辑、诗化的语言，更显露出了他深厚的文字功底。

其实，《追星》一书的出版，其影响力早已超过其文字所涉及的内容。它已引起人们对世俗“追星”概念的重新思考。《追星》在引导人们，特别是青少年仰望星空，把目光投向那浩瀚无比的苍穹，去探索隐藏在那里的无穷奥秘。虽然，与五光十色的舞台相比，科学的求索之路显得有些落寞，但它却在不断改变人类社会的历史征程中成就自己的辉煌。《追星》告诉我们，科学的星空无比壮美，它是值得我们用一生去追寻，去为之献身的人生舞台。

我想，一部科普作品，在给人以知识的同时，如果还能引起人们的诸多联想和思考，激发起对探索未知世界的兴趣，这应该是我们科普创作所追求的目标。在这方面，卞毓麟为我们做了一个很好的示范。

而今，毓麟先生头上已经有诸多光环，并已成为很多人追逐的科学之星。但在我们的眼里，他依然还是那个始终面带微笑，不事张扬的学者、作者。他不为各种诱惑所吸引，继续在做他自己喜欢做的事，日复一日地在他熟悉的土地上默默耕耘。我想，在喧闹中心如止水，这也是身为学者型科普作家的卞毓麟的不同凡响之处。

据闻，首都师范大学出版社即将推出记录卞毓麟编辑生涯的著作《编辑路上的风景》。它收录在由吴道弘先生为编委会主任、诸多出版家历时十年共同创作的“书林守望丛书”之中。在那本书里，我们将会从另一个侧面看到作为出版家的卞毓麟对科学文化传承的坚守。作为他出版业的同行,我正翘首以待。

本文系作者特为本书撰写。《编辑路上的风景》已于2017年10月由首都师范大学出版社正式出版。

陈芳烈,1938年生,科普作家,曾任中国科普作家协会副理事长、人民邮电出版社总编辑等。

点燃科学的红蜡烛

陈积芳

今天来参加这个研讨会，向卞毓麟老师40年的科普创作、编辑等多方面取得的成就表示诚挚的崇高敬意。我在上海市科协工作十多年，也在科普作家协会工作，有幸跟卞毓麟老师面对面讨论问题，讨论科普创作，因此想在这里表达自己的一些感受。

各位专家已经阐述了卞毓麟的科普创作和他各方面的成就。我在想，卞老师坚持科普创作40年是怎样的一种精神。我记得卞老师曾经告诉我们，阿西莫夫说过要为科学在打字机上一直敲下去，直到我的头埋到键盘上。可能因为卞老师跟阿西莫夫有过当面交流，才能把这种精神深度表达出来。我今天要来表达的是，卞老师就像卡尔·萨根讲的，把人生当作一支红色的蜡烛点燃起来，把科学的光明撒向公众。我真的是这样理解：科普就是美丽的。为此，卞毓麟老师同我们一起做了许多事情，比如就在这个讲堂里做解读诺贝尔奖的普及工作，已经好多年了，他每次都是一位全力以赴设立题目、联系专家的领军者。

卞老师工作非常辛劳，在我看来，他真的是在用生命耕耘科普的田地。我们经常讲文字要细致、科学要准确，但是我理解，卞老师首先是追求着科普的美、科学的美、科文结合的美。为了追求这种美，他锲而不舍，一往无前。他的榜样就是：科普是美丽的，我们对科学的追求是美丽的，我们能够做好科普创作也是美丽的。

大家都希望卞老师写出更多的好作品,我倒是这样想,他的榜样应该引导更多的后来者,点燃科学的红蜡烛,照亮四方。我本人是学中文的,客观地讲,我也是被科普者,我想读所有我感兴趣的科学进展。卞老师的书,就是范本,我们能读懂,能吸收,能提高。

我们怎么繁荣科普创作呢?要奋斗,要努力,也许我们遇到的挑战会比卞老师40年来遇到的更多。最近上海科技党委书记给我们上了一堂很好的科普课,讲的是我们的航天实验室,研究材料在航天实验室里面是一个什么状态。比如说失重,金属会被均匀熔化,还有动物、植物,给我造成了极大的冲击。比如他举例子,在失重的条件下,一树小树会怎么生长,树根会长到树上去吗,我觉得太有趣了。乌龟在失重的条件下,会长得大一点还是小一点,我们的"天宫号"都在试验。我觉得这都是对科普的新思考,既是挑战,又是进一步创新创作的巨大空间。

总之,今天的研讨会以卞老师为榜样,我们的年轻科普编辑、我们的科普创作还会有很多新的题目,很多新的机遇。我相信学习卞老师的精神,必将会使得我们的科普创作更加繁荣。谢谢!

本文系作者在研讨会上的发言,有修改。

陈积芳,1947年生,教授级高级工程师,曾任上海市科协副主席,上海市科普作协常务副理事长,现任上海市老科协会长。

一颗闪耀的科普之星

刘 兵

我觉得卞毓麟老师在国内科普界是一个非常奇特的人物，非常特殊。从他的经历来说也是这样。他先是在科研机构做科普，然后为了更顺畅地从事科普工作，也为了对科普有更大的、更直接的贡献，甚至离开科研机构，转到了出版社。1998年，到了出版社以后，立足于上海科技教育出版社这个平台，卞老师在全国整个科普出版界，都可以说是真正作出了独一无二的特殊贡献。但是，他又不像一般的科普编辑，只限于做单一的科普编辑工作。他自己也一直坚持科普原创工作，有大量原创科普作品问世。

卞老师之所以能取得这些成果，一是因为他有良好的科学背景，这个在科普创作中是必需的；二是因为他掌握了非常适合于普通读者阅读的写作技巧。另外，自从做了编辑以后，我觉得卞老师又在科普作品中更好地把握了市场和受众心理，所以他的作品也获得过很多奖项，我在一些评选活动中也看到了卞老师的书。当然了，一本书得不得奖，其实只是问题的一个方面，很多没得奖的书也很重要。我觉得，一般来说，一部优秀的作品，重要的还是凭借自身的特色、质量、水平、可读性和阅读价值，流传下去。

卞老师的科普创作，特别是他擅长的天文领域的科普创作，一定会成为中国当代科普创作的一种经典，就像他的一本书的书名所说的——《追星》。其实，这个书名完全可以从多重意义上去解释。我想，卞老师实际上就是一颗当代科普界的很闪耀的星。当然,他又钻研天上的星。未来,随着他的著作的流传,卞毓麟老师的这种影响力会不断扩大,越来越多的读者也会把卞老师作为一颗科普之星来继续追下去。

坦率地说,我们现在原创性的科普创作问题还是很多的。一方面,我们一直在大力鼓励原创性的科普创作,包括政策的倾斜、各方面的支持,等等;但是,另一方面,从市场表现来说,以及从一般读者的阅读感受和可接受性来说,我们的原创科普跟国际上优秀的科普作品还是有很大的差距。我觉得这里头有很多因素,其实也很难一概而论。我在这里突出地提两点我认为影响比较大的因素。一个是观念的传统,就是过于注重传统的知识传授方式。其实在今天这个时代,从科普发展来说,仅仅讲授一些知识,哪怕是最前沿的知识,也远远不能够达到科普应该实现的使命的要求。另外还有一点,就是官方化的引导趋势。其实,我们的科普创作活动也是政府力推的,政府的参与给科普创作增加了经济上的支持和各方组织上的支持。但是与此同时,也不可避免地让它产生了形式化,过于正统,缺乏生动性、趣味性等这样一些缺陷。不过,我觉得从卞老师本人的科普创作来说,恰恰就是在这两方面都有所突破。

本文系作者为研讨会所录制视频的文字内容。

刘兵,1958年生,清华大学社会科学学院科学技术与社会研究所教授,博士生导师。

卞氏品质与四十年风雨科普路

王世平

卞毓麟先生是我踏入科普出版领域的引路人和授业恩师。从1999年走出校门加入上海科技教育出版社这个大家庭至今,18个年头过去了,在这不算短的时间里,卞老师从当年我们的版权部主任变成了今日科教社的顾问,而我能一直陪伴左右,聆听教诲,实属有幸。

卞老师对中国科普事业的贡献有目共睹。其星光熠熠的成就在此不多谈,仅想谈谈数年来作为卞老师身边的一颗小"卫星",我感触颇深的一些"卞氏品质"。正是在这些卞氏品质的支撑下,卞老师走过了四十年的风雨科普路。

卞氏品质其一是远超常人的勤奋与投入。1965年卞老师从南京大学天文学系毕业,到中科院北京天文台(今国家天文台)工作。1976年,他的第一篇科普文章发表于《科学实验》杂志。在40年中写上几十篇科普文章也许不是难事,但坚持不懈地利用业余时间创作700多篇,这是多么巨大的工作量!20世纪70年代,国人的生活条件大多艰苦,卞老师也不例外。当时他母亲全身瘫痪,父亲年老体弱,双亲从上海迁居北京与他一起生活,他就向单位借了一间原作仓库的木板房栖身。由于家里居住面积实在有限,夜深人静后,卞老师就会搬一张方凳当桌子,拿上一张小板凳,在中关村马路的路灯下坚持写作和翻译。不少优秀的科普作品,包括阿西莫夫的科普译作,就是在这样艰苦的条件下诞生的。但卞老师回忆起这段往事，总是说那时工作效率高，他觉得很充实。那时的出版社和编辑真是幸运啊，能拥有卞老师这样的作者！今天我们为引进版科学人文作品寻找合适的译者却是极其困难的事，主要原因有二：首先，科学人文作品的翻译对译者要求非常高，不仅要中英文俱佳，而且要有深厚的科学专业背景；其次，大家都知道中国的科研人员压力巨大，一天十几个小时泡在实验室是寻常之事，一般人哪里还肯将珍贵的业余时间用于难度高、报酬低的科普翻译工作！像卞老师这般，将所有的业余时间都投入科普创作，而且一做就是40年，普通人实在难以想象！以我本人为例，除了编辑工作，对生命科学的普及工作也十分感兴趣，但时至今日，除了一些零零星星的文章和翻译，实在没做什么系统的创作，且屡屡拿工作忙、加班多为借口为自己开脱。与卞老师的这种勤奋相比，自己实在是感到羞愧。

1998年到科教社工作后，卞老师成了科普作家兼科普编辑家，他不仅要写，还要编，更要培养编辑团队，重任在肩，工作量与在天文台相比，有增无减。他的生活常态便是与我们一起加班到夜幕低垂，然后再背着装满稿件的大书包步行回家，这些稿子将陪伴他到深夜。即便在如此繁重的工作之下，卞老师还是创作出了《追星——关于天文、历史、艺术与宗教的传奇》这部荣获国家科技进步奖二等奖的优秀科普作品。

卞老师的这种勤奋，除了天赋异禀，还深受科普巨匠兼科幻大师阿西莫夫的影响。卞老师经常与我们谈起阿西莫夫的创作。阿西莫夫勤于写作50多年，著作等身，出版了近500种著作，粗略计算，大约一月一本书。阿西莫夫曾回答法国《解放》杂志的提问说："我写作的原因，如同呼吸一样；因为如果不这样做，我就会死去。"这堪称一种深入骨髓的勤奋。卞老师把自己列为受阿西莫夫影响的第三代中国人，从精神到文风，都打下阿西莫夫的印记。他非常认同阿西莫夫的写作信念"能用简单的句子就不用复杂的句子，能用字母少的单词就不用字母多的单词"，并将之体现在自己的科普创作中。卞老师曾对阿西莫夫的科普作品有这样的概括："背景广阔，主线鲜明；布局得体，结构严整；推理缜密，叙述生动；史料详尽，立足前沿；新意迭出，深蕴哲理。"当我们去品读卞老师的著作时，恰恰也会得出以上评价。大家常常用"中国的阿西莫夫"来介绍他，而卞老师总是谦逊地说："这可不合适，我离阿西莫夫还差得远呢。"但谁又能否认他就是中国的阿西莫夫呢？

卞氏品质其二是无与伦比的坚守与执着。在中国，做一名科普作家是难以大富大贵的，毕竟科普书难以像流行小说一样大卖。而科普图书编辑更是一位"二传手"，为别人做嫁衣，为社会公众传播精神食粮，既无名也无利，要说能有的，也就是情怀了。40年不计得失，既做"发球员"，又是"二传手"，没有巨大的精神能量，没有一份坚守与执着，是万万坚持不下来的。

这种坚守和执着经常体现在一些极为细小的地方。例如，1999年卞老师曾经策划出版了一套小册子《名家讲演录》，每册两三万字，著者皆为国内最顶级的大家，包括周光召、宋健、朱光亚、路甬祥、席泽宗等。作者名气太大，倒使得组稿时难以一帆风顺，有时秘书这里就设置了一道"拦路虎"。卞老师曾讲过一个小故事。1999年，徐匡迪时任上海市委副书记、市长，也是中国工程院院士，对中国的科技发展战略深有研究，是极为合适的作者人选。但要见徐匡迪一面谈何容易，秘书这一关就很难通过。遇到这种情况大部分编辑可能就放弃了，但卞老师想了个好主意，抓住了徐匡迪有一次给上海出版界人士演讲的机会。演讲结束后，卞老师迅速走上前去，首先坦言徐匡迪报告中有两三个涉及天文的不妥之处，然后递上自己的名片，介绍了这套《名家讲演录》以及要把徐匡迪的演讲《飞速发展中的现代科技》成书的意愿。聆听报告时能发现主讲人的小错误，这样的听众一定是有水平且极其认真的，我想正是这一点打动了徐匡迪，《飞速发展中的现代科技》一册的出版也就水到渠成了。

这种坚守与执着背后，其实蕴藏着一份对于中国科普事业的强烈责任心。这里难免又要提到阿西莫夫。卞老师认为,阿西莫夫对普及科学有着极其深厚的感情和十分强烈的责任感,这种责任感驱使他投入到忘我的创作中。我想这种责任感也深深感染了卞老师。他不仅像阿西莫夫一样有着生花妙笔,也像阿西莫夫一样践行着“科学太重要了,不能单由科学家来操劳”的社会责任感。

卞老师的坚守与执着还体现在他始终认为,“科学普及太重要了,不能单由科普作家来担当”。在北京天文台的30年,卞老师的身份是天文学家,但他坚持不懈地操持着科普作家这个“副业”,坚定地认为科学家一定要做科学普及。在2017科普产业化上海论坛上,卞老师提炼出了“元科普”概念:“元科普就是非由一线科学家来做不可的事情。”“元科普的目标是本领域以外的人群,为此就需要由最了解这一行的人将知识的由来和背景,乃至科研的甘苦和心得,都梳理清楚,娓娓道来,这就是非亲历者所不能为的缘故。”会后汪品先院士连连说:“深合我心!这正是我找了许久但没找到的一个词!”向公众传递科学知识、传播科学精神,是科学家义不容辞的责任。相信随着中国科学文化的发展,会有越来越多的一线科学家投入到元科普中来。

卞氏品质其三是一丝不苟的严谨与细致。卞老师首先是科学家,他将科学家所具备的严谨与细致带到了科普创作和科普编辑工作中。为卞老师的书稿做过编辑的同行都告诉我,编辑卞老师的稿子,几乎不用进行任何修改,不要说错别字,连标点符号都是规范使用,让人太省心!而卞老师做别人的责编时,作者或译者经常会收到长篇的“请教信”,信中会罗列出一二三四点等等的书稿中的错误或不当之处,向作者或译者“请教”。这实在是卞老师的客气,而作者或译者唯有口服心服。我们这些弟子在他手下经过了训练,经常会为一个人名、一处地名、一个俚语的翻译翻来覆去地查证,也会为了一个科学术语的定名译法与科学界的大腕译者纠缠不清。正是有了这种传承,科教社才有了一支能打硬仗的科普编辑团队。

卞氏品质其四是数十年如一日的科普激情。卞老师是一个严谨的科学家，严格的编辑家，但绝不是一个严肃死板的人，相反，他是一个工作中充满活力和激情、时时给年轻人带来小惊喜的人。在给年轻编辑的培训讲座结束后，卞老师会在大屏幕上打出"元芳，你怎么看?"，收获台下的一片欢笑声。唯有热爱方有激情，唯有充满激情方能全心投入。《星星离我们有多远》、《追星》、《挑战火星》、《哲人石丛书》、《名家讲演录》、《嫦娥书系》等书籍成为卞老师科普激情的一个个标识，而"建国以来，特别是科普作协成立以来成绩突出的科普作家"、全国先进科普工作者、全国科技进步奖二等奖、上海市大众科学奖、全国优秀科技工作者、中国天文学会90周年天文学突出贡献奖、上海科普教育创新奖科普贡献奖一等奖、上海市科技进步奖二等奖等殊荣则成为卞老师科普激情的一个个佐证。

卞老师在回顾四十年科普路时总结道："精诚所致，金石为开；若要取得真经，便有路在脚下!"上述几点卞氏品质，在这句话中可谓一览无余。

科普需要传承。卞老师以四十年心血投入科普事业，除了个人爱好，还有一个重要原因是受到了他的老师、著名天文学家和卓越的科学普及家戴文赛教授的影响。而卞老师又通过自己的科普创作和科普出版工作，将科学普及的种子播撒出去，静待花开。今天，科技创新和科学普及已明确成为实现创新发展的两翼，科学普及已经被提升至与科技创新同等重要的位置。每一位年轻的科普人，都应该从卞老师这样的前辈手中接过科普的火种，让它代代相传，生生不息。

本文系作者特为本书撰写。

王世平，上海科技教育出版社总编辑，中国科普作家协会理事，上海市科普作家协会副理事长。

在科普和科幻执着探索

吴 岩

卞毓麟教授是受人尊敬的科普作家和科幻小说的研究者。早在上世纪90年代，我就有机会聆听他的科普创作讲演。他对美国科幻作家艾萨克·阿西莫夫和卡尔·萨根等的研究，让我们看到了两个与纯粹科普工作者颇为不同、更具人文情怀的作家风貌。

卞毓麟教授还是我国著名科普和科幻作家郑文光先生的好友，他们曾共同工作于中国科学院北京天文台，共同在科普和科幻两个领域执着探索，并各自取得了骄人的成就。他们是天文学专业工作者热心从事科普的典范。

进入新世纪以来，卞毓麟教授把大量时间用于策划与编辑出版重要科普读物，同时也对科普影视和科幻文学有了新的思考，我们期待他在这两个领域继续做出骄人的成绩。

本文系作者为研讨会发来的贺信。

吴岩，1962年生，南方科技大学人文中心教授，中国科普作家协会副理事长。

年青科普人的榜样

嵇晓华

卞毓麟教授是受人尊敬的科学工作者、科普作家、科幻文学研究者，也是我们科学传播界的老前辈。他能写、能译、能策划图书，同时无比热爱科普事业，密切关注国内外科普出版动态，熟悉阿西莫夫和卡尔·萨根等科普大家，在科普界享有盛誉。

科学松鼠会作为一个汇聚青年科学传播者的非营利机构，旨在“剥开科学的坚果，帮助人们领略科学之美妙”。而果壳网作为泛科学的媒体与兴趣社群，聚集了大量年青的科学及科幻文学爱好者。

卞毓麟教授作为科学传播界的前辈，一直关注和提携科学松鼠会及果壳网的工作；科学松鼠会的会员和果壳网的用户中，也有许多人读过、并热爱卞毓麟教授的作品。优秀的科普作品在年少时期启迪了这些年青人，激发了他们对世界的好奇心和探索欲，并引领他们一步步认知世界、热爱科学。

卞毓麟教授的作品《追星》曾荣获2010年度国家科学技术进步奖二等奖。近年来，他同时涉足于创作、编辑及翻译等多个领域，不但在内容上深入耕耘，同时对新媒体时代下，如何用更加丰富多元的手段进行科学作品、科幻作品的传播，有了更深的思考，这些都值得我们研究和学习。

在科学传播这件事上，卞毓麟教授也是我们科普领域从业者们追星的对象，衷心希望此次研讨会，能碰撞出更多火花，并激励我们在科普事业上执着探索,取得更多骄人的成就。

本文系作者为研讨会发来的贺信。

嵇晓华,复旦大学神经生物学博士,果壳网、分答、科学松鼠会创始人。

中国科学文化的建设者

田　松

我和卞老师的交往已经有很长时间了。回想起来,应该是在20世纪90年代的中期,最迟90年代后期,我就应该和卞老师见过面了。这样算起来已经有20年的历史了。20年对我来说很长,可能对卞老师来说还没那么长。虽然我们是九几年才见面,但实际上,我对卞老师的了解要远远早于那个时候。

我记得非常清楚,我在上小学的时候,有一套书,应该是少儿社出版的,叫做少儿百科全书,是一个一个的小册子,内容涵盖了各个领域,非常通俗,非常好看。我记得其中有一本的作者就是卞毓麟。当时这个书的具体内容,我现在已经记不清了,但是卞老师的名字我印象非常深刻。因为这个名字对于当时的我来说,第一是不认识,第二是特别难写,后两个字笔画很多很复杂,所以实际上,我认识卞毓麟先生,是从认识"卞""毓""麟"这三个字开始的。后来到了90年代和他见面的时候,那个感觉是很神奇的——我从小就敬仰的人一下子从书里面走出来了。那种感觉非常非常复杂,简直就是仰视了。但是卞老师这个人非常谦和,学识也很渊博,并且也很正直,所以我在跟卞老师的交往过程中,总是有如沐春风的感觉。

大家都知道,我考过很多次博士。曾经有一次考博士,我是请卞毓麟先生给我写的推荐信。虽然当时卞老师和我的接触还不是很多,但是他给了我很高的评价,我也非常感激。对我个人来说,卞老师的作品,卞老师对科普的一些看法,都对我产生了长期的影响。我们之间的互动对我本人的影响非常大。

用我习惯的一个说法,就是卞老师参与了中国文化的形成。我们中国文化为什么是现在这个样子?有卞老师的一份工作在里边,应该说他的工作的分量是很重的。

卞老师早年从事科研工作,是北京天文台的科研人员,但是他一心热爱科普。当时,当然我们现在也是这样,在正经的这个科研系统里边,总会认为做科普是不务正业,但是卞老师对这件事情是发自内心的热爱。应该说,卞老师本人经历了中国的科普工作的不同时期。按照我们对科学传播的阶段划分,卞老师本人应该说是从传统科普就开始做起,然后经历了公众理解科学这个阶段,再到我们现在的科学传播这个阶段,卞老师本人都是亲历者。尤其是在传统科普这个阶段,卞老师作出了巨大贡献,后来卞老师离开了北京,离开了科学家的队伍,进入到了出版领域。出版工作,我们都知道是为他人做嫁衣的,但卞老师本人仍然在坚持不懈地进行写作。

我后来看过他的《追星》。很遗憾,我曾经是答应要为这本书写一篇书评的,但是一直都没有写,我觉得很惭愧。从这本《追星》我们就可以看到,卞老师的笔一直没有停下来。这是他个人对科普传播的直接参与,但是对于中国文化的形成而言,他更重要的一部分工作是作为编辑、作为策划展开的,比如“哲人石丛书”这么一套科普读物,整个地、大批量地引入国外优秀图书。“哲人石丛书”现在有一百多本,我不知道具体的数字,但可以肯定,拥有大量的读者。这样的一些作品,对于中国文化的形成是有直接的参与作用的。而卞老师在这个过程中表现了他作为一个学者,作为一个科普作家的功力、眼力,表现了他对书的精心选择、编辑,也表现了他辛勤工作的态度。

我和卞老师有过一次很密切的合作,就是那本《魔镜》,今年得了吴大猷奖的那本《魔镜》。当年潘涛邀请我翻译这本书。后来这本书在翻译过程中,在校对过程中，在编排过程中，我一直在跟卞老师磨合。卞老师在幕后付出了非常多的心血。卞老师本人做的这些工作，更多的都是在幕后的。可能新一代的读者已经不大知道卞老师早年的工作了，但是他为中国社会所呈现的这些东西已经潜移默化地影响了非常多的人，所以我在内心深处，对卞毓麟先生，我们亲爱的卞老师，一直非常敬重。当然卞老师对我们也非常亲切。

在跟卞老师交往的过程中，我感觉卞老师是一个胸怀非常宽广的人。可能比卞老师年轻的我们这一代，比如说我本人，对科学的看法，对科学的态度等是比较偏激的、比较另类的，但是卞老师在和我们的交往之中一直是很宽容的。有的时候，我明显感到他和我的观点不一致，但是卞老师仍旧非常愿意倾听，他也愿意了解我们在想些什么，和我们进行对话。在对话的过程中，我也能够感觉到卞老师不是一个非常顽固的人，不是一个偏执的人。卞老师在与我们交流的过程中，没有因为比我们年长、资历更老、是我们的前辈而有什么架子。这种对话和交流是很平等的，所以我们对卞老师的工作一直非常重视。无论是卞老师本人的科普创作，还是他本人对科普创作的一些理论上的陈述，以及他对于科普的理解、对于科学的理解，我们都非常重视。应该说，卞老师的这些观点，对于整个中国的科学文化建设，都是非常重要的一部分。科学经过了这么多年的发展，从20世纪80年代到现在，从最开始的“科学的春天来了”，到2000年前后我们说科学技术是双刃剑，再到现在科学技术带来的负面影响越来越多。科学的形象可能在发生很大的变化，但是无论怎么变化，科学肯定是我们社会生活中比较重要的一部分。卞老师有一句名言是这样说的：科学普及太重要了，不能单由科普作家来担当。当然他是模仿了另外一句名言，那句名言原来的出处我不记得了，但是卞老师的这句话，我印象是很深刻的。我能够理解卞老师内心深处的那种愿望，他本人发自内心的对科学的热爱，所以对整个科学界里的一些负面现象，他也是非常痛心疾首。而对于科学的负面效应，他的内心也是感到焦虑、焦灼，并尽自己的努力去克服。他的内心更有一个很强烈的愿望,就是希望公众能够了解科学,了解他心目中的那种真正的美好,了解能够引领人类走向更好未来的科学。

在这个过程中,科普,或者说科学传播、让公众理解科学是非常非常重要的一块工作。就像卞老师本人所说的,"科学普及太重要了,不能单由科普作家来担当"。我们的社会各界、普通百姓,对科学也应该有所了解。在这个过程中,卞老师本人除了为他人做了很多嫁衣之外,也在继续坚持科普原创,作出了非常卓越的贡献,这一点让我感到由衷的敬佩。

卞老师是一个非常有情怀的人。他有热情,有激情,尤其有非常旺盛的工作热情。作为读者,我衷心期盼卞老师能有更多更好的作品问世,期盼他能为科普、为中国继续作出杰出贡献。

本文系作者为研讨会所录制视频的文字内容。

田松,1965年生,北京师范大学哲学与社会学学院教授,哲学博士,科学史博士。

科普需要领军人物

姚诗煌

上海是全国科普重镇，从历史角度上说，上海的《科学》杂志已经有超100年的历史了，2015年办过一次《科学》杂志一百周年的纪念活动，应该说在全国范围内，是历史最悠久的。在二十世纪五六十年代的时候，上海也有很多优秀的科普作品，最有名的就是《十万个为什么》，也出现了一批科普界的领军人物，其中最有名的就包括卞毓麟先生，卞毓麟在二十世纪七十年代末影响很大。上个世纪八九十年代以后，上海科普界也做了很多努力，也有不少作品，很多科普工作者很辛苦，但跟全国相比，有点落后。

第一，我们上海再也没有出现一个比较优秀的大家公认的科普界领军人物；第二，也没有出现在全国比较有影响力的优秀科普作品。在大家陷入困惑的时候，想上海科普怎样更上一层楼的时候，卞毓麟到来了。卞毓麟本来就是从上海走出去的，有自己的家乡情结。他到上海以后，给上海科普界带来了新的生命力。

这主要体现在三方面。其一，卞老师视野比较开阔，有国际性视野，包括上面讲到的阿西莫夫等等；其二，卞老师的作品体现了科学和人文的结合，比原来的科普作品更上了一层楼；其三，卞老师非常勤奋，在上海原来的一批科普作家里面，像他这么勤奋，作品这么多的，应该说不多。他的到来给我们起了示范作用。

他来上海时，我正在《文汇报》负责科普版面，当时我们一直在思考如何把报纸科普提升到新的高度。我们认为，不光要普及科学知识，还要普及人文知识、科学哲理、科学思想。因此，我们与卞老师一拍即合，卞老师、我还有电视台的倪老师，我们三个人有过商谈。卞老师提出，能不能在上海形成一个海派科普的特色。卞老师前些年，为江苏教育出版社主编出版了一套科普丛书“金苹果文库”，那么，能不能在上海形成一套具有海派科普特色的原创丛书？他有这样一个想法，我们觉得非常好。我们还一起商量，拟了一个计划，包括请哪些作者，有哪些选题。因为这个事情比较难，当时我也没有很好地把这件事推动下去。不久，卞老师给我打了一个电话说：“我写了一本书，我马上寄给你，这本书就体现了当时我们讨论的思想、想法。”这本书就是《追星》，从题目上就能看出，它把四个东西结合到一起了，科学的、历史的、艺术的、宗教的，体现融合。

海派科普应该是海派文化的一种，海派文化最大的特点就是包容性，是海纳百川，把优秀的东西融合到一起。我觉得卞老师的科普体现了这样一种特色，对上海科普界起了很大的促进作用。这几年来，上海科普界出现了不少优秀作品。这真的要感谢卞老师，也要感谢北京，感谢北京为上海输送了科普领军人物。

为此我想提几个建议。第一，应该加强对科普，尤其是原创科普的支持。因为原创科普是非常不容易的，科普作家要花很多心思。卞老师在这么多作品背后付出了多少辛苦，大家都不知道。有一些作品是卞老师坐在路灯下面写出来的。所以，对原创科普尤其科普作者要加强支持。第二，希望在人才培养上面，加强力度。科普作家协会曾经办过好几期大学生的科普创作培训班，我也参加过几次，每次办班都非常不容易。希望市里的有关方面，包括教委方面能在人才培养上加强支持，加强对年轻人才的培养，希望将来能够出现更多的年轻科普人。第三，我认为应该多搞些类似今天这样的研讨，多多营造这样的氛围，使得上海科普能够不断向前发展。

本文系作者在研讨会上的发言。

姚诗煌，1944年生，上海市科技传播学会理事长，曾任《文汇报》科技部主任、上海市科普作家协会副理事长。

期待原创科普“星光灿烂”

段　韬

很多在媒体工作的朋友，都有约卞毓麟先生写文章的经历。我也不例外。我最近一次约卞先生撰稿是在2015年，“哈勃”空间望远镜被送入太空25周年之际。卞毓麟先生这篇题为“巨眼凌霄：哈勃空间望远镜的25年”的作品后来被《新华文摘》作为封面文章转载。我们之所以非常信任卞毓麟，也很肯定他的文章就是我们想要的，就是读者喜欢的，正是因为长期以来，他不断地推出精彩作品，以及他对科普创作的责任担当。

我们《科学》杂志编辑部的编辑大都认识卞毓麟先生。在准备参加今天这个会议时，我和潘友星* 老师谈了我的看法，潘老师交给我一张纸条，那张纸上这样写着：

友星兄：关于《科学》的软硬问题，再度斟酌后，想了两句话，供参考。

内容无须软，形式不能硬。

落款是：弟毓麟于2005年11月25日。

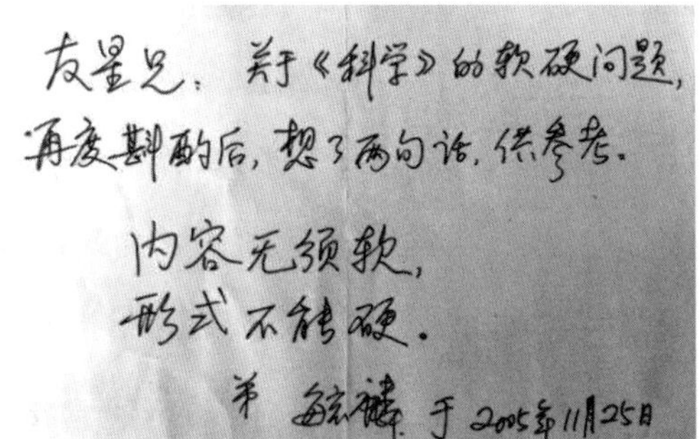
友星兄，关于《科学》的软硬问题，
再度斟酌后，想了两句话，供参考。
内容无须软，
形式不能硬。
弟 毓麟 于2005年11月25日

卞毓麟关于《科学》文章建议的纸条

---

* 潘友星：上海科学技术出版社编审，《科学》杂志编委，《科学》编辑部原主任。

这个时间正是《科学》创刊90周年纪念会之后的几天。卞毓麟还在中科院北京天文台工作时，就是《科学》杂志的特邀编辑，他从上世纪90年代开始就一直给《科学》杂志写文章，而且经常就科普的内容和形式与编辑部讨论。高级科普讲究的是科学性和可读性兼容，一句“内容无须软”点出了科学内容必须厚实可靠；一句“形式不能硬”，则强调了科普就是要以读者能够接受的形式呈现。其实，这两句话正反映了卞毓麟的科普创作特色，也非常契合《科学》杂志的定位。作为高级科普刊物，《科学》杂志的文章一直秉持“隔行能读懂，同行受启发”的编创风格，卞毓麟先生的文章在这方面为我们树立了很好的典范。

1996年6月，国家计划委员会、国家科学技术委员会组织两院院士对国家重大科学工程进行评审，其中包括对我国大天区面积多目标光纤光谱天文望远镜(LAMOST)的工程评审。在这一年的1月号上，《科学》杂志发表了卞毓麟的文章《LAMOST对话录》，这篇文章是由王绶绾院士提议撰写的。当时作为中科院北京天文台的研究人员，卞毓麟在这篇文章中以对话的形式详细解释了LAMOST名称的由来、工作原理、技术特征、较之其他望远镜的优势以及国际天文学界的评价等。当时有的LAMOST工程评审专家认为，读了这篇文章以后，一下子明白了LAMOST。这篇文章以“隔行能读懂，同行受启发”的高级科普作品形式，令LAMOST的全貌进入公众视野。

2003年，哈勃逝世50周年，为纪念这位天文学界的名人，卞毓麟在《科学》上发表了题为“谱写天文学的‘神曲’”的文章，清晰地展示了哈勃的生平以及他的科学贡献。这篇文章最近在哈勃的《星云世界》一书中文版(哈勃著，吴燕译，北京大学出版社出版)中成为导读，而《星云世界》是一本大学通识教育读本。文中引用了但丁《神曲》中的一句话，即“爱使太阳和其他星辰运行”，这句话后被其他媒体转载时用作标题。十多年过去了，卞毓麟文章的生命力依然可见，他将科普作品的“软”“硬”功夫发挥到了极致。

其实，卞毓麟的许多文章，都在不同时期发挥着它们让“隔行”或同行都乐于接受并从中获益的科学传播作用。他曾在多种场合引用过著名科普作家阿西莫夫的一段话：“只要科学家担负起交流的责任，把自己那一行的东西尽可能简单地多作解释，而非科学家也乐意洗耳恭听，那么两者之间的鸿沟或许便能就此消除。要能满意地欣赏一门科学的进展，并不需要对科学有完满的了解。没有人认为，要欣赏莎士比亚的戏剧，自己就必须能写一部伟大的作品；要欣赏贝多芬的交响曲，自己就必须能作一部同等的乐曲。同样地，要欣赏或享受科学的成果，也不一定非得具备科学创造的能力。”

科学家写科普，能够很好地解决科普文章的“软硬”问题，这也是《科学》杂志自创办以来，几代编辑孜孜以求的。

卞毓麟是一位勤奋而严谨的科普作家，《科学》杂志自1985年复刊以来，刊登过不少他的文章，其中有关于宇宙星辰知识的科普文章，有对科普名人的纪念文章，以及关于科普理论方面的论述。这里摘录几段，让我们一同来欣赏。

“科学普及太重要了，不能单由科普作家来担当”，这是1993年，卞毓麟发表在《科学》杂志上的文章题目，旨在吁请科学界关注科普问题，希望引起科学界同仁的共鸣。这篇文章随后被多家媒体转载，这个标题，也得到了广泛的社会传播。

“纵非如愿以偿，亦当尽力而行”，这是1995年，《科学》创刊80周年，卞毓麟在《科学》杂志上的文章《“科普宣传”六议》中的一句话，表达了一位科学工作者（当时卞毓麟先生还是中科院北京天文台的研究人员）对科普宣传的责任担当。

“科普决不是在炫耀个人的舞台上演出，而是在为公众奉献的田野中耕耘。”本世纪初，卞毓麟在《科学》杂志上发表了《“科普追求”九章》，这篇文章奏响了“第九交响曲”的动人音符。

2012年,为纪念阿西莫夫逝世20周年,卞毓麟在《阿西莫夫不该淡忘》的文章中再次强调:“实践证明,科普的担当者应该遍及全社会,科普作家则应是一个战斗力很强的方面军!”

从卞毓麟在《科学》杂志发表的文章来看,无论是对天文学的知识性介绍,还是对科普作家及其作品的评介,抑或是对科普理论的阐释,我们都可以从中欣赏到一位具有长期天文学科学研究经历,有着深厚的科学史素养,对科普工作的理论和实践充满真知灼见的学者的风采。正如王直华先生在《追星人的风采》一文中所说:《追星》有个副标题,叫“关于天文、历史、艺术与宗教的传奇”,这个副标题,是内容的阐释,也是写作的实践,更是作者的素养。

今天,我们在这里举办“卞毓麟科普作品研讨会”,在欣赏“追星人风采”的同时,更期待原创科普的未来星光灿烂。

本文系作者在研讨会上的发言。

段韬,1962年生,编审,曾任上海科学技术出版社科学部主任、《科学》杂志编辑部主任。

博览精思　用爱耕耘

——向卞毓麟先生学习如何做好科普

林　清

2016年年初，蒙卞毓麟先生厚爱，我收到了他赠送的两本新书：《恬淡悠阅》和《巨匠利器》。拿到书后，我就迫不及待地通读了一遍。《恬淡悠阅》一书，书名就很特别，只看书名，我想不到其主题究竟是什么，阅后方知其实是卞老师从事科普写作后发表过的一系列精彩短文之合集。其中，既有书评，也有很多往事逸闻。看起来平平淡淡的一篇篇小短文，一气读来却似看了一部卞老师科普生涯的精彩传记。

我和卞老师交往也有十多年了，交集主要在天文学会的科普工作上。当然，我也会时不时地阅读卞老师的科普著作。看过《恬淡悠阅》这本书后，忽然发现自己对卞老师有了更深入的认识，从他对科学书、科学人、科学事的评论中了解了更多卞老师的治学和写作理念。这些对我自己的科普工作也颇有启发。因此不得不说，这么一本看似平凡的小书，确是一本好书。

借此机会，谈一些自己如何受卞老师的启发、如何写好科普作品和做好科普活动的肤浅体会。

一、厚积薄发，用心方能成就著作

认识卞老师的人都知道，他在科普工作中拥有两大利器：写作和演讲。研讨会主要是讲他的科普写作。其实，卞老师的科普演讲同样十分精彩。我担任上海天文学会秘书长期间，举办各种科普活动（比如科普讲座），首先想到的主讲人选都是卞老师。这不仅是因为他讲得精彩，更是因为卞老师的每一次演讲都会有新的主题、新的内容，绝不简单雷同，凭老本吃饭。

卞老师的科普创作，更是不用多说，之前诸位科普同仁的评价和讨论都已充分展现了卞老师在科普创作上的丰硕成果。因此，这里我只想谈一谈卞老师能够在科普写作领域达到如此高度的真正秘诀在哪里。

其实，卞老师在自己的书里已经清楚地作了表达，那就是：博览精思、厚积薄发。这八个字，字字千钧。说得容易，做到很难。

所谓博览，就是博览群书。我去过卞老师的家里，亲眼看到他不大的居室里到处是书。如果你看过他的作品，你也会情不自禁地发出感慨：他要看过多少书，才能拥有如此庞大的知识储备。只有掌握了足够丰富的资料库，才有可能在写作之时信手拈来。当然，不仅是卞老师，在座的众多写作大家，我相信也是这般博学，方有"下笔如神"的功力。

所谓精思，就是不仅要读，还要思考，要与作者"对话"，参透作者的思想。这是更高一层的境界。只有经常进行思考，才能形成自己的思想，并在创作的时候挥洒于纸上。没有思考的文章就是一些资料的堆积，其价值也将大打折扣。

厚积薄发，当然就是博览和精思的必然结果。卞老师的科普创作，除了博览和精思之外，更多地还得益于他做一线科学家的经历。他在1998年加盟上海科技教育出版社之前，曾经在中科院北京天文台从事研究工作30多年。长期的科研实践使他充分理解科学工作和科学思维的特点，更使他拥有足够扎实的现代天文学专业基础。这样的专业背景，再加上他发自内心的对科学写作的喜爱，以及在写作生涯中博览群书、勤于思考，才成就了他在科普创作上的高度。

本人从事科普工作也已将近20年了，与卞老师相比却是无比惭愧，只是在工作岗位上组织了一些科普活动而已，科普创作上鲜有成绩。但我也还是阅读了不少科普作品，其中当然也包括卞老师的许多作品。结合卞老师在治学和写作方面给我们的指导，我自己总结，要成就一本好书，作者可能需要具备以下四个特点：

首先是要有思想，并体现在书中。让读者看完书后，会觉得在某一方面受到了启发，觉得作者的思想中有某些方面确是自己之前没想到过的，但又十分有道理。这样的书才是真正有用的书。可惜的是，国内的原创科普书很少能达到这一标准，大多是知识的堆砌，甚至很多就是从网络上摘抄来的，因此只能说是教科书的补充。

其次是要有料，就是书中得有一些不常见而又十分有趣的资料。这样的书才能让读者扩展知识、学到东西。要达到这一要求，作者就必须博览群书，拥有扎实的专业功底、丰富的实践经验以及广泛的人际交往。

无论是阿西莫夫、卡尔·萨根，还是卞老师，众多科普大师的作品都具备这样的特点。你看他们的书，一定能领略到很多平时不知道的精彩，获得一些意想不到的感悟。有思想、有史料，是一本好书的基础条件。

第三是要有文采，要通俗易懂，更要让人赏心悦目。卞老师特别指出，科普作品要具有良好的传播效果，就要力求兼备科学性与文学性。因此，科普作家必须提升文学修养。当然，这里的文采并不是舞文弄墨、卖弄文字。科普的对象是大众，你要把艰深的科学原理用最通俗的语言表达出来才有意义。如果只是为了自我炫耀而大量引用一些不常用的典故，故弄玄虚，实际上反而会背离了科普的初衷，弄巧成拙。

最后，我觉得一个科普作家要能成为大师，还必须更上一个层次，就是形成自己独特的写作风格，自成一家。这是比"有文采"更高的要求，不仅要通俗易懂，还要写出自己的特点，让人一看就知道是这个人的作品。比如阿西莫夫的作品，别人就很难模仿他的风格。卞老师的作品也达到了这样的境界,如《追星》中许多精彩的语言,也是其他作者难以模仿的。

以上四点,是我自己总结的一位优秀科普作家应具有的基本特质,前面两个是科学基础的必备,后面两个是文学方面的提升。我认为卞老师的作品之所以优秀,就是因为体现了这些特点,理所应当成为我们学习的榜样。

二、心系大众,用爱支持科普事业

我和卞毓麟先生的相识和工作交集,主要源于上海市天文学会的科普工作。卞老师来到上海不久,就应邀担任了上海市天文学会副理事长。在我担任学会秘书长期间,他对我的工作给予了巨大的帮助,很大程度上也影响了我对科普工作的认识。

卞毓麟先生在北京天文台工作多年,临退休时,却选择了进入科普出版领域,毅然南下来到上海科技教育出版社工作。在常人认为应该轻松享受退休后的幸福生活的时候,却挑选了难啃的硬骨头,在上海科技教育出版社成立了版权部,做起了全新的工作,承担了编辑出版包括“哲人石丛书”在内的大量出版工作。这一举动令很多他的朋友吃惊,这究竟是为什么?

答案就在卞老师自己写的一句格言之中:科普,决不是在炫耀个人的舞台上演出,而是在为公众奉献的田野中耕耘。

卞老师认为,科普创作固然重要,但也只是个人的演出,精彩有余,却也力量有限。到了出版社,他可以进行更多的选题策划。优秀的编辑可以成为美化公众精神生活的心灵“时装设计师”。一名科普作家每年能写好两三本书已很不容易了。而现在,由他策划、从他手里编辑加工出去的好书,一年可能是数十本。更重要的是,在他已不再年轻的时候,个人的创造力已很难与年轻人相比,但是卞老师将他的经验用于编辑出版和选题策划工作,却可以带动整个团队为社会贡献更多、更优秀的科普作品。他深以为傲。

这一思想的根源,就在于他的爱心。他对公众的爱,体现在他不断地以各种方式奉献他的科普作品上。这其中,有他的原创作品,有他的翻译作品,有他的策划作品,有他面向公众的科普演讲,更有他对各种科普活动的积极支持和无私奉献。国家科技进步奖二等奖、全国先进科普工作者、全国优秀科技工作者、上海市大众科学奖、上海科普教育创新奖科普贡献一等奖、上海市科技进步奖二等奖……能取得这种"大满贯"级成就的,全国天文界恐怕仅其一人了。究其根源,都是他对公众的"爱"。

具体到卞老师对我本人的帮助,首先是对天文学会工作的大力支持。他总是第一个提醒学会领导要积极支持和推进科普教育活动,并身体力行,带头参加各种公众科普演讲活动,以他的渊博知识和无双口才为大家奉献一场又一场精彩的科普报告,令许多听众终生难忘。我们合作十多年,卞老师从来没有拒绝过哪怕一次关于科普工作的帮助请求。即便是他身体欠佳的时候,也会尽力提供帮助。

2010年,上海天文台和上海市天文学会发出建设上海天文馆的倡议,并得到了上海市政府的积极支持之后,卞老师更是以最大的热情给予积极的帮助。他回想他自己的青春时代,早在上世纪70年代就以一腔热血投身上海天文馆的建设,可惜因为种种原因,当年的这个项目最终没能付诸实施。卞老师也为此留下了遗憾。但在另一方面,他却因为之后长期从事天文科研和科普写作取得的实践经验,反而能在今天上海天文馆重获新生的时候,以另一种身份来帮助上海实现这个建设世界一流天文馆的梦想。

多少次专家咨询会,多少次资料审阅,多少次给予热情建议和指出问题所在,我发自内心地感谢卞毓麟先生在过去的这几年里给予上海天文馆筹备工作的无私帮助。如今,上海天文馆已经于2016年11月8日奠基开工。数年之后,一个国际一流的天文馆将出现在临港新城的滴水湖边。我将带领我的团队为此而努力奋斗,不负卞老师心系大众科普的一片爱心。我们的天文馆,不会忘记卞老师。

我经常会想,卞老师是否可以称得上是中国的阿西莫夫,或是中国的卡尔·萨根?以他在中国天文科普界的地位,我觉得是够得上这样的称号的。但是事实好像又很不一样,国情不一样,个人走过的路更不一样。阿西莫夫、卡尔·萨根的成就除了个人能力,还有强大的国家科技资源作支撑,硬要作这样的比较其实很不公平。无论如何,卞老师就是卞老师,他在我心目中就是中国天文科普界的第一人。

最后,我觉得也许我应该给自己定一个小目标:在未来的某个时候能够达到卞老师的写作高度。当然,这实际上是一个大目标,至少在作品的数量上,我自知已没有这个可能了,卞老师在我这个年龄的时候,作品数量大概就已超过我现有成绩的10倍了。但是我还是希望能够通过自己未来的努力,加大博览精思的力度,也希望能够有个别作品去尝试追赶一下卞老师的水平。这也是我的追星之梦。

本文系作者在研讨会上的发言。

林清,1969年生,中国科学院天文学博士,研究员,上海科技馆天文馆管理处处长、天文馆建设指挥部展示部部长,上海市天文学会副理事长。

卞毓麟——我们需要学习和研究的楷模

李　乔

我清楚地记得，认识卞毓麟老师是在1997年冬天。当时，我正在北京参加新闻出版总署举办的全国出版社社长总编培训班，其间，适逢好莱坞大片《泰坦尼克号》上映。那天组织观影，我上车坐下，邻座正好是卞毓麟老师。那时他还是中国科学院北京天文台的科学研究工作者，但在科普领域，因其撰写作品的数量之多、质量之好，已经大名鼎鼎。此前，我久闻其名，也读过一些他的作品，但没有如此近距离面对面地交谈过。我当时任职上海科学普及出版社常务副总编辑、《科学生活》杂志主编，这次短暂的"同座之旅"，开启了我和卞老师近20年编者与作者的交往。

此后时隔不到一年，卞老师进入上海科技教育出版社工作的消息便在上海出版界引起巨大反响。一个从事天文学研究30年之久的科学家，回到故乡加盟科普出版和传播，在当时给上海的科普出版传媒业带来了极大的鼓舞，而他参与策划引进、选题编辑以及撰著出版的"哲人石丛书"、"嫦娥书系"、《追星》等众多选题和著作，现在都已成为了深受读者喜爱的科普经典佳作。由于卞老师的回沪，我也有了与他更近距离比较密切接触的机会，在我先后主编的《科学生活》和《上海科坛》杂志上，都有幸刊发卞老师的作品，其中有的还被他收入了纪录自己科学和科普书事的《恬淡悠阅》之中。

在同卞老师组、编稿件的接触交往中，我感受到他之所以能成为这样一位非常优秀、佳作频出的科普大家，与他是一位天文学家，而且是一位很有情趣和文学修养、非常热爱写作并且是讲故事高手的天文学家分不开的。他非常善于攫取天文学史上的重要人物和事件，将其与历史和艺术上相关的内容融汇交织，以形象生动又行云流水般的文学笔调，一个故事接着一个故事地娓娓道来，令遥远的历史人物和事件栩栩如生地再现，同时串联起当今天文学研究前沿之重大发现和突破的前因后果，从而将天文学和人类发展历史的主线生动清晰地呈现在读者面前。这样一种对科学内容的把握和对文字、结构的驾驭能力，是非科学家的科普作家不容易企及的。读他的天文科普作品犹如读文学小说，一般人感觉遥远渺茫而又高深莫测的宇宙星空、天文历史，往往变得生动有趣、可亲可近。例如《追星》，阅读一遍就仿佛经历一场穿越历史的科学人文之旅，其中的人物故事及其蕴含的科学思想和科学精神，往往是最令读者动容和回味的。

图文并茂也是卞老师科普创作的一大特色。作为重要的内容组成部分，不论是一本书还是一篇文，他在文字讲述的同时，总是及时地将精心选辑的古今中外有关星空的人物、历史名画、神话故事插图，以及宇宙发现图像、天文科研装置照片，相关的纪念邮票、币、章、海报还有科学幻想画等，恰到好处地呈现在读者眼前，使其与文字内容有机而又有逻辑地交织成一体。一页页图文并茂的画面，犹如一张张引人注目的美丽挂毯，往往令人见之印象深刻、过目难忘，由此吸引读者进一步深入阅读文字，在美好的阅读体验中感受求真、向善、臻美的科学文化魅力。

身为优秀的科普大家，卞老师非常平易近人，有许多媒体方面的记者、编辑朋友，也有许多工作在科普机构的朋友。顺应科学传播规律，注重结合新闻热点和读者心理需求，通过各种形式进行及时有效的科学普及传播，正是卞老师又一种自觉的科普传播实践。他加盟科技出版事业后，尽管选题、编辑、审稿、联系作者等工作非常繁忙，但是面对可以结合新闻热点进行有效的科学传播机遇时，他应约为媒体写稿从不推脱，应邀为市民进行科学演讲并答疑解惑、参与科学沙龙讨论，走进大中小学开讲……几乎从不缺席。2009年7月22日我国境内长江流域均可观察到的日全食上演前，卞老师就欣然答应我的约稿，在很短的时间内赶写了近两万字的稿件《惊心动魄日全食》。同样是图文并茂，但这一次的内容，则从日全食发生的条件、太阳大气的结构、日全食观测的科学价值等出发，有一大半篇幅都是关于日全食的硬知识，所选辑的图片也以教科书式的为主。而这些正是在这个特定时间点上关心日全食的公众最想了解的内容，即使又硬又长，读者也会饶有兴趣地读下去，认真地记住它。我将该文和另两篇文章组合成一个专题，刊发后很受读者欢迎，对当年指导观测日全食很有帮助。

类似地，如在UFO成为社会关注焦点时，在玛雅预言的"2012世界末日"临近时，在"嫦娥"卫星升空飞天时，在最新天文科学观测仪器装置落成时……卞老师总是不失时机地通过各种媒介形式来普及相关科学知识，传播科学理念，弘扬科学精神，为社会、为公众送达"及时雨"。例如，2010年科学界正全面开展科学道德和学风建设教育活动，值中国科协会员日之际，上海市科协邀请卞老师进行专题演讲。当时，他就为大家讲述了科学史上发生过的三个故事——英国天文学家亚当斯和法国天文学家勒威耶在发现海王星过程中的优先权之争；爱因斯坦和大卫·希尔伯特因研究报告惊人的巧合而产生误会，最后解除误会；以及马寅初先生在不同的历史时期始终秉持"不计利害、只问是非"的科学精神，为坚持真理和国家利益而不惜遭罪。三个故事充分展现了优秀科学家在荣誉面前的操守和行为，在险恶环境下对科学真理之坚守，不能不令人肃然起敬。在科学道德和学风建设的各种宣教活动中，卞老师的演讲无疑是非常独特的，没有任何说教，没有强调应该或不应该做什么，但听众受到的影响，以及在他们心中刻下的科学楷模和风范，无疑是最深刻、最难忘的。演讲引起了听众的热烈反响和积极反省。我当即约卞老师将此演讲以文字形式呈现在我主编的《上海科坛》杂志上，不久，这篇题为《科学嘉德——历史案例三则》刊发后，在读者中再次引发热烈反响。

长期以来，卞老师还兼任中国科普作家协会副理事长、上海市科普作家协会副理事长、上海市天文学会副理事长等社会职务，他始终以积极的心态理事，以实际行动努力推动着上海和中国科普事业的进步。在学会、协会的工作中，卞老师总是站在全社会的高度，如同做优秀科普佳作选题一样，十分投入地考虑和提出学会、协会应该对社会有所作为的工作项目。例如，他率先提出每年举办为社会公众解读当年科学类诺贝尔奖活动的建议和设想，如今该活动已连续举办了7年，成为上海市科协的重要科普宣讲活动，影响日隆。又如，他提出要重视开展“繁荣科普原创，加强理论研讨”的学术交流活动，现在也已成为上海乃至中国科普作家协会的重要工作项目。可以说，卞老师不仅是优秀的科普作家，也是科学普及传播领域中活跃的社会活动家。

热爱科学文化，自觉担当科学普及传播使命的卞老师在《追星》的“尾声”中这样写道：“林语堂说：‘最好的建筑是这样的：我们居住在其中，却感觉不到自然在哪里终了，艺术在哪里开始。’我想，最好的科普作品和科学人文读物，也应该令人感觉不到科学在哪里终了，人文在哪里开始。如何达到这种境界很值得我们多多尝试。”事实上，许多年来他一直在努力做这样的尝试，并且取得了很大的成功。有人认为，科学研究和科学普及传播是两个截然不同的领域，需要的人的素质也截然不同，因此，科学家很难因为“更懂科学”而成为出色的科普作家。但是，卞老师做到了！他是我们学习和研究的楷模！

本文系作者特为本书撰写。

李乔，1956年生，编审，上海市科普作家协会监事长、原副理事长，曾任上海科学普及出版社常务副总编、《科学生活》杂志主编。

一名星空向导的自我修养

朱达一

斯坦尼斯拉夫斯基在《演员的自我修养》中进行过这样的描述，最好的表演是“通过有意识达到下意识，通过经意达到不经意”，从而让观众看不出表演的痕迹。卞毓麟老师也曾在谈及《追星——关于天文、历史、艺术与宗教的传奇》一书的写作实践理念时指出，最好的科学人文读物，就是让人“感觉不到科学在哪里终了，人文在哪里开始”。从某种意义上说，在不经意间捕获心灵，混淆现实与作品的界限，趋同你我之间个体的差别，很可能是伟大的表演或作品的共同品质。

因为成长年代的关系，我得到的第一部卞老师的作品就是《追星》。该书获得了国家科学技术进步奖二等奖，质量自然毋庸赘述。晚些时候，有幸得卞老师赠书两册——《恬淡悠阅——卞毓麟书事选录》和《巨匠利器——卞毓麟天文选说》。当我翻开书页，那些科学史上的故事和人物经由他广博的视野、精彩的解读、专业的陈述跃然纸上，铺陈出一段段生动的画面。他聊霍金，绝对不会从黑洞着手，而是将18世纪后期的湖畔诗人以及华兹华斯的树林作为故事开始的地方；他谈哈勃，好莱坞获奖影片《一夜风流》的颁奖典礼则成了大背景，为我们展示了一个闪耀在奥斯卡聚光灯下的天文学家哈勃。从德谟克利特、伽利略，到康德、赫歇尔，再到沙普利，卞老师如数家珍，将哈勃河外星系发现之前的天文发展历程娓娓道来；他讲钱德拉塞卡，不拘泥于恒星结构，而是细数其在从孟买航向英国的轮船上的情景，我们仿佛能看到这位克服晕船之苦、终日徘徊于甲板与船舱之间冥思苦想的天才，那真理的微光似乎就在孤独的科学之路的那一头向他微微闪耀。这些桥段有如春风化雨，在不经意间，就将好奇的种子埋入读者心间。

卞老师曾担任上海科技教育出版社版权部主任，他在笔耕不辍的同时，也致力于将国外优秀科普作品带给中国读者。他作为主要负责人之一策划的“哲人石丛书”，宛如一位位大家自远方从容走来，全方位地勾勒出精彩的科学世界。我们从人类文明的门口，被引入一座缀饰着璀璨群星的花园：人文、科学、历史、艺术，全如此园中的点金之石。作为向导本人，则对此园中的一花一景全然牢记于心。他挑选的这些题材，描写的这些故事，熠熠生辉、历久弥新。“哲人石丛书”历经二十年，至今依然深入人心。

卞老师之所以获得如此成功，想来与其作品的两个特征息息相关：

一是解读内容时，紧密结合天文学学科本身的特性。天文学是一门综合学科，内容涉及物理学、生物学、化学、数学、哲学，甚至艺术。由此，卞老师在科学传播的素材选择与书籍撰写过程中，其目光由科学、艺术及至文化、社会背景，上天入地、全景解析。在不久前，我正着手策划《天下——古代中国人眼中的星空与国家》巡展，按计划该展将直接走出国门、出境巡展。在策展过程中，我们需要在介绍中国古代天文学成就的同时，横向地将之与世界上其他同时期的文明产生的天文学成就进行比较。在与上海交大科学史与科学文化研究院的同行进行项目策划讨论的过程中，我们就将卞老师介绍天文学史的编年体科普著作《天文学的足迹》作为参考，仔细研读。为何选择此书？原因其实很简单，因为展览的表达不是事无巨细地进行罗列。在挑选重大天文事件的时候，需挑选兼顾科学性及传播视觉呈现度，而卞老师书中遴选事件即是兼顾以上考量的范例。2018年8月，此大事年表随展览亮相上海科博会，广受观众欢迎，甚至有商家前来询问，欲将其开发成为文创产品推广。除了兼顾跨学科的广度之外，卞老师的学科功底也非常深厚。著名的《DK宇宙大百科》一书，洋洋洒洒大12开540页，中文版由电子工业出版社推出，付印前请卞老师审阅，结果发现必须订正的疏误260多处，我想这就是一位星空向导应有的素养。

另外一点非常重要的，就是他作为一位天文学家，深知科研求知与探索的艰辛，也因此心存对科学精神的敬畏、对真理的谦卑之情。而这一点，并不是很多科学传播工作者能够做到的。很多传播内容，过于注重科学知识本身，而忘了是什么真正引领着科学家一步步砥砺前行、探寻真理。科学传播的目的不应局限于知识，通过科学传播传递给读者和观众的核心内容，应当是科学精神和好奇心的引导，知识则是一种载体。科学传播工作者结合自身的学习经验、知识结构和受众的需求，对客观存在的科学内容需要重新构架梳理及创作。卞毓麟老师提出了“元科普”的概念：对于最新的科研成果，需要有很强的解读消化能力。我们去观察他的创作过程，就应该能够明了他对这一理念的重视。大家经常可以看见他奔走于学者和专家之间，与他们近距离接触和沟通，了解业界的最新科研成果和动态，在这中间，有对阿西莫夫的拜访，有和卡尔·萨根的通信，以及面晤美国第一位太空人阿兰·谢泼德等；在国内，他则与王绶琯、叶叔华、席泽宗、欧阳自远等院士、专家探讨相关问题。“元科普”的理念，给了我很大的启发，在建设上海天文馆的过程中，我担任主要策划并主持了《基于郭守敬望远镜的巡天光谱数据的可视化》工作，所研发的展品已经初步具备将一些观测数据结果展品化的能力。

对于在建的上海天文馆，卞老师的科学传播理念已在其中起到了潜移默化的作用。同时，他本人亦非常关心天文馆项目，时常放弃休息时间，作为顾问受邀参与其中。他曾经对我说过，40多年前，他的一大工作重心，就是准备筹建上海天文馆。但当时因为种种原因，天文馆的项目迟迟未能有所进展，他们这一代人的上海天文馆梦想就此搁置。今天，这座城市的天文馆正在紧张的建设过程中,并将于2021年对公众开放。我本人也很有幸受到叶叔华院士的引荐,自2012年天文馆筹建伊始便加入天文馆建设团队,历经立项筹备、正式立项、工程启动等阶段,因此时有机会就天文馆的理念向卞老师请教与交流,在工作上也和卞老师多有交集。他作为天文科普传播领域的老前辈,对我这样的年轻人悉心指导、关爱有加。我本人就承蒙他数次推荐。尽管目前我并未有原创作品问世,但在已经完成和正在完成的译著作品中,就有三本译著与卞老师有关。其中,《透过哈勃看宇宙》一书有幸于2018年被科技部列为全国优秀科普作品。其实,《透过哈勃看宇宙》一书的作者对我来说也并不陌生。拉尔斯·林德博格·克里斯滕森是国际天文联合会第55专业委员会主任(天文学公众传播专业委员会),也是好几次国际天文联合会(IAU)会议的总新闻官,欧洲南方天文台公众教育处主任。早在2009年的时候,我刚从学校毕业来到中科院上海天文台工作,当时正值国际天文年,也是上海百年一遇的日全食,好多国际天文届的大咖纷纷来到上海。我有幸遇到了拉尔斯的部下——国际天文年总协调人佩德罗,他顺手将一本他上司刚为国际天文年出版的官方出版物 *Eyes on the Sky* 作为礼物赠送于我。一拿到此书,我就觉得它和之前看到过的天文科学传播类书籍不太一样,由时任IAU主席的凯瑟琳·塞萨斯基为其作序,从天文望远镜发展的历史来洞悉人类天文学的发展。当然这与那一年国际天文年的定义很搭调:为了纪念伽利略于1609年使用望远镜观测星空400周年,联合国教科文组织将2009年定为了国际天文年。后来,出现了一位关键人物,让我与此书以及此书作者结缘,那就是卞毓麟先生。一次夏日午后,他来到我在上海天文台的办公室里走访,那是我第一次正式和他进行直接沟通。他看到我手上的这本书,我猜应该是职业上的直觉,他示意让我给他看一下。他拿过此书,端详了起来。良久之后他说:"小朱,这书好啊。很新,怎么那么快你就有了?"我跟卞老师说了此书的来历,然后也没多想,爱不释手地说道,要是有机会能翻译此书就好了。没想到过了不多久,卞老师打了电话过来,"小朱,上次你给我看的那本书,已经有出版社拿到了此书的版权。"原来那天回去之后,他就开始张罗出版社来想办法引进此书并推荐译者。接着他又说道:"但你手中的这本讲天文望远镜发展的,已经有译者了,不过他们还有一本同系列的书,作者也是这位拉尔斯,书名叫*Hidden Universe*,你要不要试一试?"我高兴坏了,连原书看也没看,连忙答应。最后初出茅庐的我在林清老师的指导下一同完成了此书的翻译,最后定书名为《隐秘的宇宙》。有了这本书的成功出版作为铺垫,当出版社拿到《透过哈勃看宇宙》一书的中文版权之后,立马电话联系到了我。尽管当时正值没日没夜地埋头于上海天文馆的展示大纲创意及写作阶段,但我还是利用业余时间,与同事一道将此书翻译完毕。更令我没想到的是,卞老师还欣然花费大量时间,为此书进行了仔细的审校,并作了序言。两年之后,又因为一本科学传播的佳作——英国科学传播明星布莱恩·考克斯的作品《自然原力》,卞老师将我引荐给了人民邮电出版社,作为其译者。翻译这些作品对我的成长产生的帮助是不言而喻的。尤其是当我承担上海天文馆开幕球幕电影导演的工作时,对于如何选题、寻找切入点,基于科学、人文等多重视角来组织科学知识、讲好科学故事,助益颇大。

最后,谨以卞老师的一句话作为本文的结尾:"科学传播,决不是在炫耀个人的舞台上演出,而是在奉献公众的田野中耕耘。"我想,这也许是作为一名优秀的星空向导的最重要的自我修养吧!

本文系作者在研讨会发言基础上修改而成。

朱达一,上海天文馆展示设计师。毕业于同济大学,是同济大学天文协会创始人。

穿越于“专家科普”与“科普专家”时空的思想传播者

——聆听“卞毓麟科普作品研讨会”有感

朱盛镭

(一)

2016年12月初冬的上海科学会堂，阳光微醉，梧桐斑驳。由上海市科普作家协会承办，上海市科学技术协会、中国科普作家协会、中国科普研究所主办的“加强评论，繁荣原创——卞毓麟科普作品研讨会”在这里隆重举行。卞毓麟先生童颜鹤发，精神矍铄，当他身穿绯红服装，手捧鲜花走上发言席时，华灯闪烁，笙歌鼎沸，全体站立，掌声雷动，会场的气氛达到高点。作为读者和参会者的我，深深为这绚丽而热烈的场面所感染。随后的领导致辞、嘉宾赞语，妙趣横生；同行热评、学者高论，睿智时现。卞毓麟先生不愧是科普大家，他汇报发言的严谨叙事和演讲者对他的宏大叙述，将我们带入他作品所描绘的变幻无穷而又精巧微妙的天文时空：天地宇宙、日月星辰、时间空间、外星文明；引导我们去回眸他多姿多彩、成就斐然的学术旅程：主要从事天文科普文本创作，还涉足翻译、编辑、演讲、策划、出版、培养新人等多个业务环节。40年工作的兢兢业业、博览精思、厚积薄发，展现了一位科普大家广阔的科学视野、前瞻性的长远思维、浓郁的人文情怀和深厚的文化功力。聆听“卞毓麟科普作品研讨会”的同时，我也结合自身的技术职业生涯和科普实践，浮想翩翩，感悟不少。

（二）

研讨会通过作品分析、图片、新闻、史料、事实、事件、数据等演讲介绍，凸显了卞毓麟先生在科普领域是作者也是编辑的双重身份和作出的卓越贡献。他肩负“专家科普”与“科普专家”双重使命，高擎“传播科学思想”的火炬穿越于科普的变化时空。

卞毓麟先生的作品告诉我们，科普创作要能准确地传播科学技术知识，保证科学性以及逻辑性，需要说理清楚、逻辑严谨；同时还应该写作生动有趣，谋篇布局新意，遣词造句精准，修辞技巧娴熟。卞毓麟先生认为，科普创作“内容无须软，形式不能硬”，这一“硬”一“软”正印证他扮演“专家科普”与“科普专家”双重角色的独特创作特色。“硬”点出了科普的科学内容必须厚实可靠；“软”则强调了科普就是要以读者能够接受的形式呈现。

卞毓麟先生的作品提示我们，“传播科学思想”是科普的灵魂。确实，在科普中传播科学思想有利于提高全民科学素养，更有利于提升国家与社会在人文精神和战略思维方面的全球综合竞争力。正如卞毓麟先生所说，科普在表达阐述中应更多地体现科学知识、科学精神和科学思想的结合，赋予科普以更多科学人文内涵。

（三）

“专家科普”最靠谱。我国是一个科普大国。据2015年的数据，科普图书的种类达16600种，期刊近600种，专职科普创作人员有13337人。但是平心而论，有很多图书和文章不太靠谱。造成这一局面的主要原因之一是我国科学家和工程师普遍缺席科普，造成科学家、工程师的“科学”与“公众的科学”之间有巨大的鸿沟；科学家和工程师的科学价值观、思维方式无法进入公众的视野。

正如卞毓麟先生所言,科学研究是科学传播的源头,科学家是科普的“第一发球员”。因此,无论是一线从事科学研究的科学家还是从事工程研发的工程师,理应成为科学传播的重要力量。卞毓麟先生的科普创作之所以成功,除了博览和精思之外,更多地还得益于他的天文学家经历。他在1998年加盟上海科技教育出版社之前,已在中国科学院北京天文台从事科研30多年。长期的一线科研实践使卞毓麟先生充分理解科学工作和科学思维的特点,更使他拥有足够扎实的现代天文学专业理论以及宽阔的知识视野。基于这样的学术底蕴,再加上他发自内心对科普写作的热爱,才成就了他在科普创作上的成就。

卞毓麟先生呼吁科学界关注科普问题,他说“科学普及太重要了,不能单由科普作家来担当”。尽管这样,一个不可忽略的社会现象是,在现行科研体制下,要求科学家和工程师从事科普写作还有很多现实障碍(主要是价值观与考核评价体系)。从本次研讨会演讲内容的缺项,并联系我自身技术生涯经历也可知,当今社会很少有人关注或去挖掘卞毓麟先生30多年来在一线科研中如何淡泊名利,排除干扰,如何在繁忙的科研中挤出时间从事科普创作的事迹。

(四)

“科普专家”包括非专业作者及科普的策划家、编辑、记者、翻译、出版者等。“科普专家”的作用是什么?作为一名创作型科普编辑家,卞毓麟先生对这一问题的认识极为深刻,并用作品和实践演绎了他作为“科普专家”的作品观、角色观、作者观和责任观,即“科普专家”不是简单的“二传手”。

卞毓麟先生编辑思想的基石是他的“作品观”。据同行介绍,卞毓麟先生审稿和编辑严谨精细,表述凝练,修辞典雅,显现他富有独特的文字之美。

据同行介绍，在卞毓麟先生“转行”做科普编辑的时候，许多人感到不解。但卞毓麟先生认为，作为一名科普编辑，能够使更多的科普好书面世，还能够培育新一代的优秀科普作家。卞毓麟先生关于科普编辑作用和地位的论述，构成了其编辑思想中的“角色观”：科普专家在当今科普作品创作中扮演着越来越重要的角色，对于多数科普作品，编辑都起着“发动机”和“助推器”的作用。

作为“科普专家”的编辑，除策划选题外，最重要的一项任务是选择合适的作者。对于科普创作应主要由专家科普（科学家的科普）还是由科普专家（作家）承担，卞毓麟先生给出了旗帜鲜明的回答：“科学普及太重要了，不能单由科普作家来担当。”这就是卞毓麟先生科普编辑思想重要的“作者观”，即科普作者队伍的核心在一线科学家。

卞毓麟先生编辑出版的书有不少是畅销书。卞毓麟先生还尤其强调科普编辑的“责任观”，即追求完美的社会效益和经济效益。其中，社会效益的出发点在于社会责任感，即“责任最大化”，这既是卞毓麟先生对自己的要求，也是对每个“科普专家”的要求。

（五）

新时期的科普应贯穿科学精神的传播。卞毓麟先生欣赏关于科学家长“三只眼睛”的观点。“三只眼睛”的说法，源于美国《每日新闻》对卡尔·萨根的评论：“萨根是天文学家，他有三只眼睛。一只眼睛探索星空，一只眼睛探索历史，第三只眼睛，也就是他的思维，探索现实社会。”* 卞毓麟先生正是用他独特的第三只眼睛，深入文化的各个层面，用科学思维重新审视传统文化，去伪存真，同时把科学的精神带入到传统文化的学习中，把科学精神融入到民

* 卞毓麟：《追星》创作的理念与实践．中国科普作家协会第五次全国会员代表大会论文［C］.2007.10.13

族的新文化之中。

科普有两个层次，一般普及科学常识的比较多，而结合国情，为满足社会需求传播科学思想的比较少。当前，我国正在实施和推进科教兴国、人才强国、公民科学素质提升、可持续发展、创新型国家建设、全球科技创新中心、创新驱动转型发展等一系列重大战略发展规划，科普作品创作与传播为此服务，具有强烈的战略支撑意义和社会需求意向。卞毓麟先生在2014年上海《战略性新兴产业丛书》研讨会及其他会议上，支持科普的战略性观点。他还提出新时期科普的交叉与融合问题，如科学与文学、科学与艺术、自然科学与社会科学、传统技术与新兴技术、自然科学内部不同学科间、不同传播方式与传播手段的交叉与融合等新思维。由于本次研讨会演讲内容关注的主要是科普文本原创，有关卞毓麟先生"传播科学精神"的思想与实践还没有充分展开评论。

（六）

卞毓麟先生是我国公认的优秀科普作家、翻译家和出版家。20世纪80年代，因工作查阅，我偶然阅读到卞毓麟的译著《科技名词探源》*，之后我就一直追踪、仰望、研读这颗璀璨的"科普明星"及其学术生涯轨迹。卞毓麟先生果然不负时代使命，他活跃于"专家科普"与"科普专家"的"两栖"生活，将"传播科学思想"贯穿于他的整个创作生涯。作为天文学家，他的学术研究和科普作品成果斐然；作为科普作家，他在40年科普生涯中成果丰硕，共创作和翻译了30多部科普图书，主编和参编科普图书100多种，发表科普文章700多篇，而他的理论与感悟更是科普领域的智慧成果。

"卞毓麟科普作品研讨会"开得非常成功，与会的高层领导和专家学者对

* 阿西摩夫．卞毓麟等译：科技名词探源[M].上海翻译出版公司，1985

卞毓麟先生在原创科普中的楷模与典范作用,其科普作品的创作特色、科学、文化与社会价值作了充分肯定和研讨。聆听研讨会,让我视野开阔不少,收获颇丰,同时认为,本次研讨会的下午段议程如果能以圆桌形式进行,如果能安排普通读者代表发言,则更加精彩。

本文系作者特为本书撰写。

朱盛镭,1953年生,教授级高级工程师,曾任上汽集团技术中心技术经济部总监、《上海汽车》杂志主编。

档 案 篇

星星离我们有多远

卞毓麟

60多年前,我刚上初中时读了一些通俗天文作品,逐渐对天文学产生了浓厚的兴趣。半个多世纪前,我从南京大学天文学系毕业,成了一名专业天文工作者。几十年来,我对普及科学知识始终怀有非常深厚的感情。

我记得,美国著名天文学家兼科普作家卡尔·萨根(Carl Sagan,1934—1996)在其名著《伊甸园的飞龙》一书结尾处,曾意味深长地引用了英国科学史家和作家布罗诺夫斯基(Jacob Bronowski,1908—1974)的一段话:

我们生活在一个科学昌明的世界中,这就意味着知识的完整性在这个世界起着决定性的作用。科学在拉丁语中就是知识的意思……知识就是我们的命运。

这段话,正是"知识就是力量"这一著名格言在现时的回响。一个科普作家、一部科普作品所追求的最直接的目的,正是启迪人智,使人类更好地掌握自己的命运。普及科学知识,亦如科学研究本身一样,对于我们祖国的发展、进步是至为重要的。天文普及工作自然也不例外。

因此,我一直认为,任何科学工作者都理应在普及科学的园地上洒下自己辛劳的汗水。你越是专家,就越应该有这样一种强烈的意识:与更多的人分享自己掌握的知识,让更多的人变得更有力量。我渴望我们国家出现更多的优秀科普读物,我也希望尽自己的一分心力,为此增添块砖片瓦。

1976年10月，十年“文革”告终，我那“应该写点什么”的思绪从蛰伏中苏醒过来。1977年初，应《科学实验》杂志编辑、我的大学同窗方开文君之约，我满怀激情地写了一篇2万多字的科普长文《星星离我们多远》。在篇首我引用了郭沫若1921年创作的白话诗《天上的街市》，并且构思了28幅插图，其中的第一幅就是牛郎织女图。同年，《科学实验》分6期连载此文，刊出后反应很好。

在科普界前辈李元、出版界前辈祝修恒等长者的鼓励下，我于1979年11月将此文增订成10万字左右的书稿，纳入科学普及出版社的“自然丛书”。1980年12月，《星星离我们多远》一书由该社正式出版，责任编辑金恩梅女士原是我在中国科学院北京天文台的老同事，当时已加盟科普出版社。

每一位科普作家都会有自己的偏爱。在少年时代，我最喜欢苏联作家伊林(Илья Яковлевич Ильин-Маршак，1895—1953)的通俗科学读物。30来岁开始，我又迷上了美国科普巨擘阿西莫夫(Isaac Asimov，1920—1992)的作品。尽管这两位科普大师的写作风格有很大差异，但我深感他们的作品之所以有如此巨大的魅力，至少是因为存在着如下的共性：

第一，以知识为本。他们的作品都是兴味盎然、令人爱不释手的，而这种趣味性则永远寄寓于知识性之中。从根本上说，给人以力量的正是知识。

第二，将人类今天掌握的科学知识融于科学认知和科学实践的历史进程之中，巧妙地做到了“历史的”和“逻辑的”统一。在普及科学知识的同时，钩玄提要地再现人类认识、利用和改造自然的本来面目，有助于读者理解科学思想的发展，领悟科学精神之真谛。

第三，既讲清结果，更阐明方法。使读者不但知其然，而且更知其所以然，这样才能更好地开发心智、启迪思维。

第四，文字规范、流畅而生动，决不盲目追求艳丽和堆砌辞藻。也就是说，文字具有质朴无华的品格和内在的美。

效法伊林或阿西莫夫这样的大家，无疑是不易的，但这毕竟可以作为科普创作实践的借鉴。《星星离我们多远》正是一次这样的尝试，它未必很成功，却是跨出了凝聚着辛劳甘苦的第一步。

再说《科学实验》于1977年底连载完“星星离我们多远”之后8个月，香港的《科技世界》杂志上出现了一组连载文章，题目叫做“星星离我们多么远”，作者署名“唐先勇”。我怀着好奇的心情浏览此文，结果发现它纯属抄袭。我抽查了1500字，发现它与《科学实验》刊登的“星星离我们多远”的对应段落仅差区区3个字！

这件事促使我在一段时间内更多地思考了一个科普作家的道德问题。首先，科普创作要有正确的动机，方能有佳作。从事科学事业——无论是科研还是科普——的人，若将目光倾注于名利，则未免可悲可叹。我们应该记住乐圣贝多芬（Ludwig van Beethoven，1770—1827）的一句名言：“使人幸福的是德性而非金钱。这是我的经验之谈。”

其次，是“量”与“质”的问题。曾有人赐我“高产”二字，坦率地说，我对此颇不以为然。我钦佩那些既能“高产”、又能确保“优质”的科普作家。然而，相比之下，更重要的还是“好”，而不是单纯的“多”或“快”。这就不仅要做到“分秒必争、惜时如命”，而且更必须“丝毫不苟、嫉‘误’似仇”了。

《星星离我们多远》一书出版后，获得了张钰哲、李珩（1898—1989）等前辈天文学家的鼓励和好评，也得到了读者的认同。1983年1月，《天文爱好者》杂志发表了后来因患肝癌而英年早逝的天文史家、热情的科普作家刘金沂（1942—1987）先生对此书的评介，书评的标题正好就是我力图贯穿全书的那条主线：“知识筑成了通向遥远距离的阶梯”。1987年，《星星离我们多远》获中国科学技术协会、新闻出版署、广播电视电影部、中国科普创作协会共同主办的“第二届全国优秀科普作品奖”（图书二等奖）。1988年，《科普创作》第3期发表了中国科学院学部委员（今中国科学院院士）、时任北京天文台台长王绶瑄先生的文章《评〈星星离我们多远〉》。

光阴似箭，转瞬间到了1999年。当时，湖南教育出版社出版了一套“中国科普佳作精选”，其中有一卷是我的作品《梦天集》。《梦天集》由三个部分构成，第一部分“星星离我们多远”系据原来的《星星离我们多远》一书修订而成，特别是酌增了20年间与本书主题密切相关的天文学新进展。

又过了10年，湖北少年儿童出版社的“少儿科普名人名著书系”也相中了《星星离我们多远》这本书。为此，我又对全书作了一些修订，其要点是：

第一，增减更换大约三分之一的插图。1980年版的《星星离我们多远》原有插图62幅，1999年版的《梦天集》删去了其中的16幅，留下的46幅图有的经重新绘制，质量有所提高。但是，被《梦天集》删去的某些图片，就内容本身而言原是不宜舍弃的。于是我又再度统筹考虑，增减更换了约占全书三分之一的插图，使最终的插图总数成为66幅，整体质量也有了明显的提高。

第二，正文再次作了修订，修订的原则是“能保持原貌的尽可能保持原貌，非改不可的该怎么改就怎么改”。例如：2006年8月国际天文学联合会通过决议将冥王星归类为“矮行星”，原先习称的太阳系“九大行星”剔除冥王星之后还剩下八个；于是，书中凡是涉及这一变动的地方，都作了恰当的修改。

第三，自1980年《星星离我们多远》一书问世以来，既然有了上述的种种演变，不少朋友遂建议我借纳入“少儿科普名人名著书系”之机，为这本书起一个读起来更加顺口的新名字：《星星离我们有多远》。

2016年岁末，忽闻《星星离我们有多远》已被列入“教育部新编初中语文教材自主阅读推荐书目”，这实在是始料未及的好事。于是，我对原书再行审定修订，酌增插图。这一次，除与时俱进地继续更新部分数据资料外，更具实质性的变动有如下几点：

第一，增设了一节“膨胀的宇宙”。发现我们的宇宙正在整体膨胀，是20世纪科学中意义极其深远的杰出成就，它从根本上动摇了宇宙静止不变的陈旧见解，深深改变了人类的宇宙观念。而在天文学史上，导致这一伟大发现的源头之一，正在于天体距离测定的不断进步。

第二，将原先的“类星体距离之谜”一节改写更新，标题改为“类星体之谜”，使之更能反映天文学家现时对此问题的认识。

第三，在“飞出太阳系”一节中，扼要增补了中国的探月计划“嫦娥工程”，并说明中国的火星探测也已在积极酝酿之中。

遥想1980年，《星星离我们多远》诞生时，我才37岁。弹指一挥间，正好又过了37年，而今我已经74岁了。一年多以前，年近九旬的天文界前辈叶叔华院士曾经送我16个字：“普及天文，不辞辛劳；年方古稀，再接再厉！”这次修订《星星离我们有多远》，也算是“再接再厉”的具体表现吧，盼望少年朋友们喜欢它！

承蒙王绶琯院士慨允将书评《评〈星星离我们多远〉》、刘金沂夫人赵澄秋女士慨允将书评《知识筑成了通向遥远距离的阶梯》作为本书评论文章，谨此一并致谢。

2017年暮春于上海

《追星》的创作理念与实践

卞毓麟

一、概述

《追星——关于天文、历史、艺术与宗教的传奇》是一部科学与人文“联姻”的作品。全书以天文学发展为主线，在广阔的历史背景中引出古今中外大量与之相关的人文要素，展现了一种相当新颖的创作风格。身为该书作者，我将它的读者对象定为广义的社会公众，在创作手法上，我努力追求科学性与文学性的有机统一，追求历史感与画面感的圆满呈现，追求准确及时地反映最新科学进展，追求平易朴实的语言风格，并尽力顾及中西文化的观照与比较。

《追星》自2007年初问世以来，获得了广泛的社会关注。新华社发了通稿，有近30家媒体发表书评或报道。4年来，《追星》获得的主要荣誉，按时间先后依次有：“2007年度上海市优秀科普作品”、“2007年度科学文化与科学普及优秀图书奖”、“新闻出版总署第五次向全国青少年推荐百种优秀图书”(2008年)、“第四届吴大猷科学普及著作奖创作类佳作奖”(2008年)、中国科协成立50周年“10部公众喜爱的科普作品”之30个入围项目之一(2008年)、第四届国家图书馆文津图书奖(2008年)，以及“2010年度国家科学技术进步奖二等奖”。上海市科协和山东电视台专门以此书内容为基础，录制了电视系列节目“科普新说”的“‘追星’系列”共10集，并制作了相应的多媒体光盘。

《追星》的创作有其偶然性,更有其必然性。说其偶然,在于匡志强和洪星范二位昔日同事向我约稿,几经商议之后,决定立即动手撰写书稿。言其必然,在于我早就想写一本此种类型的读物,但因事冗未曾动笔,匡、洪二位的约稿实际上促成了它的落实。

下面先从写作的初衷谈起。

二、写作初衷

1959年,英国著名作家C. P. 斯诺(C. P. Snow)在剑桥大学作了“两种文化和科学革命”的重要演讲,提出了科学文化和人文文化的分歧与冲突。他说:

事实上,在年轻人中间,科学家与非科学家之间的隔阂比起30年前更是难沟通了。30年前这两种文化早已不再相互对话了。然而他们至少还可以通过一种不太自然的微笑来越过这道鸿沟。现在这种斯文已荡然无存,他们只是在做鬼脸而已。

斯诺的看法是,两种文化的隔阂,都是由于狂热推崇专业化教育引起的,解除这种局面“只有一条出路:这当然就是重新考虑我们的教育”。

斯诺的见解是有道理的。又是半个世纪过去了,他提出的问题在许许多多国家——包括中国——非但未见明显改善,反倒有更现恶化的趋势。这令各国的有识之士深感担忧,并发表了许多精辟的论述。例如,关于科学家和非科学家之间的隔阂,美国科普泰斗艾萨克·阿西莫夫在其百万言巨著《最新科学指南》(*Asimov's New Guide to Science*)的序言中写道:

有关科学家学术成果的出版物从来没有像现在这么丰富过,但外行人也越来越看不懂了。这是阻碍科学进步的一大障碍,因为科学知识的基本进展通常是来自不同专业知识的融合。更严重的是,如今科学家已经越来越远离非科学家……科学是不可理解的魔术,只有少数与众不同的人才能成为科学家,这种错觉使许多年轻人对科学敬而远之。

但是现代科学不需要对非科学家如此神秘,只要科学家担负起交流的责任,把自己那一行的东西尽可能简明并尽可能多地加以解释,而非科学家也乐于洗耳恭听,那么两者之间的鸿沟或许可以就此消除。要能满意地欣赏一门科学的进展,并不非得对科学有完全了解。

没有人认为,要欣赏莎士比亚,自己必须能够写一部伟大的作品;要欣赏贝多芬的交响乐,自己必须能够作一部同等的交响曲。同样地,要欣赏或享受科学的成果,也不一定要具备科学创造的能力。

那么我们能做什么呢?处于现代社会的人,如果一点也不知道科学发展的情形,一定也不会感觉不安,感到没有能力判断问题的性质和解决问题的途径。而且对于宏伟的科学有初步的了解,可以使人们获得巨大的美的满足,使年轻人受到鼓舞,实现求知的欲望,并对人类智慧的潜力及所取得的成就有更深一层的理解。

阿西莫夫坦言:“我之所以写这本书,就是想借此提供一个良好的开端。”

我创作《追星》,同样是希望能在沟通科学文化和人文文化方面做一点新的尝试。幸运的是,它取得了一定的成功。我感谢读者对它的肯定,也期待着人们对它的批评。

三、读者的定位

《追星》出版后,多家媒体的好几位记者曾问我:“这本书的读者对象究竟是谁?是青少年?还是天文爱好者?”我的回答是:这本书的主要读者对象并非青少年。而且,这本书也不是特地为科学爱好者们写的。我的本意是,它仿佛是为浩瀚的书林增添一道别致的景观,希望游人碰巧看它一眼时,会产生一种“嗨,还真有趣”的感觉。这本书,是为一般社会公众写的,是为乐意看《新民晚报》《南方周末》等的所有读者写的。如果一位原本未必对科学感兴趣的人,偶尔翻翻这本书,竟产生了一种“科学,科学人文,确实还蛮有意思”

的感觉，那么本书的初衷也就算兑现了。我们不必计较读者究竟记住了多少具体内容。

简而言之，本书把读者对象设定为具备中等文化程度的广义的社会公众。我们非常希望有更多的读者通过这次愉快的追星之旅，体会到科学非但不神秘，而且还相当有趣，它就存在于我们每个人身边。当然，科学爱好者们也会从本书中获得充分的乐趣和收益。

我相信，就我国科普的现状而言，如此定位当不失为一种可取的选择。

四、科文交融的追求

时下人们经常谈论“科学人文”，其实这并非始于晚近。例如在四分之一个世纪以前，1986年《中国科技报》（《科技日报》的前身）创办《文化》副刊时，包括我本人在内的一些通讯编委就曾共同倡议，将“把科学注入我们的文化”作为办刊要旨之一。为什么要这样考虑？因为大家觉得，在我们的文化中，科学的东西显得太单薄了。因此，应该有意识地把科学渗透到文化的方方面面中去。后来，又有了实质上相同的另一种提法，即“在大文化的框架里融进科学的精华”。1986年1月8日，《中国科技报》的《文化》副刊发表了赵之先生起草的发刊词“我们为什么办文化副刊”，明确提出要“以科学为准绳，用科学来审视过去的文化，用科学来武装现在的文化，用科学来探索未来的文化”。

时任中国科协主席的钱学森先生读到了这个发刊词，曾致函表示赞同这一办刊宗旨，指出文化副刊要讲科技对社会文化的贡献，也要讲社会文化对科学技术的贡献。他建议，说科学技术是文化，特别要指出基础科学。此信后来收入了人民文学出版社出版的钱学森著《科学的艺术与艺术的科学》一书（1994年），题为“有必要办文化副刊”。

确实，整个社会文化环境是科学技术赖以生存和发展的条件，人们应当了解它；科学技术又是现代社会文化的脊梁，社会文化的进步需要人们的关心和推动。科学与历史、文学、艺术等,都是人类文明的重要组成部分。《追星》力求从文化的高度,将天文学、历史、文学、艺术等多方面内容熔于一炉,以利开阔读者的视野,多方位地领略科学之美。因此,它不是简单地罗列有关的天文知识,而是把描述对象从星星本身扩展到人类"追星"的历程,将几千年来人类对宇宙的不断探索和思考与当时的社会背景融为一体,并贯穿始终。

我写过不少科普书,但创作像《追星》这样的长篇科学文化类作品却还是第一次。关于科学与人文之交融,我在《追星》一书的"尾声"中表达了这样的理念:"林语堂曾经说过:'最好的建筑是这样的:我们居住其中,却感觉不到自然在哪里终了,艺术在哪里开始。'我想,最好的科普作品和科学人文读物,也应该令人'感觉不到科学在哪里终了,人文在哪里开始'。如何达到这种境界?很值得我们多多尝试。"

中国科普作家协会副理事长王直华先生曾对我说:"这本《追星》,主要不是讲星星的故事,而是谈人类'追星'的历程。倘若它只是介绍星星的知识,那就应该放到'科学书房'里。而事实上,它讲的是人类如何'追星'的历史,所以应该在'人文书房'里占据应有的一席。"《追星》是一部科学与人文联姻的作品。

好几位记者在采访时都问及:"这本书讲天文,却时而谈到历史,时而谈到艺术,时而又谈到宗教。您是怎么把这么多东西捏到一块儿的?"科学界也有一南一北两位老友,不约而同地打趣道:"你居然把这么多杂七杂八的东西全都弄到了一起,好本事!"我说:"并不是我把它们捏到一块或者弄到一起,而是它们本来就是一个整体,我只是努力地反映事情的本来面貌而已。"

科文交融,这是一种追求。

五、科学性和文学性

什么是好的科普作品?历来有种种判据和说法。有人说,好的科普作品应该充分展示其和谐与美,应该是真与美的完美结合;有人说,好的科普作品应该做到知识性、可读性、趣味性、哲理性兼而备之,浑然一体;如此等等,不一而足。

其实,每一位科普作家都会有自己的偏爱。我本人在少年时代最喜欢伊林;30来岁开始,又迷上了阿西莫夫。当然,房龙、伽莫夫、萨根、马丁·加德纳、保罗·戴维斯(Paul Davis)、斯蒂芬·霍金等等,也都是我心仪的大家。我国也有不少优秀的科普作家,从老一辈甚至老两辈的学长直到今天的新锐,此处就不一一列举了。

科普作品要具有良好的传播效果,就要力求兼备科学性与文学性。为此,科普作家就必须加强文学修养。但是,我们在创作中又切忌刻意舞文弄墨、炫耀所谓的文采。巴金曾经说过:"文学的最高境界是无技巧",这大概就应该相当于武林高手的"无招胜有招"吧。这是一种炉火纯青的表现,也应该是科普作家们共同追求的目标。

《追星》全书之首是一篇"小引",旨在提示全书的意蕴和脉络。匡志强曾在回忆文章中称其"文情并茂",并特意转引了400来字,说他和洪星范如何初见这篇"引人入胜的文字,忍不住心里的激动"。这篇"小引"确实起到了它应有的作用,能从一开始就吸引住了读者。在谈到早期人类的"这种好奇心和求知欲,渐渐发展成了……研究天体运动、探索宇宙奥秘的天文学"之后,紧接着的叙说很自然地引出了书中的第一位主角——彗星:

就这样,人类成了天生的"追星族"——追那天上的星。其实,天上的星星也是千差万别的。它们的明暗、颜色——有时甚至外形——都各不相同。对于上古的初民来说,还有什么比天空中突然出现"一把闪闪发光的大扫帚"更令人惊骇的呢?

这种外形酷似扫帚的星,就是彗星。人类对于彗星的惊骇,一直持续到近代。我们的追星之旅,也就从这里开始,它构成了本书的第一篇。关于彗星，有着许许多多奇妙的故事。在东西方文化加速交融的今天，过个快乐的圣诞节在我国也渐渐成了一种时尚。我们有关彗星的第一个故事，恰好就是“圣诞之星”……

另外，书中的各级标题也都各具文学色彩。例如，全书的五个篇名依次为“不速之客天外来”（谈彗星）、“传承古人的智慧”（宇宙观念的发展）、“注视宇宙的巨眼”（天文望远镜的历史）、“远离太阳的地方”（关于太阳系的新发现）和“未来家园的憧憬”（空间时代和火星探测），大体上做到了“形式工整，意象优美”。如果《追星》果真能成为“没有枯燥的科学，只有乏味的叙述”这一名言的又一例证，那么我将为此而感到莫大的欣慰。

六、文风的思考

我一向认为，对于科普创作而言，平实质朴的写作风格是十分可取的。在这里，平实质朴意味着行文直白流畅，叙事条分缕析。这种文字风格有利于读者领悟作者希望别人明白的科学道理，也有利于读者即时琢磨最应该思索的问题。

阿西莫夫曾非常直率地说：“如果谁认为简明扼要、不装腔作势是一件很容易的事，我建议他来试试看。”阿西莫夫曾提出一种“镶嵌玻璃和平板玻璃”的理论，他说：

有的作品就像你在有色玻璃橱窗里见到的镶嵌玻璃。这种玻璃橱窗很美丽，在光照下色彩斑斓，你却无法看透它们。同样，有的诗作很美丽，很容易打动人，但是如果你真想要弄明白的话，这类作品可能很晦涩，很难懂。

至于平板玻璃，它本身并不美丽。理想的平板玻璃，根本看不见它，却可以透过它看见外面发生的事。这相当于直白朴素、不加修饰的作品。

理想的状况是，阅读这种作品甚至不觉得是在阅读，理念和事件似乎只是从作者的心头流淌到读者的心田，中间全无遮拦。写诗一般的作品非常难，要写得很清楚也一样艰难。事实上，也许写得明晰比写得华美更加困难。

阿西莫夫获得巨大的成功，无疑得益于他恪守那种非常朴实的平板玻璃似的写作风格。我赞赏这样的文风。在《追星》的整个写作过程中，我也努力保持这样的风格。许多读者认为《追星》具有很强的可读性，也是因为那种非常平实的写作风格起到了应有的作用。

七、历史感和画面感

中国教育界和科普界的老前辈顾均正先生，在1953年12月24日的《人民日报》上发表了“向伊林学习”一文。文中指出：“伊林的作品，都用历史观点来表现事物的发展。他批评过去的儿童读物没有时间观念。他在《人和山》的开场白里说：‘好像是世界上各种事物一件件都在这里，但是有一样重要东西没有谈到：时间。它是一个睡着的世界，在这个世界里，时间是停止的。’”

伊林的作品令人爱不释手，有一个重要原因，就是他总是将人类今天掌握的科学知识融于科学认识和科学实践的历史过程之中，用哲学的语言来说，就是做到了“历史的和逻辑的统一”。世上许多令人爱不释手的优秀科普作品，通常也都具有相当鲜明的历史感，钩玄提要地回顾人类认识、利用和改造自然的本来面目，有利于读者理解科学思想的发展，明了科学方法的实质，领悟科学精神之真谛，并由此提高自身的科学素养。

在科普作品和科学人文作品中多多地谈论历史，还有一个好处，那就是有助于人们高屋建瓴地领悟科学的作用。伽莫夫曾经说过，科学的作用，不只是“达到改善人类生产条件的实际目的”，科学“当然也是为了达到这个目的，但这个目的是次要的，难道你认为搞音乐的主要目的就是为了吹号叫士兵早上起床，按时吃饭，或者催促他们去冲锋？”伽莫夫认为，科学的来源就是人类追求对于自然和自身的理解。

在科普作品和科学人文作品中多多地谈论历史，还有助于人们领悟科学家长“三只眼睛”的重要性。“三只眼睛”这一说法，源于美国《每日新闻》对卡尔·萨根的评论：“萨根是天文学家，他有三只眼睛。一只眼睛探索星空，一只眼睛探索历史，第三只眼睛，也就是他的思维，探索现实社会。”

历史是人类文明的画卷。历史作品应该具有强烈的画面感。司马迁的《史记》、塔西佗的《编年史》，都是字里行间充满着画面的典范。历史文化通俗读物、尤其是科学史通俗读物更应该如此。所以，我写《追星》时，也一直在提醒自己：画面感，画面感，画面感！

这里所说的画面感，不仅仅是指书中的200多幅插图。诚然，对于《追星》这样的书而言，插图是重要的。全书250余幅精美的图片，与文字相互呼应、相得益彰，尤其是一些极具历史价值的科学史图片和艺术图片，更为全书增色不少。但是，我对自己提出的希望是：即使全书连一幅插图也没有，读者也能随时在正文中读出图来。也就是说，本书的画面感还直接体现在全书的字里行间。读者在阅读过程中，随时都能在脑海中浮现出一幅栩栩如生的画面。在某种程度上，本书宛如一个电影文学脚本，它本身并没有图，但是只需再往前跨出一步，就可以转化为分镜头脚本并拍摄成影片。我相信，《追星》的读者将不难发现这一点。同时，我还很希望听到影视界人士的意见。

八、反映学科最新进展

科普图书不仅要介绍已定型的科学基本知识，而且要及时反映科学的最新进展。在《追星》的写作和出版过程中，天文学和航天技术领域的新成就层出不穷，书中必须择其精要及时反映。为此。我尽了很大努力。例如，美国“勇气号”和“机遇号”火星探测器登陆火星后不断传来的新发现，2005年10月中国航天员费俊龙和聂海胜乘坐“神舟六号”飞船升空并安全返回，2005年7月美国“深度撞击”彗星探测器按预定计划成功撞击“坦普尔1号”彗星，2006年1月“星尘号”宇宙飞船的返回舱带着成功取得的彗星样品返回地球，2006

年11月“火星勘测轨道器”开始执行探测使命等,在本书中都有准确及时的描述。特别是全书付排后,2006年8月国际天文学联合会通过决议,将原先称为太阳系“九大行星”之一的冥王星重新分类、归入“矮行星”之列,我随即在阅读校样时予以增补,使《追星》成为中国率先反映这一重大科学事件的科普图书之一。中国科学院国家天文台资深研究员李竞先生拿到《追星》后,立即检查近年来一系列相关的天文大事是否已纳入书中。事后他对我说:“你搜集的资料很新,很及时、到位。很好。”

九、中西文化的观照

中国科学院紫金山天文台的一位学长曾当面问我:“你写这本《追星》,有没有什么外文书做蓝本?”在人们热议国内原创与国外引进的科普作品有何差距的语境下,这真算得上是一个既有疑虑又有期待的好问题。当我干脆地回答“没有”时,心情非常愉快,因为《追星》确实是一部从构思到写作始终不忘“原创”两字的作品。

除了前述诸项外,《追星》还很注重中西文化的观照与比较,因而展现出与引进版图书别具一格的特色。就宏观的历史时期而言,例如欧洲古代马其顿王国瓦解后的“希腊化”时代与中国西汉后期的观照,中国清代康熙朝与法国路易十四时代的联系等,书中各有言简意赅的叙说。就微观的人物事件而言,书中既介绍了牛顿、哈雷、赫歇尔等诸多国外科学家的成就以及与之相关的人文素材,也刻画了中国著名天文学家郭守敬、张钰哲、李珩等人的科学贡献和社会生活背景,还引证了屈原《九歌》、马王堆汉墓帛书中的彗星图、《晋书·天文志》等中国传统文献。尤其是叙述中国天文爱好者张大庆发现彗星的事迹,赞扬他的探索精神,此类题材在当前的科普图书中尚不多见。

十、任重而道远

《追星》面世未久，科普界迅即从不同的视角作出了许多评论。现略举数例，以见一斑。

2007年4月，年逾八旬的老一辈著名科普活动家李元先生浏览《追星》之后，很快就指出："它在叙述天文学的历史渊源时，把古今中外科学文化艺术的丰富素材巧妙地编织在一起，展现了一种全新的创作风格。"

2007年5月，在上海举行主题为"科学家如何进行科技传播"的中美科普论坛上，与会者对《追星》在科普创作上的突破给予了很高评价，"欣喜地从这本新书中发现天文学结合历史、艺术与宗教的生动发散带给公众的巨大吸引力和愉悦阅读体验"。

资深媒体人许兴汉先生在《人民日报》发表的"'仰望天空'需要引领者"一文写道，"卞毓麟先生在娓娓追述星空的种种奥秘过程中，将灿烂星空与历史、艺术、宗教等其他人类文化以一种最自然的方式熔铸于一体，我们看到的不仅仅是科学的理性光芒，更有多样的人文思考和人性的昂扬，从而激发当今青年学子在管理好自己个人学习和生活的同时，一定要抬起头来放眼世界，着眼未来，要把个人的命运同国家、民族和人民的命运紧紧地连在一起，也就是始终如温总理所说的'做一个关心国家命运的人！'"

海峡两岸"第四届吴大猷科学普及著作奖"在获奖评论中称："这本书让我们认识到另一种更深层次的'追星'，这是植基于人类心灵深处求知的渴望，寻求人格的提升，寻求人类自身的超越的'追星'，如果这样一类'追星'能在年轻朋友中多一些知音，难道不是对社会一件功德无量的事情吗？"

中国科普作协副理事长陈芳烈先生在"科普图书原创刍议"中说：作者"熔天文、科技、历史与宗教的传奇于一炉，把许多有价值的科学与人文知识用'追星'这条主线串接起来，珠联璧合，写得有声有色。诗化的语言，更增添了这部科普作品的魅力。我想，如果我们的科普作品都写得这样吸引人，又何愁没有知音!”

我衷心感谢朋友们和读者们对我的勉励。与此同时,我更感受到了科普工作者是何其任重而道远。创新,意味着需要有更多不辞辛劳的探索、尝试和实践。今天,中国的科普创作队伍还称不上实力雄厚,更谈不上兵强马壮,这就特别需要我们团结一致、分外努力。在此,作为本文的结语,我想再次表达近十年来自己曾多次重复的感悟和心声:

科普,决不是在炫耀个人的舞台上演出,而是在奉献公众的田野中耕耘。

愿与诸君共勉!

本文原载于:姚义贤、陈晓红主编,《首届获奖优秀科普作品评介》(中国科普作家协会优秀科普作品奖获奖优秀科普作品评介丛书),科学普及出版社,2011年12月版。

科学普及太重要了，不能单由科普作家来担当

卞毓麟

一、小引

法国政治家克雷孟梭(Georges Clemenceau,1841—1929)有一句名言:“战争太重要了,不能单由军人去决定。”

美国科普作家阿西莫夫(Isaac Asimov,1920—1992)仿此句型,引出又一名言:“科学太重要了,不能单由科学家来操劳。”他的意思是说,全社会、全人类都必须切实地关心科学事业。

作为一名科学普及事业的热心人,我想这样说:“科学普及太重要了,不能单由科普作家来担当。”

作为一名专业天文工作者,我更觉得有必要阐明:“天文学太重要了,不能单由天文学家来操持。”

于是就形成了这篇提纲式的随记。发表这篇尚不能称其为论文的东西,意在抛砖引玉,以期引起更广泛的讨论与关注。

二、科学普及之功能

科学普及之功能,概而言之有四,即:培养人才;促进科学自身之发展;建设精神文明;建设物质文明。前人对此时有论述,这里算是作些补充。

1. 培养人才

——英国《自然》杂志在阿西莫夫去世后，刊登了美国著名天文学家兼科普作家萨根(Carl Sagan)撰写的讣文。其中有两段话分外耐人寻味，谨译录于此。其一曰：

我们永远也无法知晓，究竟有多少第一线的科学家由于读了阿西莫夫的某一本书，某一篇文章，或某一个小故事而触发了灵感——也无法知晓有多少普通的公民因为同样的原因而对科学事业寄于同情。人工智能的先驱者之一M.明斯基最初就是为阿西莫夫的机器人故事所触动而深入其道的……

其二是在讣文结尾处，先提及阿西莫夫在最后的日子里曾请人们"别为我担心"，然后萨根发自内心地说：

我并不为他担心，而是为我们其余的人担心，我们身边再也没有艾萨克·阿西莫夫来激励年青人奋发学习和投身科学了。

——人们乐于把科普喻为"第二课堂"，这是很中肯的。谁也不会对课堂的重要性一无所知，那么第二课堂又如何呢？

2. 促进科学自身的发展

普及与提高的关系犹如一座金字塔，塔基愈宽则塔身愈高。对此牛顿(Isaac Newton，1642—1727)在1676年致胡克(Robert Hooke，1635—1703)的一封信中作了精辟的表达：

如果我比别人看得远些，那是因为我站在巨人们的肩上。

问题是：巨人们从何而来呢？

归根到底，他们也是从社会公众中培育、涌现出来，而决非凭空诞生的。

3. 建设精神文明

这里，特别值得强调的是与伪科学和迷信作斗争、与物质和盲从作斗争。这类反科学的货色，近几十年来在世界上的许多国家均时有泛滥，近年来在我国也有相当的市场。自不待言，针对这种情况，科学界(包括科普界)

理所当然应有所作为。的确,我们也已经看到不少卓有成效的努力。

——美国的一批有识之士于1976年成立了“超自然见解科学调查委员会”(The Committee for the Scientific Investigation of Claims of the Paranormal,常简称CSICOP),旨在对超越科学可知性范围的种种说教作出评价。该委员会中许多知名学者编写的《科学和超自然说》(1981年)一书,首次对一系列所谓的超自然现象作了详尽的科学分析,并成为美国科学促进会重点推荐书。下面我们摘引CSICOP的发起人之一、该会主席、纽约州立大学哲学教授库尔茨(Paul Kurtz)在该书前言中写的几段话,以对美国科学家如何行动作一管窥:

近年来,种种荒诞的信仰在社会上迅速流传,致使严肃的观察家无不深感惊讶。

对此,科学家们应该作何反应?迄今为止,许多科学家持不屑一顾的态度……幸好,也有许多科学家认识到有责任超越自己的专业范围,运用科学的方法去仔细考察超自然现象,从而为启发和教育社会公众作出贡献。

本书的作者们久享盛名,极有资格对许多有争议的超自然见解进行评述。

加德纳(Martin Gardner)多年来花费了许多时间专门考察灵学,希曼(Ray Hyman)和兰迪(James Randi)亦是如此;著名天文学家阿贝尔(George Abell)结识了一些占星术士,和他们一起工作,就他们的见解进行讨论;克拉斯(Philip Klass)是研究飞碟的权威之一,他深入现场,检验过所谓的“目击”;库什(Larry Kusche)仔细地分析过关于百慕大三角的资料。

这些学者在书中不存偏见地分析鼓吹超自然说的理论,指出它们的欠缺。笔者认为,该书非常值得一读。

——中国科普研究所在过去几年内也作出很大努力,办了许多实事,其中也包括组织翻译了上述《科学和超自然说》一书(书名译为《科学与怪异》,上海科学技术出版社,1989年9月第1版)。《科学》杂志倘另发专稿,当可为科坛再添一段佳话。

4. 建设物质文明

科学知识之普及对于发展生产、繁荣经济、提高生活水平等诸方面的重要性，而今几已不言自明——虽然人们对于基础科学的重要性往往还是认识不足。

三、天文学之普及

现代科学这个庞大体系的每一分支，就其研究与普及而言，皆既有共性，又都有个性。作为整个科学的一个组成部分，天文普及当然亦具备上述科学普及之全部功能；天文普及之特色则取决于天文学本身的性质。兹举要如次。

1. 天文学是最古老的科学

千百年来，天文学受到许多国家政府和百姓的关注——不论隶属于何种文化、出于何种动机、在何种意义、何种层次、何种程度上，总之它已被自觉或不自觉地关注了几千年。因此，天文学既有普及的根基，又有正确普及的需要。

——例如，在中国，从大约3000年前起便有“御前天文学家”，在某种意义上这已相当于近世欧洲的“皇家天文学家”。

——另一方面，占星术乃是天文学的一个遭到严重歪曲的影子。它曾经并且依然在世界上广泛地流传——甚至在那些高度发达的国家中也不例外。天文工作者应该责无旁贷地让人们看清，那个迭遭歪曲的影子（占星术）的未遭歪曲的原型（天文学）究竟是什么样子。毕竟，为人类文明作出卓越贡献的乃是天文学，而不是占星术。

2. 现代天文学是一门大科学

简而言之，大科学乃是一种其研究成果对人类影响极大的科学事业，它需要当代技术所能提供的最高精度和最大规模作为支柱，需要巨额资金和严密的管理系统，而个人是决难单枪匹马地左右其全局的。关于天文学的重要性自可另作专论，此处仅从大科学的角度略谈一二。

——美国知名天体物理学家冈恩（James Gunn）曾经说过：

第谷（Tycho Brahe，1546—1601）的努力已经可以用上大科学这个词儿了。没有丹麦国王给予的皇室资助，以及更根本地，没有汶岛上为数可观的人口所提供的整个经济产值，第谷就干不了他所做的一切。……对于越来越大的望远镜的需求，很快就使观测天文学在得不到政府或巨富们的资助的情况下无法实施。对于那些哀叹当今的天文研究必须依赖于政府支持的人来说，想想这个问题的历史将会有所裨益……

我赞成冈恩的观点。科学工作者不应哀叹，而是应该去做我们应做的事情，那就是下面的“四部曲”：

首先是广泛地在社会公众（包括政府要员与亿万富翁们）中传播科学知识；然后是争取人们的同情；再就是在道义上和舆论上取得人们的支持；最后是收集到足够的经费用于你的科学事业。

如果不在普及科学上下大功夫，我们怎能达到自己的目的，实现自己的目标呢？

普及和传播你所从事的研究工作，决非可有可无的小事一桩；它关乎社会文明，国家昌盛，世界进步。何以为之，请学人们三思。

3. 天文普及之可行性

——任何科学知识均可在某种程度上普及，天文学也不例外。我很欣赏阿西莫夫的下述议论：“现代科学不必对非科学家神秘莫测，只要科学家担负起交流的责任——对自己干的那一行尽可能简明并尽可能多地加以解释，而非科学家也乐于洗耳恭听，那么两者之间的鸿沟便有可能消除。要能满意地欣赏一门科学的进展，并不非得对科学有彻底的了解。归根到底，没有人认为，要欣赏莎士比亚，自己就必须能写出一部伟大的文学作品。要欣赏贝多芬的交响乐，也并不要求听者能作出一部同等的交响曲。同样地，要欣赏或享受科学的成就,也不一定非得躬身于创造性的科学活动。”

——历史的经验:成功的普及专家

历史上有许多成功的普及家,他们不是因为作出某项具体的科学发现而名垂青史,而是因出色地传播科学知识而著称于世。这里仅略举数例。

丰特奈尔(Bernard le Bovier de Fontenelle,1657—1757)是一位科学寿星。他于1691年入选法国科学院,1697年成为法国科学院常务秘书。他不断撰文向普通公众介绍当时的各种重大科学进展;每当著名科学家逝世,总是由他撰写讣告。他的知识面极广,1686年出版的《关于世界之众多性的对话》尤为世人称道。该书向兴趣浓厚并且富有智慧的普通读者介绍新生的望远镜天文学,详细描述当时所知的每颗行星,并推测这些行星上可能存在的生命形式。时至今日,人们在谈论地外文明问题时,还经常提到丰特奈尔的这本书。人们认为,他也许可算是全凭科普活动而在科学界闻名的第一人。

在现代,美国的阿西莫夫和英国的穆尔(Patrick Moore)在天文普及方面也都极其成功。几十年来,穆尔每月在英国电视屏幕上出现一次,讲述一项天文专题知识,他的语言和演说风格均极具感染力,在英国可说几乎无人不知穆尔的大名。穆尔出版的书,总数虽不及阿西莫夫,但天文著作则比阿西莫夫写的天文书更多。

在中国自清季以降,尤其是近几十年内也颇有一些天文普及行家作出诸多贡献;倘有专文论述,自可激励后人。

——历史的经验:成功的专家普及

著名的天文学家兼为著名的普及专家,历史上亦不乏其人。此处也只能略举几例。

18世纪的法国天文学家拉朗德(Joseph Jérôme Le Français de Lalande,1732—1807)曾任巴黎天文台台长,他把大部分时间用于编纂一份庞大的星表,其中编号为21185的那颗星后来查明乃是离太阳最近的少数几颗恒星之一。他在普及天文知识方面的惊人之举是撰写了狄德罗(Denis Diderot，1713—1784)百科全书中的全部天文学条目。

19世纪的法国天文学家弗拉马里翁(Nicolas Camille Flammarion，1842—1925)11岁起即自行开始天文观测和气象观测。16岁时，一位给他治病的医生偶然发现了他的一包长达500页的手稿《宇宙的演化》。这位医生读后大受感动，遂将他推荐给巴黎天文台。弗拉马里翁的专业天文学生涯即发轫于此。他是法国天文学会创始人，并任首任会长。他曾在法国许多城市和几个欧洲国家的首都广作天文演讲，其使听众入迷的魔力堪与英国小说家狄更斯(Charles Dickens，1812—1870)媲美。他的《大众天文学》一书被译成世界上十多种文字(包括中文)。该书在19世纪的同类著述中可谓无出其右，时至今日也依然令人赞叹不已。弗拉马里翁的座右铭是："科学知识应该通俗化，而不应该庸俗化"。他本人正是一位地地道道的身体力行者。

英国天文学家金斯(James Hopwood Jeans，1877—1946)在现代天文学史上有非常高的知名度，与此相得益彰的是他的天文普及读物，其中最受欢迎的便是众所周知的《我们周围的宇宙》(1929年)和《穿越空间和时间》(1934年)。

另一位英国天文学家爱丁顿(Arthur Stanley Eddington，1882—1944)是最早认识到爱因斯坦(Albert Einstein，1879—1955)相对论之重要性的少数科学家之一。他于1914年成为剑桥天文台台长。爱丁顿对天文学的最大贡献是建立恒星内部结构理论。他是二十世纪二三十年代最重要的通俗天文作家之一，作品尤以《膨胀的宇宙》(1933年)最为著名。当时膨胀宇宙的观念尚提出不久，因而该书的影响尤为巨大。

与金斯和爱丁顿同时代的美国天文学家罗素(Henry Norris Russell，1877—1957)长期任普林斯顿大学天文台台长，一生在天文学的许多分支各有建树，其中尤以创制表示恒星光谱型与光度关系的图最为著称。这类图后来以两位发明者——丹麦天文学家赫茨普龙(Ejnar Hertzsprung,1873—1967)以及罗素——的姓氏命名为“赫罗图”,它无疑是天文学史乃至整个科学史上最重要的图件之一。罗素热心天文普及工作,自1900年起每月为《科学美国人》杂志撰文一篇,至1943年共写短文500篇,内容几乎涉及天文学的所有方面。

伽莫夫(George Gamow,1904—1968)在俄国出生,1928年在列宁格勒大学获博士学位,1934年在美国定居。他率先详细阐述大爆炸宇宙论,并且在生物化学中第一个提出遗传密码由一组核苷酸构成。伽莫夫作为一流科普作家的声望,与其作为一流科学家的声望堪称伯仲。他的科普事业始于1939年出版《汤普金斯先生漫游奇境记》。此后他又写了20来本质量极佳的通俗科学读物,在世界上广得青睐。中译本已有《物理学发展史》《物理世界奇遇记》《从一到无穷大》《原子能与人类生活》《伽莫夫自传》等。在这些书中,他对宇宙学、量子力学、相对论、集合的势等艰深科学内容的介绍皆精彩之极,妙不可言。

上文提到的美国学者萨根生于1934年,作为一名专业天文学家,他在行星科学方面有很深的造诣;作为一名科普作家,他不仅写出几十部通俗读物,而且还创作了著名的13集电视系列片《宇宙》,后者已在世界上约70个国家播出。我国中央电视台亦已于80年代中期译出,然至今未播,天文界和科普界诸多同仁颇以为憾。

英国物理学家、天文学家霍金(Stephen William Hawking)生于1942年,多年前患上了肌萎性脊髓侧锁硬化症,导致全身瘫痪,连动一动都很困难。这种不治之症最终将会把人一点一点地“耗干”。尽管如此,霍金出类拔萃的大脑和坚强不屈的精神,却使他不断地取得惊人的科研成果,例如关于黑洞量子效应和黑洞热力学的开创性工作。他的通俗读物《时间简史》(1988年)在英美名列最畅销书榜首达数十个星期之久。从中学生到古稀老人,从普通读者到物理学家,都能基于各自的知识背景和爱好,享受阅读此书的乐趣。

我国天文学界素有良好的普及传统。已故老一辈天文学家李珩(1898—1989)、陈遵妫(1901—1991)、张钰哲(1902—1986)、戴文赛(1911—1979)等人皆为天文科普倾注了大量心血。后来者自当加倍努力,以发扬光大先人遗志,为具有悠久历史之中华民族天文事业、为世界科学之进步作出更大的贡献。

四、小结

前面所举的例子多已载入史册,如今的宣传媒介和影视技术则使科普手段如虎添翼。将科普工作不断推向更高的水平和更新的境界,已是所有的科学工作者责无旁贷的事情。记得有位前贤说过:“科学必须走出学府传遍全国,犹如那生命之水从山上涓涓流下,浇灌山谷。”今天,我们应该思索的问题依然是:这种生命之水的源泉何在?它为何而来?又往何处而去?

谚云:“不能如愿而行,亦须尽力而为。”愿以此与科学界同仁,尤其是与忙于研究、教学或开发而尚“无暇”顾及科学普及工作的专家、学者们共勉。

本文原载于《科学》1993年第45卷第2期,系该期“特稿”。

这篇提纲式的随记,谈的是科学普及的功能,兼谈普及天文知识之必要性与可行性。本文的主要部分,作者曾于1992年10月在“亚太地区天文教育讨论会”上报告,颇获好评。

“科学宣传”六议

卞毓麟

“知识就是力量”，培根（Francis Bacon，1561—1626年，英国哲学家）的这句名言，言简意赅，朗朗上口，我国公众早已熟知。

与此有关，培根还有一句名言：

“知识的力量不仅取决于其本身的价值大小，更取决于它是否被传播以及被传播的深度和广度。”

这番话流传得不如上一句广泛，却同样富含哲理。要想把“知识”变成公民的和国家的现实“力量”，就必须研究其在社会上“是否被传播以及被传播的深度和广度”。而要促进“知识”的“传播”，就必须认真地“宣传”。今天，科学技术上的竞争已成为国际间综合国力竞争的关键，因而更需要注意对现代科学技术的知识体系作切实的“宣传”。

有感于此，谨借以“传播科学”为旗帜的《科学》创刊80周年之际，略陈“科学宣传”之管见。遂成六议如下。

一议：何为“科学宣传”

《科学》长我30岁。今重温斯刊之坎坷经历，何啻感慨万千。昔任鸿隽、杨杏佛、胡明夏、赵元任、周仁等前辈学人于内战连年、外侮交加之际，毅然节省留学生活费用，创办《科学》，其高风自属可嘉，而“传播科学，提倡实业”之宗旨尤为可佩。“提倡实业”之语，或因时势之变迁而有小异，“传播科学”则恒为任何时代之必需。《科学》的80年，是传播科学的80年。也可以说，是为“科学宣传”作出卓越贡献的80年。

那么，什么是“科学宣传”呢？

我们先从一般的宣传谈起。“宣传”是一个相当复杂的概念，不同的工具书所下的定义亦有颇大差异。就现代实用汉语而言，笔者以为《中国大百科全书·社会学》的说法比较可取：宣传是“利用大众传播工具，有组织、有系统地对一定数量的对象给予某种信息，使其态度、信念、意见和行为等按宣传者所希望的方向发生改变的过程。宣传的机理是用事先准备好的一套观念，去影响和改变对方原有的心理状态、意见与态度。宣传实际上是一种心理注入和心理控制的过程”。从社会学的角度，宣传常按其内容分为四类：政策宣传、商业宣传、教育宣传以及宗教宣传。

至于“科学宣传”，如今在日常生活和科学研究中，它都尚未成为一个定型的概念而被规范地理解和使用。它可以理解为最广义的“教育宣传”的一个组成部分。然而，基于科学技术在现代社会生活中的重要性，笔者以为，还可以把“科学宣传”这一概念从其他概念中独立出来，并给予如下注释性定义：

利用大众传媒，有目的、有系统地向传播对象（个体或群体）注入科学之内容（知识）、方法和意义等信息，使之按有利于科学和社会进步的方向转变其意识、信念、态度、行为等的过程。

因此，与通常使用的“科学普及”概念相比，在对象和内容上，“科学宣传”的含义都更为广泛；与“科学传播”相比，在行为的主体和目的上，“科学宣传”的表述都更为鲜明，更含主动性。

既属“宣传”的范畴，科学宣传亦有五大要素：（1）目的，即为了什么；（2）内容，即讲什么；（3）对象，即让谁听；（4）主体，即谁来干；（5）方法，即怎么做。

二议:科学宣传的目的

1994年初,从大洋彼岸传来消息:美国国家科学院将公共福利奖章授予天文学家、杰出的科普作家萨根(Carl Sagan),表彰“他在传播科学之神奇和重要性,激起无数人的科学想象力,以及用通俗的语言阐释艰深的科学概念方面所表现出来的非凡能力”。

一个国家的科学权威机构设置崇高的荣誉,奖励杰出的科学传播者、出色的科学宣传家,这是其科学界乃至整个社会,对科学宣传的重要性已形成共识,并置于应有高度的一种表现。反思我们,对于科学宣传是一项重要的社会事业,在科学界和全社会似乎都还缺乏充分的共识和认同。这里,涉及对“科学宣传的目的”的认识问题。

科学宣传的目的是什么?

从科学自身看,有两条:促进科学当前的发展和培养后继科学人才;从整个社会看,也有两条:建设精神文明和建设物质文明。

在这几乎不言自明的答案中,笔者作为一名科学工作者最有感触的是第一条,即“促进科学当前的发展”。这一条与科学界关系最密切,但也最容易为埋头科研的人们所忽视。

科学事业要健康地发展,必须取得社会的理解、认同和支持。只有在这层意义上,培根所说的“知识的力量”才能得到充分的发挥。哥白尼的《天体运行论》早在1543年即已出版,然而其“日心说”的力量,却是历经100多年,在这一学说被人们充分理解之后,才充分体现出来。为了宣传这一科学学说,求得科学的自身发展,好几代科学家前仆后继,不懈奋斗,布鲁诺上了火刑柱,伽利略遭受终身监禁,为释放“知识的力量”付出了沉重的代价,在科学和社会发展史上留下了可歌可泣的篇章!

当前,从事第一线研究的科学家们,对于经费结据常深感切肤之痛。面对资源的市场经济配置,如何转变观念,求得科学的当前发展?笔者以为,在增强市场观念的同时,还应提高主动“宣传”科学的意识,促进社会公众(在科学面前,管理者、决策者也属于广义的“公众”)对科学有更全面、正确、深刻的了解。笔者曾将这一宣传过程比喻为“四部曲”:

首先,有效地宣传科学知识;

其次,争取人们的理解和同情;

然后,取得道义上和舆论上的支持;

最后,筹集充分的资金,发展自己的科学事业。

这是一个不断反复的过程,因此加上“反复记号”。这样做,具有提高公众科学素养和促进科学自身发展的双重作用。试想,平时不注意科学宣传,等到“化缘”的时候才匆匆念经:“我们的工作很重要,请给予资助!”那究竟会有多大效果呢?须知,公众对科学的理解与支持程度,是建筑在相应的大众科学素养水平上的。更何况,科学家本来就有向公众传播科学的义不容辞的责任,本来就应在促进社会两个文明建设的过程中求得科学自身的发展。

三议:科学宣传的内容

科学宣传的内容,大致有三个方面,即科学的知识、科学的方法、科学的意义(这里暂不谈科学家情操、道德等的宣传)。

科学“知识”,无疑是科学宣传的最基本内容,宣传科学的“意义”与“方法”也常常是通过“知识”的宣传来实现的。我们熟悉的“科学普及”一词,习惯上就常指科学“知识”的宣传。从我国的历史和现状来看,相对于后两项内容,科学知识的宣传还是做得比较多的。问题是如何跟上科学和社会发展的步伐,向深度和广度进军,做得更好、更有效。

现代科学技术的知识体系,宏大而精深,错综而严密。要想从中汲取力量,既需要对它作宏观的把握,也需要对它作微观的了解。因此,科学“知识”

的宣传,也应从宏观和微观两个方面进行,并注意两者的结合。目前不少综合性的科学普及刊物处境艰难,亟须社会多予支持,而缺少综合性科学普及传媒的科学宣传则是跛足的科学宣传,是不利于通观现代科学技术发展的主流和全局的。

科学的"方法",主要是指科学的思维、逻辑以及过程。今天,我们大概还无法使社会上每个人都具有科学家那样渊博高深的科学知识,却有可能让每个人在自己的社会角色中学会科学的思维方法,像科学家那样研究、分析、处理问题,生活得更有效率,更富创造性。本来,每个正常人的大脑都具有创造的潜力,需要的是通过科学方法的宣传,去启发和开拓。强化科学方法的宣传,对于增强我们全民族的科学意识和素质,具有无可估量的深远意义。

科学的"意义",主要是指科学的功能。这里有多方面的内涵:社会的、文化的、乃至科学自身的。笔者以为,较诸科学知识和方法两个方面,我们对科学的意义的宣传尚显薄弱肤浅,也不够全面。例如,即使在知识界、科学界内部,也会听到诸如此类的说法:研究"恒星演化"、"夸克禁闭"这些事儿,对人类切身利益没什么用;花那么多钱发射"行星探测器"是得不偿失,地球上的事都没管好,何必忙着管别的星球上的事,等等。诚然,一个人议论自己不熟悉的事难免会有所偏颇。但是,这类议论至少说明两个问题:一是议论者(即便是某行专家)都有一个不断接受科学宣传,不断提高自身科学素养和增强科学判断力的问题。这样才不容易在隔行的问题上出洋相。二是这些被议论的问题多属基础研究范畴,对它们的功能有一个正确宣传的问题。大厦之宏伟,离不开基础,然而基础却是被掩埋的。同样,基础研究的重要性,也常为科学大厦之宏伟所掩盖。基础研究的超前性,也使人们难以一眼窥透它的潜在力量。因此,基础研究领域的专家尤其要重视向社会公众宣传该领域的意义与价值。

作为一名天文工作者,笔者愿借此机会顺便谈论一下"行星探测器"的

"意义"。即使从非常"实际"的目的而言,它也是十分"有用"的。例如,地球的气候状况十分复杂,风霜雨雪、旱涝冰雹、严寒酷暑,全是地球上的复杂气象条件造成的。海洋、陆地、大气对气候的影响,相互交织、彼此消长,人们至今尚未弄清其中的复杂关系。要是能有一些比较简单的全球性气象系统(比如只有海洋没有陆地,或只有陆地没有海洋,或整个大气的温度恒定等等),那就比较容易弄清海洋、陆地、大气各自对全球气候的影响,再研究复杂的地球气候就会方便得多。大自然果真提供了这种方便:整个木星表面覆盖着液态的氢,火星只有很稀薄的大气而没有水源,金星则完全被几乎恒温的灼热大气所包围。

萨根有言:"我们的行星可能处在非稳定平衡状态中,小小的触动就可能引起不稳定,使地球朝火星或金星的恶劣环境转化。既然人类的活动会无意识地改变地球的气候,我们就急需理解气候变迁的原因和医治的办法。研究其他行星的气候,乃是了解我们自己这个星球的极好办法。"如此看来,"行星探测器"对我们人类不是极有实际用处的吗?

回想1992年,中国天文学会成立70周年之际,宋健同志曾题词,称天文学为"现代科学先驱,唯物哲学支柱"。这话是很深刻的。笔者一直深感天文学界同仁有必要集思广益,从方方面面系统地深入宣传一下"人类究竟为什么需要天文学"?

其他学科,又何尝不是如此!

四议:科学宣传的对象

科学宣传的对象当然是全方位的社会公众。但是,在不同的场合,针对不同的情况,具体的对象也会因时、因势、因地而异。

青少年、各行各业的业余爱好者是传统的科学宣传主要对象。对青少年的科学宣传是永恒的,今天的问题是必须研究适合当代青少年的宣传方法,对此后面还要议到。在对象问题上,与传统情况不同的是:市场经济大潮中涌现出了新的人群——企业家和经济管理者,对他们的科学宣传已提上日程。笔者在此仅以一个百年前的故事,说点感想。

1892年,美国芝加哥大学24岁的天文学家海尔(George Ellery Hale)获悉光学仪器家克拉克(Alvan Graham Clark)能提供口径102厘米的透镜,便打算用以建造一架世界上最大的折射望远镜。但他缺乏资金,于是就盯上了控制着整个芝加哥交通的金融家叶凯士(Charles Tyson Yerkes)。海尔彬彬有礼,娴于辞令,更有坚忍不拔的毅力。他一次次地游说,促使叶凯士一而再,再而三地解囊捐助。1897年,这具透镜重230千克、口径102厘米的巨型望远镜终于安装在了上年刚落成的叶凯士天文台上,迄今它仍是世界折射望远镜之王。1917年,海尔又用另一位巨商胡克(J. D. Hooker)的资金建成了世界上最大的反射望远镜——口径254厘米的"胡克望远镜"。

这个故事表明,从科学的当前发展而言,向企业家等有影响人士锲而不舍地作有效的科学宣传是何其重要。其最后的实际效果,则决不限于科学领域。企业家、管理者、决策者等有影响人士对科学的了解越是全面、深入、透彻,对社会发展的影响就越是巨大。对于科学界来说,当前则有一个很具体的研究课题:如何才能通过有效的科学宣传,对社会各界的"有影响"人士施以更大的影响?

五议:科学宣传的主体

科学宣传这样重要,那么该由谁来干?

我国的"科学普及工作者"这一概念,与欧美的"科学传播者"概念大体相当。他们努力将科学知识普及到社会的各个角落,促使其转化为巨大的社会力量,是从事科学宣传的一支重要队伍。尽管在现阶段,我国科普工作者的社会地位还比较低,国家对科普事业的投入还十分有限,我国有志于传播科学火种的专业与业余的科普工作者仍然作出了很大成绩,这是很令人钦佩的。显然,需要有专门的科普工作队伍。笔者在此则想提出另一个问题:就广义的科学宣传而言,主角究竟应该是谁?

要选主角,首先就要看看,剧情和台词是什么?还要看看这台戏的原始素材在哪里?这就与"三议"的问题有关。既然唱词是"现代科学技术的知识形态",主角就应从对此最有发言权的人群中去找。

试问,谁对科学最了解,最有感情?当然是站在科学发展最前沿的科学家。尤其是,关于当代科学技术的前沿知识和最新发展,首先只能由这些科学家来传布。在整个科学传播链中,科学家是无可替代的"第一发球员"。

当然,有了"发球员"还要有"二传手",有了"主角"还要有"配角"。这样才能调动社会各方面的积极性,唱好科学宣传这台戏。

笔者在这里想强调的是,"科学普及太重要了,不能单由科普作家来担当"。《科学》45卷第2期的同名拙作和本文(两者实为姊妹篇),最初的写作动机均为吁请科学界对这一问题的注意,希望引起科学界同仁的共鸣、讨论和和批评。我们在潜心科研的同时,千万不要忘记:宣传科学,本是我们义不容辞的职责,我们对此理应不遗余力、当仁不让!

笔者盼望,中国也出现一批像萨根那样视宣传科学为己任的科学家,出现一批像萨根那样杰出的科学宣传家。

六议:科学宣传的方法

由于种种原因,有些科学界同行认为科学宣传"说了也没用",所以对此"不感兴趣",只道是"还是多干些实事为好"。殊不知完全"不感兴趣"是办不到的。君不见,每当申请基金、争取资助时,谁还能对宣传自己的研究课题和科研成果不感兴趣呢?至于说了有用还是没用,除了信心之外,重要的是方法问题。

说到“方法”，让我们再次回到宣传的本质上。什么是宣传？粗犷地说（这当然不是严格的定义），宣传就是：发挥“言者”的思想，转变“听者”的观念。如果听者与言者掌握同样的信息，对问题持同样的看法，那么“言”便成了无的放矢，没有必要了。

“假使有一种思想或信仰要使人接受，务必连续地发表。”这是我国社会学家孙本文于1946年在《社会心理学》一书中提出的六条宣传规则中的第一条。不论什么事，不能指望只说一遍，或区区几遍，就要听者言听计从。我们进行科学宣传，说一遍两遍效果不大，何不再说上十遍八遍？宣传不持之以恒，何以取得共识？倘若仅使三招两式，便道无用而偃旗息鼓，其本身就有悖于科学的精神。

孙本文提出的另外几条规则，对于研究宣传的方法，即“怎么做”的问题，也有相当参考价值。其最后一条是：“为得到久远的效果，务必将宣传内容注入儿童，渗透到教育之内。”这一条对于科学宣传尤为重要。如何更有效地在儿童、青少年的教育中注入科学因素，实是一个不容再延宕的问题。我们高兴地看到，自邓小平同志提出“计算机的普及要从娃娃抓起”之后，已引起社会各方面的重视，有了良好的开端。我们的教育家和科学家们则要继续解决好“怎么做”的问题。推而广之，整个科学教育如何从儿童抓起，也都有一个“怎么做”的问题。这又进而涉及如何加强教育者本身的科学继续教育等问题。科学宣传乃是所有这些工作的组成部分，同时又可以说是它们的基础。

“怎么做”的答案，要在做的过程中完善。首先，是要去做，去实践，笔者的朋友位梦华是一位南北极考察专家。他曾发自内心地呼喊，为了极地考察，“谁肯提供一点钱，我就豁出一条命”。他为此热情地奔走宣传，还写过许多出色的文章。笔者衷心希望他取得更大的成功。如今，不少人一直盼望国家向自己的研究领域大幅度注入更多的经费，或者企业家们能慷慨解囊。是的，谁都希望这样的“机遇”频频到来。但是，为了造就更多的“机遇”，作为科学家群体中的一员，就必须锲而不舍地多做些，再多做些科学宣传工作。

“纵非如愿以偿，亦当尽力而行！”

创办《科学》的前辈人正是这样做的，其继承者们也一定是这样想的。

笔者喜欢这句格言，并愿以此与科学界同仁及广大读者共勉。

本文原载于《科学》1995年1月第47卷第1期。

“科普追求”十章

卞毓麟

2001年11月，我在荣获第四届上海市大众科学奖之际，曾应上海《科学》杂志之邀，笔谈对于科普事业的追求。因文分九大段落，故名《“科普追求”九章》，刊于2002年1月《科学》第54卷第1期。光阴荏苒，弹指间15年过去了，但“九章”所述的基本追求依然未变。今应本书主编之约，谨对原文略作调整补充，并增写最后一个段落，题目遂相应地改为《“科普追求”十章》。

一

科普，简略地说，就是以“科”为基础，以“普”为目的的行为或活动。科普作品则是以作品形式表现的科普活动。

科普佳作，自然是指“好”的科普作品。“好”是我们的追求。问题则在于：究竟何为“好”？

“好”，要有判据。不同的人，出于不同的需求，从不同的视角看问题，就会对“好”给出不同的判据。例如：

有人说，好的科普作品应该充分展示其和谐与美。应该是真与美的完美结合；

有人说，好的科普作品应该做到知识性、可读性、趣味性、哲理性兼而备之，浑然一体；

如此等等，无疑都是正确的。这里，我想再举一个更具体的例子。

16年前的2001年5月30日，我拜访了中国科学院北京天文台（今国家天文台）的陈建生院士，他当时还兼任北京大学天文系主任。我本人曾在北京天文台度过30余年的科研生涯，其中后一半时间就在陈建生院士主持的类星体和观测宇宙学课题组中。他向我谈了自己对科普作品的向往：

像我们这样的人，有较好的科学背景，但是非常忙，能用于读科普书的时间很有限，所以希望作品内容实在，语言精练，篇幅适度，很快就触及要害，进入问题的核心，这才有助于了解非本行的学术成就，把握当代科学前进的脉搏。

这是一位一线科学家从切身需求出发，对高级科普读物的期望。陈院士的建议很中肯，要实现却不容易。由任鸿隽等前辈学人于1915年创办的《科学》杂志，在不同历史时期刊出的许多文章，对此做了非常有益的尝试，成绩可观。1985年《科学》杂志复刊，关于办刊方针有一句话，叫做“外行看得懂，内行受启发”。确实，这是我们努力的目标之一，是我们的一种追求。

二

关于“好”，正如每个文学作家都有自己的美学理念、都有自己的个性那样，每一位科普作家也各有自己的偏爱。在少年时代，我最喜欢苏联作家伊林，读过他的许多科普作品；从30来岁开始，我又迷上了美国科普巨擘艾萨克·阿西莫夫。尽管这两位科普大师的写作风格有很大的差异，但我深感他们的作品之所以具有如此巨大的魅力，至少是因为存在着如下的共性：

第一，以知识为本。他们的作品都是兴味盎然，令人爱不释手的，而这种趣味性又永远寄寓于知识性之中。从根本上说，给人以力量的乃是知识本身，而不是任何为趣味而趣味的、刻意掺入的泛娱乐化的“添加剂”。

第二，将人类今日掌握的科学知识融于科学认识和科学实践的历史过程之中。用哲学的语言来说,那就是真正做到“历史的”和“逻辑的”统一。在普及科学知识的过程中钩玄提要地再现人类认识、利用和改造自然的本来面目,有助于读者理解科学思想的发展,领悟科学精神之真谛。

第三,既授人以结论,更阐明其方法。使读者不但知其然,而且更知其所以然,这样才能更好地启迪思维,开发智力。

第四,文字规范、流畅而生动,决不盲目追求艳丽和堆砌辞藻。也就是说,文字具有朴实无华的品格和内在的美。

我一向认为,对于科普创作而言,平实质朴的写作风格是十分可取的。平实质朴,意味着行文直白流畅,叙事条分缕析,这很有利于读者领悟作者想要阐明的科学道理,也有利于读者即时琢磨最应该思索的问题。对此,阿西莫夫曾提出一种“镶嵌玻璃和平板玻璃”的理论,他说:

有的作品就像你在有色玻璃橱窗里见到的镶嵌玻璃。这种玻璃橱窗很美丽,在光照下色彩斑斓,你却无法看透它们。同样,有的诗作很美丽,很容易打动人,但是如果你真想要弄明白的话,这类作品可能很晦涩,很难懂。

至于平板玻璃,它本身并不美丽。理想的平板玻璃,根本看不见它,却可以透过它看见外面发生的事。这相当于直白朴素、不加修饰的作品。

理想的状况是,阅读这种作品甚至不觉得是在阅读,理念和事件似乎只是从作者的心头流淌到读者的心田,中间全无遮栏。写诗一般的作品非常难,要写得很清楚也一样艰难。事实上,也许写得明晰比写得华美更加困难。

阿西莫夫的巨大成功,无疑得益于他恪守那种平板玻璃似的写作风格。效法伊林或阿西莫夫这样的大家是不容易的,但这毕竟可以作为我们进行科普创作的借鉴。

这,同样是一种追求。

三

不同体裁的作品,“好”的标准也不尽相同。例如,一篇千把字的科普小品和一部诸如《阿西莫夫科学指南》之类洋洋百万言的巨著,当然不可能用完全相同的标准来衡量。犹忆1983年秋,《北京晚报》《新民晚报》等13家媒体联合举办“全国晚报科学小品征文”,规定应征文章不得超过千字。我写的那篇《月亮——地球的妻子? 姐妹? 还是女儿?》,当年10月19日在《北京晚报》“科学长廊”专刊中发表,结果获得此次征文活动“佳作小品”奖,1987年又获“第二届全国优秀科普作品奖”。1988年,此文被收入人民教育出版社的全国统编教材初中课本《语文》第六册,1989年被北京市科学技术协会和《北京晚报》联合评为“科学长廊”10年(500期)优秀作品一等奖,1990年被收入人民教育出版社的义务教育三、四年制初级中学语文自读课本第三册《长城万里行》,2002年被收入广西教育出版社的《新语文课本·小学卷8》,2006年被收入上海辞书出版社九年义务教育课本拓展型课程教材《语文综合学习·九年级(试验本)》。遥想当初,写这篇“小文章”还确是花了点力气的。

后来,从这次征文活动发表的作品中选出近百篇文章结集成册,因为都是在晚报上发表的,故名之曰《科技夜话》。著名作家秦牧先生为此书作序曰:

形象的描绘,美妙的比喻,幽默的隽语,奇特的联想,往往都可以产生神奇的魅力……这本集子的作品在这方面也有不少创造。单说标题吧!《月亮——地球的妻子? 姐妹? 还是女儿?》《跳进黄河洗得清》《留得秋桔春天采》《人脑中的河》之类的题目就令人禁不住想喊一声“妙”了。

非常值得提及的是,当时正住院治病的前辈、著名科普作家高士其先生特地在1984年8月2日为这本科学小品选集题词如下:

小品之微,科学之巨,以小品之微而蕴科学之巨,盖因著者独具匠心,妙笔生花,于小中见大。结页成册而包容万象,其能量不谓不大矣。小品之浅,科学之深，以小品之浅而绘科学之深，盖因著者苦心结虑，巧比妙喻，有深入浅出，以通俗之普及而旷于世，其功用不谓不大矣。

秦牧先生的赞誉和高士其老人的概括，十分贴切地道出了我们的又一种追求。

四

郁达夫曾盛赞房龙的笔"有这样一种魔力"，"干燥无味的科学知识，经他那么的一写，无论大人小孩，读他书的人，都觉得娓娓忘倦了。"阿西莫夫的科普作品风格与房龙殊异，但它们却同样令人娓娓忘倦。例如，阿西莫夫在《科学指南》一书中介绍了20世纪60年代末，西方国家中"出现了一种在病人临死的时候把人体冰冻起来的倾向，以便使细胞机器尽可能完整地保存下来，直到他的病可以治愈时才解冻。那时，他（或她）就会复活，而且会使他（或她）健康、年轻、愉快"。然后，阿西莫夫坦陈了他本人的态度：

实际上，把人体完整地冷冻起来，即使完全可能使他们复活，也没有什么意义，只是浪费而已。……但是，我们真的希望长生不死吗？……假定我们都长生不死，情况又会如何呢？……很清楚，如果地球上很少或者没有死亡，就必然很少或者没有出生，这就意味着一个没有婴儿的社会……那将是一个由同样的脑子组成的社会，人们有着同样的思维，以同样的方式按着老一套循环不已。必须记住，婴儿拥有的不仅是年轻的脑子，而且是新的脑子……正是由于婴儿，才不断地有新的遗传组合注入人类，从而开辟了优化与发展的道路。……降低出生率水平是明智的，但是我们应该完全不让婴儿出生吗？消除老年的痛苦和不适是令人愉快的，但是我们应该创造一个由老人组成的人种吗？他们年迈、疲倦、厌烦、单调，而且不接受新的更好的东西。

阿西莫夫的结论是："或许长生不死的前景比死亡的前景更加糟糕。"

真是妙不可言。1985年，法国《解放》杂志出版了一部题为《您为什么写作?》的专集，收有各国名作家400人的笔答。这些回答丰富多彩，或庄或谐，但无一不反映了作家的才智与心态。例如，巴金的回答是：

人为什么需要文学？需要它来扫除我们心灵中的垃圾，需要它给我们带来希望，带来勇气，带来力量。

我为什么需要文学？我想用它来改变我的生活，改变我的环境，改变我的精神世界。

我五十几年的文学生活可以说明：我不曾玩弄人生，不曾装饰人生，也不曾美化人生，我是在作品中生活，在作品中奋斗。

阿西莫夫的回答则是：

我写作的原因，如同呼吸一样；因为如果不这样做，我就会死去。

阿西莫夫在其自传第二卷《欢乐依旧》中写道："1972年1月2日，我52岁了。在甲状腺瘤的阴影笼罩下，我不安地警觉到，威廉·莎士比亚正是在52岁生日那天去世的。但是……我无法使自己相信，我将步莎士比亚的后尘。"

豁达而坚毅的性格帮阿西莫夫度过了难关。1984年他曾函告我，刚动了一次大手术。我回信表示问候道："我相信，令人惊异的阿西莫夫在任何比赛中都必将是胜者，而不论他的对手是谁。"一星期后他在复信中写下了绝妙的几行字：

我完全康复了，情况很好。我不会永远是胜者。最终的胜者总是死亡。但是只要一息尚存，我就将继续战斗下去。

这还是一种追求。

五

当然，阿西莫夫为此付出的代价也不小。长年累月地坐在打字机前对身体自然不利，而且连正常的天伦之乐也难得享受。1969年，他在自己的第100本书《作品第100号》的引言中写道：

给一位写作成瘾的作家当老婆，这种命运比死还悲惨。因为你的丈夫虽然身在家中，却经常魂不守舍。再没有比这种结合更悲惨的了。

写这段话的时候，阿西莫夫同他的第一任妻子格特鲁德尚未离异，但想必已经有所预感。格特鲁德不可能永远迁就他，她曾经数落道："有一天，艾萨克，当你感到生命快到终点时，你会想起自己竟在打字机边花了那么多的时间，你会为自己错过了原本可以享受的一切快乐感到惋惜，你会为自己浪费了那么多年的光阴而只为写100本书感到后悔。但那时，什么都已经太晚了。"

但是，只要读一下阿西莫夫于1992年去世前不久写的那篇告别辞，那就不难明白格特鲁德的价值取向同他相去多远了。那篇告别辞的题目是《永别了，朋友》，其中说道：

我这一生为《幻想与科学小说》杂志写了399篇文章。写这些文章给我带来了巨大的欢乐，因为我总是能够畅所欲言。但我发现自己写不了第400篇了，这不禁令我毛骨悚然。

我一直梦想着自己能在工作中死去，脸埋在键盘上，鼻子夹在打字键中，但事实却不能如人所愿。

我这一生漫长而又愉快，因此我没有什么可抱怨的。那么，再见吧，亲爱的妻子珍妮特、可爱的女儿罗宾，以及所有善待我的编辑和出版商们，你们的厚爱我受之有愧。

同时，我还要和尊敬的读者们道别，你们始终如一地支持我。正是你们的支持，才使我活到了今天，让我亲眼目睹了诸多的科学奇迹；也正是你们，给了我巨大的动力，使我能写出那些文章。

让我们就此永别了吧——再见！

艾萨克·阿西莫夫

这是阿西莫夫的终身追求。1985年，88岁高龄的我国老一辈著名天文学家、科学翻译家兼科普作家李珩先生，在收到我寄呈的阿西莫夫著《地外文明》的中译本后，给我来信道：

我希望你多多介绍Asimov和Sagan的科普著作以飨读者，更望你百尺竿头更进一步，丰富你的科学知识，发展你的文学修养，效法两位作家，以成为我国的科普创作名家。任重道远，引为己任，我于足下寄以无限之期望，尚祈勉之勿忽！

李珩先生已于1989年作古，他那语重心长的教诲，应该成为今天的科普作家们的共同追求。

六

卡尔·萨根是一位值得永远纪念的一流科学家和一流科普作家 。然而，有些人总是无法摆脱这样的偏见：科学家搞科普是不务正业、甚至是哗众取宠。有人竟然还为此而嘲笑萨根。萨根生前曾被提名为美国国家科学院院士候选人，但由于某些院士的强烈反对，他落选了。其实，拿萨根的科研成果来看，当选美国科学院院士堪称绰绰有余。更何况他还为社会、为公众做了那么多的好事。萨根本人对于没能当上院士并无任何失落感。反之，我倒着实对一个国家的科学院少了一位像萨根这样的成员而深表遗憾。其实，真正可笑的并不是萨根，而是那些自以为有资格嘲笑萨根的人。

萨根逝世后9个月，美国哈佛天体物理学中心的迈克尔·库尔茨、空间望远镜科学研究所的里查德·怀特、普林斯顿大学的詹姆斯·冈恩等著名天文学家便直言宣称，即便你不承认萨根是世界上最优秀的天文学家，你也必须承认他在激发公众对天文学的兴趣上是独一无二的，目前，还没有一个人能替代他的位置。

萨根与阿西莫夫一样，擅长用生动、形象、简明的语言来向大众讲解科学知识。例如，1994年他整60岁时出版的《暗淡蓝点——展望人类的太空家园》

(*Pale Blue Dot: A Vision of the Human Future in Space*)一书就极有韵味。"暗淡蓝点"是萨根首创的名词,指的是从太空中遥望的地球。《暗淡蓝点》一书的主题关系到人类生存与文明进步的长远前景——在未来的岁月中,人类如何在太空中寻觅与建设新的家园。书中最后两段的意境尤为迷人:

我们遥远的后代们,安全地布列在太阳系或更远的许多世界上……

他们将抬头凝视,在他们的天空中竭力寻找那个蓝色的光点。

他们会感到惊奇,这个贮藏我们全部精力的地方曾经是何等容易受伤害,我们的婴儿时代是多么危险……我们要跨越多少条河流,才能找到我们要走的道路。

萨根,以及智慧、悟性及志向与之相匹的科学家们,似乎已经找到这样一条人类文明的未来之路。这使我联想起斯蒂芬·茨威格对罗曼·罗兰的评论:"他的目光总是注视着远方,盯着无形的未来。"

卡尔·萨根正是具有这种目光的人,因此人们很自然地对他充满着崇敬之情。美国的《每日新闻》曾作评论:"萨根是天文学家,他有三只眼睛。一只眼睛探索星空,一只眼睛探索历史,第三只眼睛,也就是他的思维,探索现实社会……"

我热切盼望我国多多出现一些像萨根那样视普及科学为己任的科学家,出现一批像萨根那样杰出的科学传播家。这并非要求每一位科学家都必须做得像萨根那样出色,但每个科学家至少都应该具备那样的理念、热情和责任感。

在《卡尔·萨根的宇宙》一书中,有萨根的妻子安·德鲁扬写的一篇文章《科学需要普及吗?》。文中讲了一个小故事:有一次,萨根应邀参加一个科学家和电视播音员会议,会议组织者派了一名司机来接他。这位司机得知萨根是个"搞科学的",就一个劲地问起"科学问题"来。但是,他问的却是人死后经过什么样的通道,占卜和占星术中的"科学"原理是什么?

萨根不禁叹道：在真正的科学里，有那么多激动人心而又富于挑战性的东西，但这位司机并不关心，好像也从未听说过。他只是简单地认为，那些最广为流传的、最容易获得的信息都是对的。进而萨根想到：科学激发了人们探求神秘的好奇心，但伪科学也有同样的作用。很少的和落后的科学普及所放弃的发展空间，很快就会为伪科学所占领。因此，“我们的任务不仅是训练出更多的科学家，而且还要加深公众对科学的理解”。

这是卡尔·萨根的追求。自不待言，这也是我们的追求。

七

时下人们尚谈“科学人文”，这是好事情。这使我回忆起1986年《中国科技报》（《科技日报》的前身）创办《文化》副刊的往事。包括我本人在内的一些通讯编委共同倡议，将“把科学注入我们的文化”作为办刊要旨之一。大家觉得，在我们的文化中，科学的东西显得太单薄了。因此，应该有意识地把科学渗透到文化的方方面面中去。后来，又有了实质上相同的另一种提法，即“在大文化的框架里融进科学的精华”。1986年1月8日，《中国科技报》的《文化》副刊发表了赵之先生起草的发刊词“我们为什么办文化副刊”，明确提出要“以科学为准绳，用科学来审视过去的文化，用科学来武装现在的文化，用科学来探索未来的文化”。

后来，时任中国科协主席的钱学森先生读到这个发刊词，曾致函表示赞同这一办刊宗旨，指出文化副刊要讲科技对社会文化的贡献，也要讲社会文化对科学技术的贡献。他建议，说科学技术是文化，特别要指出基础科学。此信嗣后收入钱学森著《科学的艺术与艺术的科学》一书（人民文学出版社，1994年），题为“有必要办文化副刊”。

《科技日报》的《科学》《文化》《生活》《读书》等副刊和专版，除各自的特殊要求外，作为广义文化的组成部分，都服从这样一个总的编辑思想：整个社会文化环境是科学技术赖以生存和发展的条件，我们应当了解它；科学技术又是现代社会文化的脊梁，社会文化的进步需要我们的关心和推动。

科文交融，这也是一种追求。

八

在有些人看来，科学家做的事情只是满足其个人的好奇心，所以并不值得特别尊敬。然而，这就大错特错了。才华出众的著名科学家和科普作家、大爆炸宇宙论的奠基人乔治·伽莫夫认为，科学家最重要的素质正是极普通的好奇心。他写道："有人说：'好奇心能够害死一只猫'，我却要说：'好奇心造就一个科学家。'"伽莫夫极其强调科学对于人类发展的作用，他不同意科学的作用仅仅在于"达到改善人类生产条件的实际目的"，科学"当然也是为了达到这个目的，但这个目的是次要的，难道你认为搞音乐的主要目的就是为了吹号叫士兵早上起床，按时吃饭，或者催促他们去冲锋？"他认为科学的来源就是人类追求对于自然和自身的理解，我很赞同他的见解。

这里，有一个经常遇到却不多讨论的问题，那就是：科学家既以追求对自然和自身之理解为己任，那还有没有必要经常宣扬自己的水平和功绩？

我以为，怀着正确的动机，经常对自己的学养高度和业绩作清醒的回顾和自我评判，对科研工作和整个社会都是有益的。不过，评判和评论通常还不是一回事，尤其当"自我感觉特佳"者过多时，我们对待许多"国际先进"型的自我评论恐怕就应该慎之又慎了。

其实，这番议论对于科普作家也同样适用。篆刻家徐正濂先生在《诗屑与印屑》（大象出版社，2000年）一书"听天阁读印杂记"编首题记中有道："我们往往很奇怪，一些从不以书法家自居的诗人、画家、医生、和尚，写出字来反比专门的书法家有韵。可能也是同样的道理：研究得太具体，离得太近，有时候反而看不清楚了。艺术就像老婆，天天厮守在一起，也搞不清楚她到底算漂亮还是不算漂亮，闹半天还是隔壁小木匠看得明白，想想就有点扫兴。”在一般的科学工作者看来，也许会觉得此话调侃有余而严谨不足。然而，在估量自己的论文、作品究竟是否“有韵”时，若能保持如此清醒的头脑，那就很不容易了。

像“小木匠”那样客观地对待他人和自己的作品，这仍然是一种追求。

九

借此机会，我还想谈谈大多数科普和科学文化类作品追求的“雅俗共赏”。60多年前，朱自清先生专门写过一篇《论雅俗共赏》的文章，谈道：

中唐的时期，比安史之乱还早些，禅宗的和尚就开始用口语记录大师的说教。用口语为的是求真与化俗，化俗就是争取群众……所谓求真的“真”，一面是如实和直接的意思……在另一面这“真”又是自然的意思，自然才亲切，才让人容易懂，也就是更能收到化俗的功效，更能获得广大的群众。

在同一篇文章中朱先生还谈道：“抗战以来又有‘通俗化’运动，这个运动已经在开始转向大众化。‘通俗化’还分别雅俗，还是‘雅俗共赏’的路，大众化却更进一步要达到那没有雅俗之分，只有‘共赏’的局面。这大概也会是所谓由量变到质变罢。”

“只有‘共赏’的局面”，大概真是到了炉火纯青的境界。举个什么样的例子呢？张乐平的《三毛流浪记》？凡尔纳的《海底两万里》？伽莫夫的《物理世界奇遇记》？还可以多想想。至于如何才能真的达到“只有‘共赏’的局面”，那恐怕是只能意会而难以言传，就靠存乎作者之一心了。

多年来，时常有人问及治学和写作之道，我的回答始终是16个字：“分秒必争，丝毫不苟；博览精思，厚积薄发”。我也希望今天的青年学子努力这样做。时间是宝贵的，一个人的生命因其智慧和业绩而赢得质量，有质量的生活则等于延长了寿命。

过去曾有朋友称我“多产”、“快手”。我早就说过,我对此断不以为然。我认为,一位作家若能既“好”又“快”又“多”地进行创作,那当然再妙不过。但这几者之间,最重要的还是“好”,而不能单纯地追求“快”或者“多”。这就不仅要“分秒必争,惜时如命”,而且更必须“丝毫不苟,嫉‘误’如仇”。舍此而为之,势必欲速则不达。

1996年,我曾在《科技日报》上发表短文《“科普道德”随想四则》,文中有这样一段话:“科普作家只有具备强烈的社会责任感和高尚的职业道德,方能激情回荡,佳作迭出;成就卓著的科普人物,大多具有很强的使命感。而科普创作的态度,常常和创作者的动机直接相关。那些误人、坑人、甚至害人的‘作品’,往往出于动机不良之辈。只有将科普视为自己的神圣职责,才能真正做到维护科学的尊严……精诚所至,金石为开,决意取得真经,便有路在脚下。”

高尚的科普道德,当是所有科普人的共同追求。

十

2016年5月30日,在全国科技创新大会、两院院士大会、中国科协第九次全国代表大会上,习近平总书记在重要讲话《为建设世界科技强国而奋斗》中指出:

科技创新、科学普及是实现创新发展的两翼,要把科学普及放在与科技创新同等重要的位置。没有全民科学素养普遍提高,就难以建立起宏大的高素质创新大军,难以实现科技成果快速转化。希望广大科技工作者以提高全民科学素质为己任,把普及科学知识、弘扬科学精神、传播科学思想、倡导科学方法作为义不容辞的责任,在全社会推动形成讲科学、爱科学、学科学、用科学的良好氛围,使蕴藏在亿万人民中间的创新智慧充分释放、创新力量充分涌流。

习总书记对广大科技工作者的上述希望,正是我们的根本追求。我觉得,对于实现创新发展的两翼,我们做强科学普及这一翼,不仅必须有担当,而且必须有时代感鲜明的创新精神、终生不渝的奉献精神,以及精益求精的工匠精神。

时代感鲜明的创新精神,内涵很丰富。眼下我感触尤深的是,优秀原创科普作品的开发深度和广度、各类媒体共享优质资源的"立体化作战",还有非常大的开拓空间。例如,刘慈欣的科幻名著《三体》据悉有望搬上银幕,少年儿童出版社于2013年推出《十万个为什么》第六版,三年来各类衍生产品陆续问世,势头相当可喜。拙著《追星——关于天文、历史、艺术与宗教的传奇》(上海文化出版社,2007年)面世后获奖良多,包括2010年荣获国家科学技术进步奖二等奖。2008年山东电视台读书频道与上海市科协合作开办"科普新说"栏目,相中我做开栏"说话人",以《追星》为基础,择其精华演为10讲。后来,上海科技发展基金会和山东电视台于2013年共同出品"科普新说"系列光盘,由上海科学普及出版社出版,《天文追星》(10集)仍是"排头兵"。2013年,《天文追星》系列光盘成为国家新闻出版广电总局面向青少年的50种优秀音像电子出版物推荐目录中罕有的科普类产品。同年,湖北科学技术出版社将《追星》一书纳入《中国科普大奖图书典藏书系》第二辑出版,于2014年获第五届中华优秀出版物奖。但总的说来,各类媒体共享优质科普资源、展开有声有色的"立体化"作战的案例依然少见,要迅速扭转这种局面,应该引起有关方方面面的高度重视。

终生不渝的奉献精神,是我国前辈科学家和科普家的传统美德。高士其先生就是体现这种美德的典型人物。这种奉献精神应该是终生的,活到老干到老。2015年,我写了一本书,题为《拥抱群星——与青少年一同走近天文学》。承蒙89岁高龄的前辈著名天文学家叶叔华院士关爱,题词勉励曰:

喜见卞毓麟新作《拥抱群星》

普及天文,不辞辛劳;年方古稀,再接再厉!

如今我行年七十有三,不负师辈厚望,再为科普干上十年二十年,实在是我的渴望与追求!

精益求精的工匠精神,近来社会各界有许多研讨。限于篇幅,且容日后另作详论。

凡此十章,既是我的追求,也是我对科学界、科普界,尤其是对“新生代”后起之秀们的赠言。科普,决不是在炫耀个人的舞台上演出,而是在为公众奉献的田野中耕耘。愿与读者诸君齐心协力,为实现中华民族伟大复兴的中国梦,为人类文明的科学之花开遍全球而一往无前。

任重而道远,吾人其勉之!

本文原载于:尹传红、姚利芬主编.《科普之道:创作与创意新视野》,中国科学技术出版社,2016年10月版。

期待我国的“元科普”力作

卞毓麟

引言

今年5月19日，“2017科普产业化上海论坛暨睿宏文化院士专家工作站揭牌仪式”在沪举行。这个工作站由中国科普作家协会理事长、中国科学院古脊椎与古人类研究所所长周忠和院士领衔建立，是全国第一个致力于科普创作和科学传播的院士工作站，工作站驻地为上海睿宏文化传播有限公司，近十年来这家公司创制科普电影的成绩有目共睹，兹不赘述。

在这次论坛筹备期间，睿宏文化公司的创意总监叶剑先生征询我可否为大会做一个特邀报告，从天文普及的角度谈科普产业化。我表示，其实我更希望谈谈已思考多时而尚未公开论述的一个问题，即对我国“元科普”力作的期待。这样，便有了我在论坛上的特邀报告“元科普与科普产业化”。

“元科普”一语是在上述论坛上首次提出的，今遵《科普创作》之嘱进一步扩充成文，并祈方家赐教。

什么是“元科普”作品

“元科普”这个新名词，人们还不太熟悉。元科普作品，是指工作在某个科研领域第一线的领军人物（或团队）生产的一类科普作品，这类作品是对本领域科学前沿的清晰阐释、对知识由来的系统梳理、对该领域未来发展的理性展望，以及科学家亲身沉浸其中的独特感悟。

那么，“元科普”的这个“元”字，究竟是什么意思？

我们先从并非科普作品的《科学元典丛书》说起。此《丛书》由任定成教授主编，北京大学出版社出版。《丛书》从哥白尼的《天体运行论》开始，包括哈维的《心血运动论》、笛卡尔的《几何》、牛顿的《自然哲学之数学原理》、拉瓦锡的《化学基础论》、拉马克的《动物学哲学》、达尔文的《物种起源》、摩尔根的《基因论》、魏格纳的《海陆的起源》、维纳的《控制论》、哈勃的《星云世界》、薛定谔的《生命是什么》等等，已先后推出好几十种。在每本书的扉页前面，都印着这样一段话：“科学元典是科学史和人类文明史上划时代的丰碑，是人类文化的优秀遗产，是历经时间考验的不朽之作。它们不仅是伟大的科学创造的结晶，而且是科学精神、科学思想和科学方法的载体，具有永恒的意义和价值。”

这里，元典的“元”字用得好！在《辞海》(2009版)中，“元”字共有17个义项，除了“姓”“朝代名”“货币单位”等若干特定含义外，主要的意思就是“始、第一”“为首的”“本来、原先”“主要、根本”等。《现代汉语词典》中，“元”字的主要释义也是“开始的、第一”“为首的、居首的”“主要、根本”。由此可见，《科学元典丛书》的这个“元”字确实用得很巧妙。现在，在同样的意义下把“元”字用到科普上：“元科普”就是科普中的元典之作。

或问，科普作品的内容与形式林林总总，为何要特别强调“元科普”的重要性？我以为，如果把科普及其产业化比作一棵大树，那么元科普就是这棵大树的根基，它既不同于专业论文的综述，也不同于职业科普工作者的创作，而是源自科学前沿团队的一股“科学之泉”。它既为其他形形色色的科普作品提供坚实的依据——包括可靠的素材和令人信服的说理，又真实地传递了探索和原始创新过程中深深蕴含的科学精神。可以说，元科普乃是往下开展层层科普的源头。

向大众传播科学知识，传递科学思想、科学方法和科学精神，是科学家义不容辞的责职。但是，一名科学家究竟应该或能够花多少时间来做科普呢？这当然因人而异。但这里也有一个共同点，那就是一线科学家投入科普实践的时间和精力，应尽可能优先用于做别人难以替代、因而潜在社会影响更大的科普，而元科普正是这样的大事。

元科普作品范例

世上优秀的元科普作品已有不少，为说明问题，此处谨略举数例。

首先是爱因斯坦（Albert Einstein）和英菲尔德（Leopold Infeld）合著的《物理学的进化》。爱因斯坦亲自来科普相对论和量子论，自然是无人可以替代的。作为相对论的创始人，他最明了这一思想究竟是怎么形成的，这个理论是怎样建立的。1936年，波兰理论物理学家利奥波德·英菲尔德接受爱因斯坦的建议，到美国普林斯顿高等研究院工作了两年，他们基于广义相对论合作研究了重物体的运动问题，并在此期间写成、出版了《物理学的进化》。20多年以后，英菲尔德在此书“新版序”中写道：“爱因斯坦去世了。他是这本书的主要作者……本书问世以后，物理学又有了空前的发展……不过这本书只是讨论物理学的重要观念，它们在本质上仍然没有变化，所以书中需要修改的地方极少。”“我不愿把这些小小的修改引到正文中去，因为我觉得这本书既然是跟爱因斯坦共同写的，就应该让它保留为我们原来所写成的那样。”此书初版至今已经大半个世纪，它在世界科学史、科普史方面都是经典，是元科普的典范。

我还想提到《双螺旋——发现DNA结构的个人经历》（1968年）一书，它的作者是DNA双螺旋结构的发现者之一、1962年诺贝尔生理学医学奖得主詹姆斯·沃森（James Dewey Watson）。这部作品详述了DNA双螺旋结构的发现过程，半个多世纪以来，人皆赞不绝口。其中一个主要原因，正在于沃森的亲述为后人提供了丰富的史料和准确的理解,这是他人无法替代的。作者在“序言”中写道:“在本书中,我从个人的角度讲述DNA结构是如何发现的。在写作中,我尽量把握战后初期诸多重大事件的发生地英国的气氛……我试图再现当时对有关事件和人物的最初印象,而不根据DNA结构发现之后我所知道的一切作出评价。”这段话,非常生动地体现了元科普之“非我莫属”的功能。

再如1991年诺贝尔物理学奖得主、法国科学家德热纳(Pierre-Gilles De Gennes)与其同事巴杜(Jacques Badoz)合著的《软物质与硬科学》(1994年)。德热纳是软物质学科的创始人,这本书以与中学生谈话的形式,从橡胶、墨水等我们身边的诸多事物,具体入微地阐明了什么是“软物质”,描述了它们融物理、化学、生物三大学科于一体的全新特征和认知方法。现在,软物质已经是物理学中非常重要的一个领域。欧阳钟灿院士为《软物质与硬科学》中文版写了一篇精彩的“导读”,其中介绍了德热纳如何透过1839年美国人固特异(Charles Goodyear)发明橡胶硫化技术而引申出软物质的深刻定义:“天然橡胶的每200个碳原子中,只有一个原子与硫发生反应。尽管它们的化学作用如此微弱,却足以使其物理性质发生液态转变成固态的巨大变化,生胶变成熟胶。证明了有些物质会因微弱的外力作用而改变形态,就如雕塑家以拇指轻压,就能改变粘土的外形一般。这也正是‘软物质’的基本定义。”

《最初三分钟——宇宙起源的现代观点》(1976年)的作者斯蒂芬·温伯格(Steven Weinberg)是1979年诺贝尔物理学奖得主,对基本粒子物理学和现代宇宙学都有深厚的造诣。他在该书“序”中写道:“我发觉自己情不自禁地想写一本关于早期宇宙的书……正是在宇宙初始时,特别是在最初的百分之一秒中,宇宙学问题和基本粒子理论是会合在一起的。最重要的是在过去十年里,一个被称为‘标准模型’的有关早期宇宙事件进程的详细理论已经被广泛接受,所以现在正是写有关早期宇宙问题的好机会。”这部元科普作品的反响好到什么程度?李政道教授曾说:“我以极大的兴趣读了温伯格教授的《最初三分钟》，作者以严格的科学准确性，生动而清楚地介绍了我们宇宙的这一短暂而重要的时刻，这的确是值得称道的成就。"美国科普巨擘艾萨克·阿西莫夫则说："我曾接触过不少描述宇宙早期历史的读物。一直到读了这本书之后，我才认识到，专门的观测和详细计算的结果，能使这个问题如此明白易懂。"

还可以再举几个元科普佳作的例子。《脑的进化——自我意识的创生》(1989年)的作者是澳大利亚神经生理学家约翰·C·埃克尔斯(John C. Eccles)，他因发现神经细胞之间的突触抑制作用而与阿兰·霍奇金(Allen Hodgkin)和安德鲁·赫胥黎(Andrew Huxley)共享了1963年诺贝尔生理学医学奖。在某种意义上，《脑的进化》可视为用通俗的笔调写就的学术专著，但亦可明确归入元科普之列。著名科学哲学家卡尔·波普尔(Karl Popper)在为此书所作的"序"中写道："我认为这是一本独一无二的好书。""本书综合了各方面的科学证据，其中包括比较解剖学(尤其是脑解剖学)、考古学和古文字(这两门学问以前很少放在一起讨论)、脑生理学(尤其是语言生理学)以及哲学……为心脑问题描绘了一幅前所未有的总概观图。"

最后再举一例。物理学家历尽艰辛，终于证实了"上帝粒子"——希格斯玻色子的存在，它的两位预言者并因此荣获2013年诺贝尔物理学奖，这使人们重读20年前的杰作《上帝粒子——假如宇宙是答案，究竟什么是问题?》(1993年)的热情再度高涨。此书的第一作者利昂·莱德曼(Leon Lederman)在粒子物理领域成就卓著，是1988年诺贝尔物理学奖得主。美国著名科学刊物《自然》对此书评价道："有历史，有传记，还有激烈的辩论，一路不忘掇拾神秘的花絮……《上帝粒子》乐就乐在它描述了以实验的方式揭示宇宙奥秘的快乐。"

这些例子充分表明，同为元科普作品，创作的形式与风格却可以各有异趣。确实，多样性永远为可读性提供无尽发挥的空间。

元科普与高端科普

科普界早先常用“高级科普”一语，指的是涉及科学内容较深、对读者所具备的科学背景要求较高——所谓“起点较高”或“门槛较高”的那类科普作品，其使用语境往往与“青少年科普”、“少儿科普”相对而言。这些年来，为避免“高级”与“低级”相对而生歧义，避免科普有“高级”、“低级”之误解，业内人士已逐渐用“高端科普”取代“高级科普”的提法，我亦颇以为然。

或许有人会问，“元科普”不就是科学家创作的高端科普作品吗？诚然，元科普作品通常都是高端科普作品，但是高端科普作品却未必都能归入元科普之列。这不妨以我本人的两篇作品为例来说明。第一例是2014年我在《现代物理知识》上发表的科普长文《恒星身世案 循迹赫罗图》，为纪念现代天文学中极为重要的“赫罗图”诞生百周年而作。此文是一篇地道的高端科普作品，读者对象是具备理科背景的大学生乃至非天体物理专业的科学家，文章刊出后颇获好评。但是，它并不能跻身元科普之列，因为其作者——我本人并非在相应领域取得重要创新成果的一线学者，我在文中介绍的乃是前人已经取得的成就。第二例也是发表在《现代物理知识》上的长文，题为《黑洞的“解剖学”》(1992年)，文章从广义相对论的黑洞观说起，渐次介绍施瓦西黑洞、带电黑洞、旋转黑洞、乃至既带电又旋转的各种黑洞的结构与性质。文章见刊后因其所述科学内容深入但依然不失可读性而受欢迎。不过，这篇作品同样并非元科普之作，其理由一如上例。

另一方面，鉴于元科普是一线优秀科学家对某一前沿科学领域做全景式或特写式的通俗描述，所以又容易让人联想到学术著作中的综述。那么，元科普和综述两者的主要区别何在呢？简单地说，综述主要是面向圈内人的，有时甚至主要是给小同行看的，所以完全用纯专业的语言来叙述。但元科普著作的目标是本领域以外的人群，因此需要由最了解这一行的人将知识的由来和背景，乃至科研的甘苦和心得，都梳理清楚，娓娓道来，这就是非亲历者所不能为的缘故。

我国的《科学》杂志曾在2002年54卷第1期的“论坛”专栏刊出拙文《“科普追求”九章》，文末编辑附言云，在本文作者“荣获第四届上海市大众科学奖之际，本刊约他谈谈对科普创作的追求，于是有了上述文字。文分九段，故名九章”。*其中第一章就谈到：

2001年5月30日，我拜访了中国科学院院士、北京天文台（今国家天文台）的陈建生先生。我本人曾在北京天文台度过30余年的科研生涯，其中后一半时间就在陈先生主持的类星体和观测宇宙学课题组中。他向我谈了自己对科普作品的向往：

“像我们这样的人，有较好的科学背景，但是非常忙，能用于读科普书的时间很有限，所以希望作品内容实在，语言精练，篇幅适度，很快就触及要害，进入问题的核心，这才有助于了解非本行的学术成就，把握当代科学前进的脉搏。”

这是一位科学家从切身需求出发，对科普读物的期望。如今想来，他所期望和欢迎的，正是各前沿领域的元科普作品。

呼唤更多的中国“元科普”

我也记得上海科技馆一位科普主管曾对我提到，他们做了许许多多面向青少年、面向学生的科普工作，但有时难免感到力不从心，感觉有些科学内容把握不准，很希望有一线科学家来讲解指导。在我看来，倘若我们拥有更多的元科普资源，那么广大的教育工作者、科普工作者和传媒工作者就更容易

*《“科普追求”九章》发表至今已近15年，经酌情修订文字，且新增一个段落，全文遂成《“科普追求”十章》，已收入中国科普作家协会编的《科普之道——创作与创意新视野》（尹传红、姚利芬主编，中国科学技术出版社，2016年10月）一书。

找到坚实的依靠了。

向公众传递科学知识、传播科学精神，为科学家所义不容辞。但是科学家首先要致力于科研，他究竟能花多少精力来做科普，显然是一言难尽的。通常，一线科学家很难花费太多的时间直接参与一波又一波的科普活动。然而，一项科学进展，一个科研成果，从高端的传播到儿童的科学玩具，它的科普化、产业化链条是很长的，书籍、影像、课件……就像一棵大树的枝丫可以纵横交错，在一线科学家不可能对每个环节都事必躬亲的情况下，元科普作品也就显得分外重要了。

毋庸置疑，科学家直接面向青少年、面向公众做科普演讲，是非常值得称道、也非常值得尊敬的。但这里有一些——即并非元科普的那一部分，却是有可能由他人替代的。我想，一线领军科学家能够用于科普的宝贵时间和精力，难道不是应当更多地倾注于他人难以替代的元科普创作吗？

最后，也是我最想说的，就是希望看到我国一线科学家的更多的元科普力作。在我国，这样的作品还太少太少，而需求却很大很大。

这次科普产业论坛的主办方之一睿宏文化传播公司，和中国科学院古脊椎动物与古人类研究所的一线优秀科学家深度合作，将科研成果变成电影脚本，生产出高质量的4D科普电影。上海科技馆现在放映的不少原创影片，也与科学家有着全面合作。有越来越多的优秀科学家热心投入科普事业中，这确实很鼓舞人心。

然而，总体而言，我们在元科普方面的力度、广度、深度还是不够。21世纪来临之际，清华大学出版社曾和暨南大学出版社联手推出一套“院士科普书系”，共有上百个品种，作者都是我国的领军科学家。这是一次有益的尝试，“书系”中有不少佳作，有些选题甚至很有成为元科普范例之潜力。但囿于时间仓促等因素，“书系”的总体效果尚非尽如人意。

近年来，国际国内重大科技成果迭出，这正意味着对元科普作品的强烈诉求。例如，社会公众都很关注量子通信以及我国在此领域取得的世界领先成果。我想，如果潘建伟院士的团队能够就此写一本元科普作品，以利外行人——至少是让非本行的科学家——明白就里，那该是多好的事情！前不久读到瑞士著名量子物理学家尼古拉·吉桑著《跨越时空的骰子——量子通信、量子密码背后的原理》一书，潘建伟院士在中文版序中对此给予很高的评价。但是，此书法文原版是2012年问世的，而今世人更翘首以待的已是潘建伟团队自己的元科普新作了。当然，元科普对于科技政策制定者和科技管理人员更好地把握科研动向，对于国家决策、经费投入，也都有重要的现实意义，此处就暂不展开了。

衷心期盼中国的领军科学家团队创造出更多的元科普产品，这是社会的需求，也是时代的呼唤！

本文原载于《科普创作》2017年9月第2期。

在科普之路上前行

（代后记）

周忠和

2016年12月召开的“加强评论，繁荣原创——卞毓麟科普作品研讨会”，我真的很想参加，但很遗憾，因为与其他会议冲突，未能成行。我记得给卞先生打过电话，表示了歉意。

我与卞先生相识的时间不算久，但是他的大名我早有耳闻。回想起来，第一次与卞先生晤面是在2011年12月，与少儿出版社共商有关《十万个为什么》（第六版）的编撰、出版事宜。2013年8月，在上海举行的《十万个为什么》出版座谈会上，我们又阔别相逢。卞先生担任了天文卷的副主编，我担任了古生物卷的主编。聊起来才知道，卞先生与我还是南京大学的校友，他毕业于天文系，而我毕业于地质系，因此见面格外亲切。

2017年的夏天，还是在上海的一次科普研讨会议上，又一次与卞先生有了更多的接触和交流。作为科普界德高望重的前辈，他的谦逊、平和与儒雅的风度给我留下了深刻的印象。

也就在这次会议上，他作了一个关于“元科普”的报告，让我耳目一新，并感同身受。会后，《文汇报》根据发言整理刊登了卞先生的文章，同时配发了同济大学汪品先院士的点评。我也有感而发，同期刊登了一篇小短评，标题是“一线科学家应该为本领域科普‘发球’”。

卞先生在报告中举例说，达尔文的《物种起源》是一部科学元典之作，也是很好的科普源头。我听后深有体会，并在这里举一个例子加以佐证。好几年前，江苏译林出版社的编辑电话联系我，希望我考虑翻译达尔文的《物种起源》，我不假思索地推荐了旅居海外多年的苗德岁先生。经过一番周折，苗德岁翻译的《物种起源》于2013年正式出版。因为这个缘故，2014年他出版了一本十分通俗的《物种起源（少儿彩绘版）》（接力出版社），迄今已经发行二十余万册，不仅赢得了读者的欢迎，而且也获得了许多的奖励。随后，苗德岁先生一发而不可收，接连出版了《天演论（少儿彩绘版）》和《自然史（少儿彩绘版）》。这些科普作品均是发源于科学元典之作。卞先生的见地之深由此可见一斑。

去年年底，在合肥召开的中国科普作家协会的年会上，我们邀请卞先生作大会报告，尽管他身体欠安，仍欣然答应赴会，令我十分感动。他精彩的发言在与会者中引起了强烈的共鸣，自然也给会议增添了光彩。

我与卞先生的接触虽然不多，却有一种心心相印、相见恨晚的感受。作为一代科普大家，他为读者奉献了一部部精彩作品；为了科普事业，他不停思考，身体力行，为我们奉献的是他对科普的诚挚的热情和执着。

就在“卞毓麟科普作品研讨会”圆满召开之后十来天，在2016年12月27-28日举行的中国科普作家协会第七次全国代表大会上，承载着大家的信任和期待，我被推选为协会的新一届理事长，并致大会闭幕词。在此，我想在结束本文之前再次重温那篇闭幕词中的一段话：

科普创作是科学普及的源泉，科学与人文、科学与艺术在这里密切融合。科普创作光荣神圣，而又任务艰巨。科技工作者们在探索自然和世界的前沿努力奋斗，科普创作者们在他们身后的土壤里精耕细作，我们要掌握好科学，把握好文字，要耐得住寂寞，淡漠名利，为我们的人民和大众积极创作，启迪创新智慧，创造美好生活。我们重任在肩，我们以此为荣。

读卞先生的作品，听他的演讲，我深刻体会到了以卞先生为代表的一代人内心具有的厚重社会使命感。我也有理由相信，这将激励更多的后辈们在科普的道路上耕耘、前行。

谨以此文作为《挚爱与使命——卞毓麟科普作品评论文集》的“代后记”，我很希望本书成为我们朝着更高目标前行的新起点。

2019年2月

周忠和，1965年生，中国科学院院士，中国科学院古脊椎动物与古人类研究所研究员，中国科普作家协会理事长。